Grundlagen

für den

Nachweis von Giftstoffen

bei

gerichtlich-chemischen Untersuchungen.

Für

Chemiker, Pharmazeuten und Mediziner

bearbeitet von

Dr. Carl Kippenberger,

Professor der Chemie, Direktor des chemischen und des toxikologischen Laboratoriums der medizinisch-pharmazeutischen Landeshochschule in Kairo (Egypten).

Springer-Verlag Berlin Heidelberg GmbH

1897.

Softcover reprint of the hardcover 1st edition 1897

ISBN 978-3-662-32114-0 ISBN 978-3-662-32941-2 (eBook)
DOI 10.1007/978-3-662-32941-2

Seinem ehemaligen Lehrer,

Herrn Hofrath Professor Dr. Albert Hilger,

Direktor des pharmazeut. Instituts und des Laboratoriums für angewandte Chemie, sowie der kgl. Untersuchungsanstalt für Nahrungs- und Genussmittel in München

zum

25jährigen Jubiläum als Universitätsprofessor

in grösster Dankbarkeit und Verehrung

gewidmet

vom Verfasser.

Vorwort.

Als ich im Frühjahre 1895 mit einer Schrift, betitelt: „Beiträge zur Reinisolirung, quantitativen Trennung und chemischen Charakteristik von Alkaloiden und glykosidartigen Körpern in forensischen Fällen“ vor die Oeffentlichkeit trat, erhielt ich von verschiedenen Fachgenossen Zuschriften mit der Aufforderung, doch ein zusammenhängendes Werkchen über den gerichtlich-chemischen Nachweis von Giftstoffen speziell für den Gebrauch in Unterrichtslaboratorien zu schreiben. Es existiren nun aber eine Anzahl Bücher, welche es sich zur Aufgabe gemacht haben, die Litteratur der gerichtlich-chemischen Wissenschaft mehr oder weniger vollständig zusammenzustellen, theils um dem Vertreter dieser Disziplinen ein Nachschlagewerk zu bieten, theils um dem Studirenden eine knapp gefasste Anleitung zur Durchführung der in dieser Wissenschaft hauptsächlich in Betracht kommenden Arbeitsmethoden zu übergeben. Wenn ich nun mit einem neuen Buche vor die Oeffentlichkeit trete, das den Zweck verfolgt, dem angehenden Gerichtschemiker sowohl, wie dem Pharmazeuten und Mediziner während der Ausbildung in der Chemie des Nachweises der Giftstoffe ein Vademecum zu bilden, mit Hilfe dessen er in den Stand gesetzt sein soll, einen Ueberblick über die Doktrinen dieses Zweiges der analytischen Chemie zu gewinnen und das ihm eine Stütze in der Erlernung der praktischen Durchführung der Arbeitsmethoden dieser Wissenschaft bieten soll, wage ich ein Unternehmen, das die Kritik von Seiten der Fachgenossen umsomehr herausfordert, als die Anforderungen an den Grad der Brauchbarkeit meines Buches wegen der bisher bereits vorhandenen Werke ganz gewiss keine geringen sein dürften.

Möchte nun meine Arbeit befähigt sein, den gekennzeichneten und auch auf dem Titelblatt zum Ausdruck gebrachten Zweck zu erfüllen und damit berufen sein, sich dauernd Freunde zu erwerben.

Die Behandlung des Stoffes ergiebt sich im grossen Ganzen aus der nach dem Vorwort folgenden Inhaltsübersicht. Ich habe bei der Bearbeitung das spektroskopische Verhalten der meisten Giftstoffe, speziell das der Alkaloide und ihrer Verbindungen mit Absicht nicht berücksichtigt, obwohl die schönen Arbeiten speziell der Dorpater und Berner Institute manches hierzu Einladende bieten. Aber derartige spektroskopische Arbeiten erscheinen mir vorläufig wenigstens für den angehenden Gerichtschemiker deshalb weniger von Bedeutung, weil die Ausführung derartiger Operationen die absolute Reinheit der isolirten Stoffe zur Bedingung macht. Und wenn auch diese Reinheit bei exakter Arbeit erlangt werden kann, so bietet die Beobachtung der spektroskopischen Reaktionserscheinungen der Giftstoffe gegenüber den makroskopischen Reaktionen für den Anfänger zunächst keine besondere Vortheile. Die Aufzählung der spektroskopischen Eigenschaften der genannten Giftstoffe und ihrer Verbindungen würde daher das Volumen des Buches im Verhältnisse zum Zwecke desselben nur unnöthig wesentlich vermehrt haben.

Die Photographie, welche in der Praxis des Gerichtschemikers zeitweise vortreffliche Dienste zu leisten im Stande ist, kann wohl mit Vortheil aus einem Spezialwerke erlernt werden (z. B. Adolf Hertzka, Photographische Chemie und Chemikalienkunde, Oppenheim's Verlag Berlin). Desgleichen möchte ich bei der Elektrolyse von Metallgiften behufs quantitativer Abscheidung der Metalle speziell noch auf eingehende Lehrbücher (z. B. A. Classen, Quantitative Analyse durch

Elektrolyse, Verlag von Julius Springer, Berlin) hinweisen, obgleich ich dort, wo die elektrolytische Abscheidung in der gerichtlich-chemischen Praxis von Vortheil sein kann, die nöthigen Hinweise der Art gegeben habe, dass die Manipulationen von dem Vorgeschrittenen ohne besondere Schwierigkeiten dürften ausgeführt werden können. Allgemein üblich ist die Anwendung der Elektrolyse in der gerichtlich-chemischen Praxis bis jetzt nur bei einigen wenigen metallischen Giften; deshalb sind die Angaben bei einzelnen der anderen metallischen Gifte möglichst kurz gefasst worden.

Die Bereitung und Prüfung der Reagentien ist nicht in einem besonderen Abschnitte erörtert worden; es würde dies erfordert haben, auch diejenigen Reagentien zu erörtern, deren Darstellung und Reinheitsprüfung schon zur Aufgabe des in der allgemeinen Analyse auszubildenden Chemikers gehört und welche aus speziellen Fachwerken (wie z. B. Krauch, Die Prüfung der chemischen Reagentien auf Reinheit. Verlag von Julius Springer, Berlin) entnommen werden können. Es ist bei der Anlage des Buches überhaupt davon ausgegangen, dass der mit den gerichtlich-chemischen Arbeiten sich befassende Laboratoriumspraktikant bereits eine genügende Fertigkeit in der allgemeinen Analyse erlangt hat. Daher die Kürze der Fassung in der Beschreibung der Manipulationen, die speziell bei der Ermittelung der Quantität der isolirten metallischen Gifte zum Ausdruck gekommen ist.

Ich möchte fernerhin nicht unerwähnt lassen, dass ich gemäss des Titels meiner Arbeit speziell nur auf bekanntere „Gifte“ Rücksicht genommen habe, mithin auch die umfangreiche Litteratur der neueren Arzneimittel ausserhalb des Rahmens dieses Buches gesetzt habe. Ich verkenne keineswegs den Werth einer exakten Methodik des Nachweises der neueren Arzneimittel — und zwar dies speziell für den angehenden Apotheker —, indessen scheint mir hier eine Berücksichtigung dieser Stoffe zunächst noch verfrüht. Sollte meinem Werkchen eine zweite Auflage beschieden sein, so kann die bis dahin wohl weiter geklärte Frage eines sicheren

Nachweises der Arzneimittel neben den „Giftstoffen“ obiger Art in einem besonderen Abschnitte behandelt werden.

Dem in der Praxis stehenden Gerichtschemiker sowohl, wie dem Mediziner, welchem Spezialwerke über die physiologische Wirkung und über den physiologischen Nachweis von Giftstoffen von Vortheil sein können, kann ich aus eigenen praktischen Erfahrungen ganz speziell die Werke von Kobert und von Lewin (Kobert: Lehrbuch der Intoxikationen, F. Enke's Verlag, Stuttgart und: Kompendium der praktischen Toxikologie, im gleichen Verlage; Lewin: Lehrbuch der Toxikologie, Urban und Schwarzenberg's Verlag, Wien) empfehlen.

Jedem Chemiker, Pharmazeuten und Mediziner, der sich mit gerichtlichen chemischen Expertisen beschäftigen will, möchte ich eine fleissige Uebung in der Anstellung der zur Isolirung und Charakterisirung der Giftstoffe, speziell derjenigen der Alkaloide, an der Hand von reinen Präparaten umsomehr empfehlen, als sich der Nachweis vieler Giftstoffe auf Reaktionen gründet, deren sichere Erkennung nur durch Erfahrung auf Grund exakter Uebungen erlernt werden kann. Eine grosse Anzahl speziell der zur Erkennung der Alkaloide dienenden chemischen Erscheinungen gründet sich auf Beobachtung von Veränderungen, deren Chemismus durchaus noch nicht völlig geklärt ist. Daher dürfte es auch als eine der wichtigsten Aufgaben und Ziele einer modernen wissenschaftlichen gerichtlichen Chemie anzusehen sein, die derartige Reaktionen bedingenden chemischen Veränderungen der Giftstoffe aufzuklären. Vor allem wäre z. B. auf die unter bestimmten Kautelen mit Reagentien erzeugten Farbenerscheinungen der Alkaloide Rücksicht zu nehmen. Alsdann ergäben sich die Bedingungen, unter welchen diese Reaktionen überhaupt eintreten können und mit welcher Schärfe dieselben zu erwarten sind, von selbst und würden dadurch einen wesentlichen Vorzug gewähren gegenüber dem heutigen Stande dieses Zweiges der Chemie, der sich nach dieser Richtung hin schlechterdings nicht selten nur auf vielseitige praktische Uebung mit reinen Präparaten stützt. Wenn eine derartige

Forschungsarbeit mit Erfolg gekrönt ist, dann könnte man auch daran denken, gerichtlich-chemische Fragen auch wohl demjenigen akademisch gebildeten Chemiker vorzulegen, welcher in diesen speziellen Zweig der Chemie etwa noch nicht eingeführt ist.

Ich will deshalb mein Vorwort nicht schliessen ohne eine Aufforderung an die in diesen Zweig der analytischen Chemie neu Eintretenden gerichtet zu haben, sich auch an dem wissenschaftlichen Ausbau dieser so interessanten und so wichtigen Wissenschaft mit Energie betheiligen zu wollen.

Kairo, im Oktober 1897.

Der Verfasser.

Inhaltsübersicht.

Die im Texte angegebenen Temperaturen beziehen sich durchgehends auf Celsiusgrade.

Vorbereitende Operationen.

Ehe zur chemischen Untersuchung des Objektes auf Giftstoff irgend welcher Art geschritten wird, erfolgt genaue Besichtigung desselben und Notirung aller Unregelmässigkeiten, soweit dieselben Beziehung zu dem chemischen Nachweis von Giftstoffen haben können. In Fällen der Praxis pflegt seitens des Arztes ein Protokoll über den Sektionsbefund der Leiche, bezüglich der den Vergiftungsfall begleitenden, bei der Untersuchung in Betracht kommenden physiologischen und pathologischen Veränderungen gegeben zu werden. Bei der Durchmusterung des Untersuchungsobjektes seitens des Chemikers ist besonderes Gewicht zu legen auf das eventuelle Vorhandensein von festen Stoffen chemischen und solchen pflanzlichen Ursprungs. Auch vergewissere man sich jedesmalig der Reaktionserscheinung des feuchten oder des mit Wasser angerührten, ehedem trockenen Untersuchungsobjektes gegenüber den verschiedenen Reagenspapieren.

Die chemische Untersuchung zerfällt in drei Hauptabschnitte:

A. Untersuchung auf Giftstoffe flüchtiger Natur,

B. Untersuchung auf nichtflüchtige organische Giftstoffe,

C. Untersuchung auf nichtflüchtige anorganische Giftstoffe.

Zur Orientirung kann bei der Ermittelung von Giftstoffen in Leichentheilen — bei welchen also verschiedenartige Körpertheile vorliegen — die Untersuchung gleichzeitig auf Theile sämmtlicher der Leiche entnommenen Objekte vorgenommen werden; in Fällen der Praxis pflegt man, je nach den obwaltenden objektiven Verhältnissen, verschiedenartige Körpertheile getrennt zu untersuchen, schon deshalb, um über die Art der Vertheilung des eventuell vorhandenen Giftstoffes einen Ueberblick gewinnen zu können.

Der Vorsicht halber ist es anzurathen, nicht das gesammte Untersuchungsmaterial in Arbeit zu nehmen, sondern jeweilig annähernd ein Drittel des Materials in Reserve zu behalten und diesen Theil erst dann zu verarbeiten, wenn die Untersuchung des anderen Theiles des Materials beendet ist. Hat diese letztere die Abwesenheit von Giftstoffen irgend welcher Art ergeben, so ist eine Untersuchung des reservirten Theiles des Materials in den meisten Fällen natürlich überflüssig.

Das Untersuchungsobjekt wird behufs Erleichterung der Arbeit zunächst möglichst zerkleinert, wobei man sich besonderer Apparate zu bedienen pflegt, nach einiger Uebung jedoch am vortheilhaftesten mit einer Pincette, Messer und Scheere zum Ziele kommt. Mit der einen Hand fasst man mittelst der Pincette die in handgrosse Stücke zerschnittenen Fleischstücke, hält dieselben über eine Porzellanschale und zerkleinert sie mit der in der andern Hand befindlichen Scheere in Stückchen erwünschter Grösse (Erbsen- bis Haselnussgrösse).

Dass sämmtliche, bei dieser wie bei der gesammten Untersuchungsarbeit zu gebrauchenden Apparate, Gefässe etc. und auch die zur Anwendung zu bringenden Chemikalien von absoluter Reinheit sein müssen, ergiebt sich von selbst.

Untersuchung auf Giftstoffe flüchtiger Natur.

Es ist eine selbstverständliche Sache, dass die Arbeit der Abscheidung, bezüglich Isolirung, von Giftstoffen flüchtiger Natur, derjenigen vorausgehen muss, welche die Auffindung von Giften anderer Art zur Aufgabe hat. Zu den Giftstoffen ersterer Art gehören eine ganze Anzahl von Körpern, von denen an dieser Stelle nur Phosphor und Cyan, sowie im Anschlusse an diese einzelne andere Giftstoffe flüchtiger Natur zur eingehenden Besprechung gelangen, während Nikotin, Coniin, Sparteïn — flüchtige Alkaloide — nur in der Art der Isolirung erörtert, in der Einzelcharakteristik aber erst im zweiten Theile dieses Buches ausführlich behandelt werden sollen.

Der Nachweis des Phosphors

gründet sich auf die Eigenschaft des Phosphors, sich mit heissen Wasserdämpfen zu verflüchtigen, und alsdann bei Gegenwart von Sauerstoff (Luft) Veränderungen zu erleiden, bei denen eine charakteristische Leuchterscheinung zu beobachten ist. (Mitscherlich.)

Handelt es sich um die Untersuchung von Substanzen, welche frei von Schwefelverbindungen sind oder doch wenigstens mit Wasser, auch Säure, zusammengebracht, Schwefelwasserstoff nicht entwickeln können, so lässt sich eine

Vorprobe auf Phosphor

anstellen, welche in vielen Fällen von Vortheil sein kann, niemals aber als ein sicheres Zeichen der Gegenwart von Phosphor angesehen werden darf. Diese Vorprobe stützt sich darauf, dass Phosphordämpfe auf eine salpetersaure Silberlösung in der Weise einwirken, dass sich schwarzes Phosphorsilber bildet (Scheerer). Man giebt eine Portion der zu untersuchenden phosphorverdächtigen Substanz in einen Kolben (Erlenmeyerkolben), vermengt mit etwas Wasser, sodass ein Brei entsteht und bedeckt die Mündung des Kolbens mit einem Korke, der zwei Streifen Fliesspapier enthält, von denen der eine mit einer Silbernitratlösung, der andere mit einer Bleiacetatlösung getränkt ist. Man lässt bei gewöhnlicher Temperatur — vor Licht möglichst geschützt — einige Zeit unter öfterem Umschwenken stehen und beobachtet, ob eine Schwärzung der Papierstreifen eintritt.

Ist dies der Fall bei dem mit Silbernitratlösung getränkten Streifen, nicht aber bei dem mit Bleiacetatlösung versehenen, so ist die Gegenwart von Phosphor in dem Untersuchungsobjekte als wahrscheinlich anzusehen; ist eine Schwärzung beider Papierstreifen eingetreten, so kann wohl Phosphor in dem Untersuchungsmaterial vorhanden sein, der Versuch ist aber als werthlos anzusehen, weil durch die Schwärzung des mit Bleiacetatlösung versehenen Streifens die Gegenwart von Schwefelwasserstoff angezeigt wird — Bildung von Bleisulfid —, der seinerseits auch die Schwärzung des silbernitrathaltigen Papieres durch Bildung von Silbersulfid verursacht haben kann.

Ist endlich bei keinem der beiden Streifen eine Aenderung eingetreten, so lässt dies mit ziemlicher Sicherheit auf die Abwesenheit von Phosphor in Substanz in dem Untersuchungsobjekte schliessen.

In allen Fällen ist es rathsam, die zum Nachweise des Phosphors in Vergiftungsfällen sich vorzüglich eignende Eigenschaft des Phosphors, mit Wasserdämpfen sich zu verflüchtigen und während dieser Verflüchtigung unter Oxydation eine charakteristische Leuchterscheinung zu verursachen, zu einer weiteren analytischen Arbeit zu benutzen und mit dem Untersuchungsmaterial unter geeigneten Verhältnissen eine Destillationsarbeit anzustellen. Diese

Hauptprüfung auf Phosphor

wird in folgender Weise durchgeführt:

Man bringt die zu untersuchende, in kleinere Stücke zerschnittene Substanz in einen Kolben passender Grösse, fügt Wasser bis zur dünnen breiigen Konsistenz hinzu und verbindet die Mündung des Kolbens

einerseits mit einem Kohlensäureentwickelungsapparat,
andererseits mit einem Wasserdampfentwickler,
und zum dritten mit einer für die Destillation bestimmten Glasröhre besonderer Konstruktion. Diese Glasröhre, welche direkt unter dem Korke des Glaskolbens mündet, hat eine Gesammtlänge von etwa 130 cm; sie ragt zunächst etwa 45 cm aufrecht, ist dann im rechten Winkel gebogen, hat nun mit ca. 70 cm eine horizontale Lage und mündet alsdann im rechten Winkel in einen Kühler, welch' letzterer in einen kleineren Glaskolben ragt, der zu Zweidrittel seines Inhaltes mit verdünnter Silbernitratlösung beschickt ist.

In den meisten Fällen werden Leichentheile, Speisereste etc. zur Untersuchung vorliegen, welche bei der Destillationsarbeit zur Vorsicht mahnen. Erhitzt man den Kolbeninhalt bei Gegenwart derartiger fester Substanzen unter direkter Gasflamme, so tritt, wie die Erfahrung lehrt, sehr häufig der Fall ein, dass sich durch Ansetzen der festen Partikel an die Glaswandung ein schwaches Anbrennen der organischen Substanz, zugleich aber auch ein Springen des Glaskolbens nur selten vermeiden lässt, was beides zu Unannehmlichkeiten in der weiteren Erledigung der Arbeit führen kann. Diese zu vermeiden, dient der Wasserdampfentwickler, welcher mit dem Destillationskolben in Verbindung steht und der, wenn er mit Atmosphärendruck arbeitet, gute Dienste leistet. In Laboratorien, in denen sich ein grösserer mit Atmosphärendruck arbeitender Wasserdampfentwickler nicht vorfindet, ist statt dessen die Anwendung eines Glycerin- oder Oelbades angezeigt, wodurch der Dampfentwickler überflüssig wird.

Diese letztere Art der Arbeit besitzt den Vorzug, dass in dem Destillationskolben weniger Flüssigkeit resultirt und sich daher die weitere Untersuchung auf eventuell vorhandene Giftstoffe anderer Art bequemer gestaltet, als wenn man mit Wasserdampf gearbeitet hat. Man hängt den Destillationskolben in das die Erhitzung über 100^{0} gestattende Bad und hat in diesem Falle ein Zerbrechen des

Kolbens kaum zu befürchten. Nebenstehende Fig. 1 erläutert den in dieser Weise zusammengestellten Apparat.

Während der Destillationsarbeit tritt durch die Gegenwart der Luft die Oxydation eines Theiles des vorhandenen Phosphors ein, was bei quantitativen Arbeiten zu Verlusten führen kann, da einzelne Oxydationsprodukte des Phosphors, namentlich Phosphorsäure, zu den normalen Bestandtheilen des menschlichen Organismus, wie auch zu

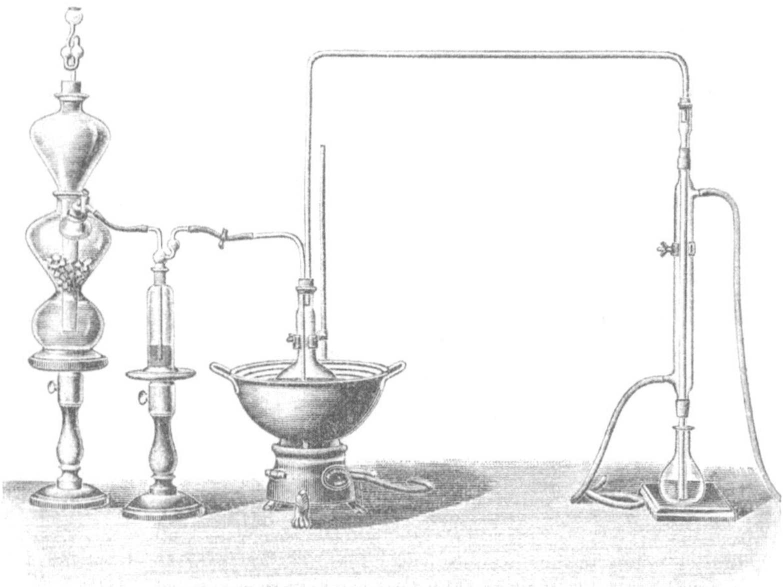

Fig. 1.

denen einer grossen Anzahl unserer Nahrungsmittel gehören. Um nach Beobachtung der auf Oxydation beruhenden charakteristischen Leuchterscheinung des Phosphors eine weitere Oxydation des Phosphors thunlichst zu vermeiden, dient der Kohlensäureentwickelungsapparat, der nach Eintreten der erwähnten charakteristischen Erscheinung in Thätigkeit tritt.

Zur Beobachtung des charakteristischen Leuchtens des Phosphors bedarf es der Arbeit in einem Dunkelzimmer oder doch wenigstens der Absperrung des direckten Lichtes durch Verhängen des Apparates mit einem schwarzen Tuche.

Man beginnt also die Destillationsarbeit zunächst unter Absperrung der Verbindung mit dem Kohlensäureentwickelungsapparate. Sobald die in dem Kolben befindliche Flüssigkeit ins Sieden geräth — eventuell auch schon früher —, pflegen bei Gegenwart von Phosphor Leuchterscheinungen einzutreten, während gleichzeitig die dem Destillationsapparate vorgelegte Silbernitratlösung eine Schwärzung durch Phosphorsilber erfährt. Die Bildung des letzteren erfolgt nicht quantitativ, denn man findet in der Vorlage neben diesem auch freie Phosphorsäure und andere Oxydationsprodukte des Phosphors, sowie metallisch abgeschiedenes Silber vor. Tritt die Leuchterscheinung ein, so ist sie in den meisten Fällen als eine am oberen aufrecht stehenden Theile der Glasröhre beginnende, dann allmählich sich durch den Gesammttheil des Apparates hindurch schlängelnde, bandförmige Feuererscheinung wahrnehmbar.

Es giebt aber auch einzelne Körper, welche das Leuchten des Phosphors erschweren, häufig sogar ganz verhindern können. Dazu sind zu rechnen: Alkohol, Aether, Chloroform, Benzin, Petroleum, Terpentinöl, Wasserstoffsuperoxyd, Quecksilberchlorid, Karbolsäure und endlich auch gewisse Fäulnissprodukte. Das Ausbleiben der Leuchterscheinung schliesst also nicht immer Abwesenheit von freiem Phosphor in dem Untersuchungsobjekte ein.

Hat man das Leuchten genügend beobachtet, so empfiehlt es sich, nunmehr die Verbindung mit dem Kohlensäureentwickelungsapparate (Kipp'schen Apparat) herzustellen, um die weitere Destillationsarbeit behufs quantitativer Bestimmung des vorhandenen Phosphors möglichst ohne Verlust, also möglichst fehlerfrei, durchführen zu können. Zu diesem Zweck wird die Destillationsarbeit so lange fortgesetzt, bis eine Prüfung der Destillationsprodukte die Abwesenheit von Phosphor oder phosphorhaltigen Verbindungen ergiebt. Es empfiehlt sich zu diesem Zwecke dem Destillationsapparate von Zeit zu Zeit frische Mengen verdünnter Silbernitratlösung vorzulegen.

Sehr häufig tritt der Fall ein, dass sich die Phosphordämpfe, namentlich bei Gegenwart von Kohlensäure, welche die Oxydation verhindert, zu Phosphorklümpchen verdichten und als solche in der Silbernitratlösung am Boden des Kolbens absetzen.

Nach Beendigung der Destillation wird einerseits die Menge Phosphor und seiner Oxydationsprodukte in dem Destillate bestimmt und andererseits aber auch eine Prüfung des Inhaltes des Destillationskolbens auf phosphorige und unterphosphorige Säure angestellt.

Die vereinigten Phosphor- und Phosphoroxydationsprodukte haltigen Silbernitratlösungen, sammt den etwa in Form fester Partikel oder in Suspension befindlichen Abscheidungen werden im Wasserbade mit Chlorwasser oder mit Kaliumchlorat und Salzsäure bis zur vollständigen Oxydation erwärmt; alsdann wird nöthigenfalls noch Salzsäure hinzugefügt, um sämmtliches Silber in Form von unlöslichem Chlorsilber abzuscheiden. Nach vollendeter Absetzung des Niederschlages filtrirt man ab, dampft das Filtrat, welches nun sämmtlichen Phosphor als Phosphorsäure enthalten soll, ein und fällt alsdann die Phosphorsäure nach Uebersättigen mit Ammoniak nach den Regeln der chemischen Analyse mit Magnesiamischung als phosphorsaure Ammoniakmagnesia aus.

In den Fällen, in welchen man die Gegenwart von solchen Agentien vermuthet, welche die Fällung stören, kann man auch in der Weise arbeiten, dass man die Phosphorsäure bei ca. 60^0 mit Molybdänlösung ausfällt, die nach mehrstündigem Stehen abgeschiedene Phosphormolybdänverbindung auf dem Filter sammelt, mit Ammonnitratlösung (1:10) auswäscht, alsdann in $2^1/_2$ %iger Ammoniakflüssigkeit unter hinreichendem Auswaschen des Filters löst und in dieser Lösung die Fällung der Phosphorsäure mit Magnesiamischung bewirkt.

Der Niederschlag von phosphorsaurer Ammoniak-Magnesia wird mit $2^1/_2$ %iger Ammoniakflüssigkeit bis zum Verschwinden der Chlorreaktion ausgewaschen, alsdann sammt Filter im schief liegenden Platintiegel[1]) unter kleiner Glasflamme getrocknet und sodann abgebrannt. Die Asche, zunächst schwach, dann stärker, zuletzt unter dem Gebläse bis zur Gewichtskonstanz geglüht, ergiebt sämmtlichen Phosphor in Form der pyrophosphorsauren Magnesiaverbindung der Formel: $Mg_2P_2O_7$, aus der sich die Menge des Phosphors berechnen lässt:

$$100\ Mg_2P_2O_7 = 27{,}93\ P.$$

Eine andere, in gerichtlichen Fällen häufig zur Anwendung gelangende, und nicht selten im Anschluss an die Destillationsarbeit durchgeführte Methode des chemischen Nachweises des Phosphors ist diejenige nach Dusart und Blondlot (verbessert von Fresenius und Neubauer).

---

[1]) Manche Chemiker ziehen bei dieser Operation die Benutzung eines dauerhaften Porzellantiegels vor.

Das Prinzip derselben beruht auf der Beobachtung der Bildung gasförmigen Phosphorwasserstoffs bei der Behandlung von phosphorhaltigen Flüssigkeiten mit nascirendem Wasserstoff, sofern die Oxydation des Phosphors nicht weiter als bis zur Bildung von phosphoriger Säure vorgeschritten ist. Der gasförmige Phosphorwasserstoff, angezündet, charakterisirt sich, unter Beobachtung der nöthigen Vorsichtsmassregeln, sehr deutlich durch die blaugrüne Flammenfärbung.

Die Methode gestattet also auch eine Trennung des freien Phosphors und der phosphorigen, wie unterphosphorigen Säure von der Phosphorsäure, was in vielen gerichtlichen Fällen von ausserordentlich hohem Werthe sein kann.

Dass das Untersuchungsmaterial, sobald dasselbe aus organischer Substanz besteht, nicht ohne weiteres zur Anwendung gelangen kann, sondern dass der Phosphor oder die phosphorhaltige chemische Substanz erst in einer für den vorliegenden Zweck brauchbaren Form von der organischen Substanz getrennt werden muss, ist selbstverständlich. Sehr zweckdienlich ist es, die Flüssigkeiten zu benützen, welche aus der behufs Nachweises des Phosphors bereits durchgeführten Destillationsarbeit gewonnen wurden, bezüglich Proben des schwarzen Phosphorsilbers in Anwendung zu ziehen, welche sich in der bei der Destillation vorgelegten Silberlösung vorfinden. Auf jeden Fall muss eine Isolirung des Phosphors und seiner hier in Betracht kommenden Oxydationsprodukte aus dem organischen Untersuchungsmaterial, wie z. B. Speisereste, Leichentheile durch Destillation vollzogen werden, ehe zum Spezialnachweise des Phosphors nach der genannten Methode vorgeschritten werden kann.

Man verfährt alsdann wie folgt:

In die eine, der mit zwei oder drei Oeffnungen versehenen Woulff'schen Flasche mündet einerseits ein Scheidetrichter, welcher zur Zuführung der zu untersuchenden Flüssigkeit nebst zur Operation dienender, eventuell im Laufe der Arbeit noch zuzusetzender Reagentien benutzt wird. Eine an der zweiten Oeffnung angebrachte, unter dem Verschlusskorke mündende, zunächst aufrecht steigende und dann im rechten Winkel gebogene Glasröhre steht, abermals im rechten Winkel gebogen, mit einer ca. 22 cm hohen und in jedem Schenkel ca. 2 cm weiten U-Röhre in Verbindung. In der Woulff'schen Flasche wird Wasserstoff erzeugt durch Einwirkung von Zinkstückchen auf verdünnte Schwefelsäure (1 + 4). Die U-Röhre enthält mit konzentrirter Kalilauge getränkte Bimsteinstückchen und dient dazu, etwa gebildeten Schwefelwasserstoff zurückzuhalten, da auch schon geringe Mengen dieses Gases die Beobachtung der Reaktion ganz und gar illusorisch machen würden. Der U-Röhre wird am besten die Konstruktion gegeben, dass an der der Woulff'schen Flasche zugekehrten Seite eine kleine Kugel angebracht ist, in der sich die bei der Operation mechanisch mitgerissenen Wasserdampftheilchen verdichten; das Ende der U-Röhre ist dann mit einer zunächst aufrecht verlaufenden, dann im rechten Winkel gebogenen Glasröhre versehen, welche mit Hilfe eines kleinen dicken Gummischlauchstückes mit einem mit Platinspitze versehenen Löthrohr in Verbindung steht. Das Gummischlauchstück umfasst ein kleiner Schraubenquetschhahn, welcher zur Regulirung des Gasstromes dient. Es ist selbstredend, dass es nicht unbedingt nöthig sein wird, das Löthrohr ganz anzufügen; es genügt, wenn man sich der Platinspitze bedient, jedoch ist es dann zweckmässig, zwischen dem Metalltheile und dem Gummischlauchstück noch ein kurzes Glasrohr einzuschalten, um Unannehmlichkeiten durch Anbrennen des Gummischlauchstückes in Folge Erwärmung vorzubeugen. Während der Operation wird die Platinspitze etwas abgekühlt, was am besten durch geschickte Umwickelung mit feuchter Baumwolle geschieht.

Man entwickelt zunächst reinen Wasserstoff, treibt mit diesem die Luft aus dem Apparate und giebt dann Proben der zur Untersuchung dienenden Flüssigkeit, bezüglich Proben des in Wasser vertheilten Phosphorsilbers durch den Scheidetrichter zum Inhalt der Woulff'schen Flasche. Das an der Platinspitze ausströmende Gas, angezündet, wird bei Gegenwart von Phosphor im Innern des Flammenkegels eine charakteristisch intensiv grüne bis schwach blaugrüne Farbe zeigen, welche sich besonders schön beobachten lässt, wenn man die Flamme während der Farbenbeobachtung mit einer entsprechend weiten, farblosen Glasröhre (weites Reagensrohr) umgiebt, oder wenn man in den Kegel der Flamme eine Porzellanplatte taucht. Zum Eintreten dieser Reaktion muss das Untersuchungsmaterial frei sein von Alkohol wie auch von Aether.

Da man bei allen chemischen, für gerichtliche Zwecke dienenden, Operationen derart arbeiten soll, dass man die Arbeit gleichzeitig zu einer quantitativen gestalten kann, so hält man bei Ausführung dieses Versuches eine verdünnte Silbernitratlösung bereit, in die man nach Beobachtung der charakteristischen Flammenfärbung den mit gasförmigem Phosphorwasserstoff gemengten Wasserstoff eintreten lässt und die Zersetzung des in der Woulff'schen Flasche befindlichen Phosphors, bezüglich diejenige der Phosphorverbindung, bei Gegenwart genügender Zinkmengen unter Zuführung neuer Mengen verdünnter Schwefelsäure zu einer quantitativen gestaltet.

Die Art der Zersetzung der dem Apparate vorgelegten Silbernitratlösung und die weitere Verarbeitung derselben behufs Ermittelung der Quantität des Phosphors geschieht wie oben bei der Destillationsarbeit angegeben.

Aber sowohl bei der Destillationsarbeit, wie bei der Ausführung des Versuches nach Dusart und Blondlot ist nicht zu vergessen, dass im ersten Falle das Untersuchungsmaterial, im zweiten Falle die zur Untersuchung dienende Flüssigkeit etc. Produkte enthalten kann, die flüchtiger Natur sind und die, mit Silbernitratlösung in Berührung gebracht, im Stande sind, eine Schwärzung durch Reduktion des Silbernitrats oder durch Bildung von Silbersulfid etc. hervorzurufen. Daher wird entweder nur die Beobachtung der Leuchterscheinung sowie die genaue Untersuchung des Destillates, oder aber eventuell auch die Erkennung der für gasförmigen Phosphorwasserstoff charakteristischen Farbe des Flammenkegels, zur bestimmten Lösung der Frage der Gegenwart von Phosphor dienen [1]).

Der

Nachweis des Cyans und seiner Verbindungen

lässt sich sehr häufig mit demjenigen des Phosphors verbinden; im folgenden möge zunächst der Einzelnachweis beschrieben werden.

Man kennt gewisse Reaktionserscheinungen des Cyans, welche geeignet sein können, beim Nachweise dieses Giftstoffes auch in forensischen Fällen als

Vorprobe zum Nachweise des Cyans

zu dienen, welche aber allein als solche durchaus noch nicht als definitives Beweismaterial für die Gegenwart des Cyans oder der Cyanwasserstoffsäure und ihrer Salze in dem untersuchten Objekte

---

[1]) Das Eintreten der charakteristischen Flammenerscheinung beim Versuche nach Dusart und Blondlot kann insofern nicht immer als ein sicheres Zeichen der Gegenwart von Phosphor im Untersuchungsobjekte angesehen werden, als einzelne Chemiker beobachtet haben, dass faulende Gehirnsubstanz Phosphorverbindungen enthalten kann, die im Stande sind unter den für den Versuch gegebenen Bedingungen die charakteristische Flammenfärbung zu erzeugen.

benutzt werden dürfen, ebenso wie die Vorproben zum Nachweise des Phosphors niemals allein als massgebend für die Gegenwart von Phosphor im Untersuchungsobjekte angesehen werden können.

Kommt cyanhaltiges Untersuchungsmaterial mit saurem Wasser zusammen, so entwickelt sich flüchtiges Cyan, bezüglich Cyanwasserstoff, der mit feuchtem mit etwas Guajakharztinktur und sodann mit wenig Kupferoxydsalz, z. B. Kupfersulfat, getränktem Papier in Kontakt gebracht eine Blaufärbung des Papieres verursacht (Pagenstecher, Schönbein, Schaer). Die sich dabei abspielenden Reaktionen sind noch nicht definitiv aufgeklärt, wahrscheinlich ist, dass die Reaktion durch eine Oxydationserscheinung hervorgerufen wird, indem das zunächst gebildete Kupfercyanid in Kupfercyanür und freies Cyan zerfällt, welch' letzteres mit dem am Filtrirstreifen befindlichen Wasser die Bildung von Cyanwasserstoffsäure und freiem Sauerstoff, bezüglich Cyansäure veranlasst und dieser freie bezüglich labil gebundene Sauerstoff auf das Guajakharz unter Blaufärbung oxydirend einwirkt. Für die Richtigkeit dieser Theorie spricht die Thatsache, dass Sauerstoff leicht übertragende Körper, wie Ozon, Wasserstoffsuperoxyd, Chlorwasser etc. auf Guajakharz ebenfalls unter Bläuung einwirken. Man könnte also den Vorgang durch folgende Formeln wiedergeben:

$$2\,CuCy_2 = Cu_2Cy_2 + Cy_2$$

$$\begin{cases} Cy_2 + 2\,HOH = 2\,HCy + H_2O_2 \\ H_2O_2 = H_2O + O \end{cases}$$

$$O + \text{Guajakharz} = \text{blaugefärbtes Produkt.}$$

(Empfindlichkeit: 1 : 3000000.)

Nach Doebners Versuchen ist es neuerdings als sehr wahrscheinlich anzusehen, dass sich bei der Reaktion die intensiv blau gefärbte Sauerstoffverbindung der Guajakonsäure bildet. Unter dieser Voraussetzung schlägt Doebner ein modifizirtes Verfahren für den Nachweis des Cyans vor und benutzt als Reagenspapiere, Filtrirpapierstreifen die nicht mit Guajakharztinktur, sondern direkt mit einer Lösung von 1 Thl. Guajakonsäure in einer Mischung von 200 Thl. Alkohol und 200 Thl. Wasser und einer Lösung von Cuprisulfat oder Cupriacetat im Verhältnisse 1 : 5000 imprägnirt sind.

Die Bereitung des Kupferoxydsalz — Guajakharzpapieres geschah, wie bereits erwähnt, bislang mittelst Guajakharztinktur und Kupferoxydsalz und zwar in der Weise, dass Filtrirpapier zunächst mit Guajakharztinktur (gewonnen durch etwa achttägige Digestion von 5 Theilen Guajakharz mit 100 Theilen 90%igen Alkohols und Filtration der Flüssigkeit) vollständig und gleichmässig getränkt, sodann getrocknet wird und alsdann mit einer Lösung von Kupfersulfat oder Kupferacetat (0,1—0,2%) benetzt und nun abermals getrocknet wird. Das Trocknen geschieht am vortheilhaftesten im Wasserbad-Trockenkasten. Das so vorbereitete Papier wird jeweilig vor der Benutzung zur gerichtlich-chemischen Analyse durch einen blinden Versuch mit einer stark verdünnten Kaliumcyanidlösung auf seine Reaktionsfähigkeit geprüft.

Zur Ausführung des Verfahrens giebt man einen Theil des zerkleinerten Untersuchungsmaterials in eine Flasche — praktischer Weise in einen Erlenmeyerkolben — fügt Wasser bis zur dünnen breiigen Konsistenz hinzu und säuert mit Weinsäurelösung an. Alsdann wird die Flasche mit einem Korke verschlossen, dem Streifen des in oben angegebener Weise vorbereiteten und vorher mit Wasser angefeuchteten Papieres in irgend einer der Operation angepassten Weise angefügt sind. Zumeist wird es am zweckdienlichsten sein, Einschnitte in den Kork zu machen, welche die Papierstreifen an dem einen Ende derselben aufnehmen. Das Ganze wird während ½ bis ¾ Stunde sich selbst überlassen und es wird von Zeit zu Zeit beobachtet ob eine Veränderung der Farbe des Streifens eingetreten ist. Es ist klar, dass die Blaufärbung bei Gegenwart von beträchtlichen Mengen Cyans, bezüglich Cyanwasserstoffsäure, binnen ganz kurzer Zeit eintreten wird.

Man darf aber bei der Ausführung dieses Verfahrens niemals vergessen, dass in vielen Fällen, zumal bei der Untersuchung von Leichentheilen, in dem Untersuchungsobjekte Verbindungen vorhanden sein können, welche einerseits die Cyanreaktion trughaft gestalten, andererseits aber auch schon von selbst im Stande sein können, Veränderungen der zur Reaktion dienenden Streifen hervorzurufen. Zur Lösung der Frage der Gegenwart von Cyan oder seinen Verbindungen ist es daher in allen Fällen nothwendig, eine weitere Untersuchung anzuschliessen. Die

Hauptprüfung auf Cyan und seine Verbindungen

ist eine Destillationsarbeit. Sie beruht auf der Flüchtigkeit der freien Cyanwasserstoffsäure mit heissen Wasserdämpfen. Im Destillate kann dieselbe nach bekannten Methoden nachgewiesen werden. Die Oxydation der Cyanwasserstoffsäure zu Cyansäure — welche ihrerseits im Momente des Entstehens in Ammoniak und Kohlensäure zerfallen würde — wird durch die während der Destillation bewirkte Gegenwart von Kohlensäure verhindert.

Man verfährt wie folgt:

Das zerkleinerte Untersuchungsmaterial wird in einen Kolben geeigneter Grösse gebracht, hier mit Wasser zum Brei vermischt worauf Zusatz von Weinsäurelösung im Ueberschusse erfolgt, um Cyansalze in das Salz der Weinsäure und in freie Cyanwasserstoffsäure überzuführen. Der Destillationskolben ist einerseits mit schräg absteigendem Liebig'schen Kühler, andererseits mit einem Kohlensäureentwickelungsapparat verbunden. Als letzterer kann der Kipp'sche Apparat dienen. Das sich bildende Kohlensäuregas wird durch Schwefelsäure in einer dem Apparate vorgelegten kleinen Waschflasche gereinigt, nicht etwa um hier ein Trocknen des Gases zu bewirken — denn das wäre ja illusorisch — sondern um Verunreinigungen mechanischer Art zurückzuhalten. In der Destillationsvorlage befindet sich eine wässerige alkalihydroxydhaltige Flüssigkeit. Das Erwärmen des das Untersuchungsmaterial enthaltenden Kolbens kann im Wasserbade erfolgen, welches letztere natürlich auch durch ein Glycerin- oder Oelbad — hier aber ohne jeden Vortheil — ersetzt werden kann. Unter den so gegebenen Verhältnissen werden die cyanwasserstoffsauren Alkalien bereits bei ca. 60° zersetzt.

Waren in dem Untersuchungsmateriale Cyan oder Cyanwasserstoffsäure oder deren **Alkali**salze vorhanden, so finden sich dieselben im Destillate als cyanwasserstoffsaures Alkali. Man destillirt bis keine Cyanwasserstoffsäure mehr übergeht, was durch Vorlage frischer alkalihydroxydhaltiger Flüssigkeitsmengen und Prüfen dieser auf Cyangehalt nach Auffangen von neuen Mengen Destillat ausprobirt werden muss.

Das Destillat wird in verschiedene Probegläser vertheilt und kann auf folgende Art geprüft werden:

1. Man kann direkt die oben erörterte Prüfung mittelst Kupferoxydsalz-Guajakharz-, bezüglich Guajakonsäurepapieres anstellen, beachte aber auch hier, dass einerseits das Eintreten der Blaufärbung auch durch andere oxydirend wirkende Destillationsprodukte hervorgerufen worden sein kann und dass andererseits das Nichteintreten der Reaktion durchaus nicht als ein absoluter Beweis für die Abwesenheit von Cyan angesehen werden darf.

Daher prüfe man in allen Fällen auch noch nach folgenden Verfahren:

2. Man vermischt die Alkalihydroxyd im Ueberschusse enthaltende Flüssigkeit mit etwas frischer Eisenoxydulsulfatlösung. Es entsteht ein Niederschlag. Man schüttelt nun einige Minuten tüchtig durch, fügt alsdann Salzsäure bis zur sauren Reaktion der Flüssigkeit und nun noch ein bis mehrere Tropfen Eisenchloridlösung hinzu. Bildet sich ein blauer Niederschlag, so zeigt dieser Cyangehalt des Destillates an. Die sich hierbei abspielenden chemischen Vorgänge entsprechen folgenden Gleichungen:

$$FeSO_4 + 2\,NaOH = Fe(OH)_2 + Na_2SO_4$$
$$Fe(OH)_2 + 6\,KCN = K_4FeCy_6 + 2\,KOH$$

gleichzeitig:

$$x\,.\,Fe(OH)_2 + \underset{\text{(der Luft)}}{x\,.\,O} + x\,.\,H_2O = x\,.\,Fe_3(OH)_8 + x\,.\,Fe_2(OH)_6$$
$$Fe_3(OH)_8 + 8\,HCl = FeCl_2 + 2\,FeCl_3 + 8\,H_2O$$
$$Fe_2(OH)_6 + 6\,HCl = 2\,FeCl_3 + 6\,H_2O$$

und alsdann:

$$3\,K_4FeCy_6 + 4\,FeCl_3 = Fe_4(FeCy_6)_3 + 12\,KCl.$$

Gleichzeitig werden geringe Mengen des bei der Reaktion gebildeten Eisenoxydhydrates mit Cyankalium zur Bildung von Ferricyankalium (K_3FeCy_6) nach der Gleichung:

$$Fe_2(OH)_6 + 12\,KCN = 2\,K_3FeCy_6 + 6KOH$$

in Wirkung treten, die mit dem vorhandenen Eisenchlorür Turnbulls Blau:

$$2\,K_3FeCy_6 + 3\,FeCl_2 = Fe_3(FeCy_6)_2 + 6\,KCl$$

bilden und dadurch eine tiefblaue Färbung der Flüssigkeit erzeugen. (Empfindlichkeit: 1 : 50 000.)

3. Eine andere, noch empfindlichere Prüfung auf Cyan beruht auf der Bildung von Rhodanalkali und Erkennung dieses durch Eisenchloridlösung.

Man verfährt in folgender Weise:

In einem Porzellanschälchen wird eine Probe des Destillates mit gelber Schwefelammoniumlösung versetzt, diese Flüssigkeit im Wasserbade verdunstet und der Rückstand mit salzsäurehaltigem Wasser ausgezogen. Dabei wird das überschüssige Schwefelammonium zerstört und es resultirt eine reinere Lösung, deren Filtrat mit Eisenchloridlösung versetzt wird: Entsteht hierbei eine rothe Färbung, so deutet dies auf die Gegenwart von Cyan, was durch folgende Gleichungen zum Ausdruck gebracht werden kann:

$$KCN + (NH_4)_2S_x = KCNS + (NH_4)_2S_{x-1}$$
$$FeCl_3 + 3\,KCNS = Fe(CNS)_3 + 3\,KCl.$$

(Empfindlichkeit 1 : 4 000 000.)

Es leuchtet ein, dass das Destillat, welches Alkalihydroxyd im Ueberschusse enthält, vor dem Zusatze des Schwefelammonium nicht erst mit Säure behandelt werden darf, um der Bildung des in der Wärme flüchtigen Rhodanammonium vorzubeugen und dass ausserdem die Filtration der aus der Einwirkung des salzsäurehaltigen Wassers auf den Verdampfungsrückstand resultirenden Flüssigkeit möglichst rasch erfolgen muss, um eine Verdunstung eventuell vorhandener freier Sulfocyanwasserstoffsäure zu verhindern. Auch muss die Rhodankaliumlösung in schwachsaurem Zustande mit der Eisenchlorid haltigen Flüssigkeit vermischt werden, da sonst trotz Anwesenheit von Rhodansalz eine Rothfärbung ausbleiben kann, indem eventuell vorhandenes unterschwefligsaures Salz auf Eisenchlorid reduzirend einwirkt.

4. Eine häufig benutzte Methode des Einzelnachweises von Cyan beruht auf der Ueberführung in Nitroprussidverbindung und Charakterisirung dieser durch die bei Gegenwart von Schwefelammonium eintretende Violettfärbung (Vortmann): Man versetzt das Destillat mit etwas Kaliumnitrit- und einigen Tropfen Eisenchloridlösung, fügt dann unter Umschütteln verdünnte Schwefelsäure bis zur Gelbfärbung hinzu, erwärmt kurze Zeit, kühlt hierauf ab und fällt das überschüssige Eisen mit Ammoniakflüssigkeit aus; zum Filtrat werden alsdann einige Tropfen Schwefelammoniumlösung gemischt, worauf bei Gegenwart von Cyanverbindungen Violettfärbung eintritt. Bei dieser Reaktion bildet sich zunächst Ferricyanwasserstoffsäure und aus dieser Nitroprussidwasserstoff nach folgenden Gleichungen:

$$6\,KCN + 3\,H_2SO_4 = 3\,K_2SO_4 + 6\,HCN$$
$$6\,HCN + FeCl_3 = H_3FeCy_6 + 3\,HCl$$
$$2\,KNO_2 + H_2SO_4 = K_2SO_4 + 2\,HNO_2$$
$$H_3FeCy_6 + HNO_2 = H_2Fe(NO)Cy_6 + H_2O.$$

(Empfindlichkeit: 1 : 300 000.)

Endlich sei

5. die beim Erhitzen mit Pikrinsäurelösung durch Bildung von isopurpursaurem Kalium eintretende kirschrothe Färbung erwähnt:

$$C_6H_3N_3O_7 + 3\,KCN + 2\,H_2O = C_8H_4KN_5O_6 + NH_3 + K_2CO_3.$$

Man erhitzt eine Probe des alkalischen Destillates mit wenigen Tropfen einer gesättigten Pikrinsäurelösung und beobachtet die dabei eintretende Farbenveränderung. Die letztere tritt auch bei der Einwirkung der die Reaktion bedingenden Körper in der Kälte ein, beansprucht alsdann jedoch einige Zeitdauer. (Hlasiwetz.)

Es sei daran erinnert, dass schweflige Säure, sowie Schwefelwasserstoff dieselbe Reaktion ergeben. (Stromeyer.)

6. Uebersättigt man das Cyankalium enthaltende Destillat mit Salpetersäure und fügt alsdann Silbernitratlösung hinzu, so bildet sich unlösliches Cyansilber, das beim Erhitzen freies Cyan entstehen lässt.

$$AgNO_3 + KCN = AgCN + KNO_3.$$

(Empfindlichkeit 1 : 250 000.)

Man beachte, dass das Cyansilber in Salpetersäure unlöslich, hingegen in Ammoniak, desgleichen in überschüssigem Cyankalium, sowie in Thiosulfat löslich ist:

$$AgCN + NH_3 = AgCN . NH_3$$
$$AgCN + KCN = AgCN . KCN$$
$$AgCN + Na_2S_2O_3 = AgNaS_2O_3 + NaCN.$$

Bei Ausführung dieses Versuches vergesse man nicht, dass das Untersuchungsmaterial Salzsäure enthalten haben kann, welche sich — wenigstens theilweise — im Destillate vorfinden wird und mit Silbernitrat zu unlöslichem Chlorsilber reagirt. Eine Trennung der Salzsäure lässt sich in der Weise bewirken, dass man das cyankaliumhaltige Destillat mit Weinsäure deutlich ansäuert, nun frischgefälltes Calciumkarbonat im grossen Ueberschusse zufügt und dieses Gemenge abermals der Destillation unterwirft. Die Salzsäure wird von dem Calciumkarbonat als Chlorcalcium zurückgehalten, während Cyanwasserstoffsäure überdestillirt.

7. Kommt blaue Jodstärke mit stark verdünnter, schwach angesäuerter cyanwasserstoffhaltiger Flüssigkeit zusammen, so tritt Entfärbung der Stärke ein, indem sich die Cyanwasserstoffsäure mit dem freien Jod im Sinne der Gleichung:

$$HCN + 2 J = CNJ + HJ$$

zu Jodcyan und Jodwasserstoffsäure umsetzt. (Schönbein.)

Kobert empfiehlt eine Stärkelösung anzuwenden, die in einem ccm: 0,04 mg Jod enthält. Es sind durch diese noch 0,000 008 Blausäure nachzuweisen.

Dass auch diese Reaktion durch die Gegenwart von anderen oxydirenden Körpern, wie schweflige Säure, Schwefelwasserstoff etc. illusorisch gemacht werden kann, ist selbstverständlich. —

Aber nicht alle Cyanverbindungen sind auf diese Weise nachweisbar, aus dem Grunde, weil Weinsäure nicht im Stande ist Cyan, bezüglich Cyanwasserstoffsäure aus allen seinen Verbindungen in Freiheit zu setzen, wenigstens dies nicht bei Temperaturen, die der des kochenden Wasserbades entsprechen.

Liegt nun z. B. die Verbindung des Cyans, bezüglich der Cyanwasserstoffsäure, mit Quecksilber vor, so kann die Zersetzung des Quecksilbercyanids durch zugeführte Kochsalzmengen wesentlich befördert werden (Plagge), ja sogar, wenn in richtiger Weise gearbeitet wird, eine quantitative Spaltung des Quecksilbercyanides herbeigeführt werden. Man giebt zu dem mit Wasser angerührten Untersuchungsmaterial etwas reine Kochsalzlösung, säuert alsdann mit Oxalsäurelösung an und unterwirft die Mischung der Destillation wie oben, jedoch mit der Beachtung, dass das Untersuchungsmaterial bis zum Siedepunkt der mit ihr vermengten Flüssigkeit erhitzt wird (eventuelle Benutzung des Glycerin- oder Oelbades). —

Hat die Untersuchung die Gegenwart von Cyan oder seiner Verbindungen in dem zur Analyse übergebenen Materiale festgestellt, so ist es nothwendig einen Theil des zurückgehaltenen Untersuchungsmaterials auf eventuelle Gegenwart von Ferrocyankalium zu prüfen. Dieses, bekanntlich nicht giftig wirkende Präparat, zersetzt sich unter den bei der Destillation gegebenen Verhältnissen zwar nur sehr unvollständig, Thatsache aber ist es, dass eine Ferrocyankalium enthaltende Flüssigkeit, in angesäuertem Zustande der Destillation unterworfen, deutlich erkennbare Cyanmengen ans Destillat abgiebt. Um daher Täuschungen vorzubeugen, behandelt man das Untersuchungsmaterial mit Wasser, erwärmt schwach, filtrirt ab, vermischt das klare Filtrat mit Salzsäure bis zur sauren Reaktion und versetzt dann mit wenig Eisenchloridlösung. War in dem Untersuchungsmaterial Ferrocyankalium vorhanden, so tritt jetzt Bildung von Berlinerblau ein.

Um alsdann eine Trennung des Ferrocyankaliums von anderen Cyaniden eintreten zu lassen, kann man in verschiedener Weise verfahren.

In einzelnen Laboratorien pflegt man sich einer Methode zu bedienen, welche darauf beruht die durch Ansäuern der Flüssigkeit aus dem Ferrocyankalium in Freiheit gesetzte Ferrocyanwasserstoffsäure durch gefälltes Calciumkarbonat zu neutralisiren und alsdann das Ganze nach Zugabe eines Ueberschusses an Calciumkarbonat der Destillation zu unterwerfen. Es soll dann ins Destillat nur freie Cyanwasserstoffsäure, herstammend aus Cyanverbindungen, welche nicht dem Ferrocyankalium angehören, übergehen. Die Erfahrung lehrt aber, dass auch hier die Zersetzung des ferrocyanwasserstoffsauren Calciums in geringer Menge nicht zu vermeiden ist, mithin das Resultat durchaus nicht absolut genau sein wird.

Eine zuverlässigere und heutzutage in den meisten Laboratorien gebräuchliche Methode der Trennung des Ferrocyankaliums von Cyanverbindungen anderer Art ist die von Jacquemin angegebene, darauf beruhend, dass die freie Cyanwasserstoffsäure von Natriumbikarbonat nicht gebunden wird, während andererseits Natriumbikarbonat auf Ferrocyankalium auch bei Siedehitze ohne alle Einwirkung ist. Hingegen zerlegt die während der Destillation aus dem Natriumbikarbonat in Freiheit gesetzte Kohlensäure die Cyanide der Alkalien. Eventuell vorhandenes Nitroprussidnatrium wird nach Maisel's Untersuchungen durch das überschüssige Natriumbikarbonat ebenfalls, aber nur unvollkommen, zersetzt. Es ist aber auch gleichzeitig zu beachten, dass man auf diese Weise weder Cyansilber noch Quecksilbercyanid nachweisen kann, da Natriumbikarbonat auch auf diese keine zersetzende Einwirkung ausübt.

Zur Ausführung der Methode versetzt man das mit Wasser zum dünnen Brei angerührte Untersuchungsmaterial mit reichlichen Mengen Natriumbikarbonat und erhitzt behufs Destillation wie oben angegeben. Das Natriumbikarbonat wird dabei nach und nach zersetzt; es bildet sich Sesquikarbonat bezüglich Monokarbonat, während Kohlensäure in Freiheit gesetzt wird und auf die Cyanide der Alkalien ihre zersetzende Einwirkung ausübt[1]).

Eine andere von Barfoed angegebene Methode der Bestimmung der freien Cyanwasserstoffsäure und giftiger Cyanide neben Ferrocyankalium, bei der auch die an Quecksilber gebundene Cyanwasserstoffsäure nachgewiesen werden kann, ist folgende:

Man schüttelt die mit etwas Weinsäure oder Oxalsäure versetzte Flüssigkeit, welche die fraglichen Verbindungen gelöst enthält, mit Aether; letzterer nimmt die freie Cyanwasserstoffsäure und

1) Nach Kassner wird sich Kaliumbikarbonat besser eignen als das Natriumsalz.

Cyanquecksilber in sich auf, während eventuell vorhandenes Ferrocyankalium oder sich eventuell vorfindende Ferrocyanwasserstoffsäure in der wässerigen Flüssigkeit verbleibt. Die Operation wird im Scheidetrichter vorgenommen und muss mehrmals mit frischen Mengen Aether wiederholt werden. Der von der wässerigen Schicht getrennte Aether wird mit alkoholischer Alkalihydroxydflüssigkeit (besser als konzentrirte wässerige Lauge) übersättigt und diese Mischung im Wasserbade der Destillation unterworfen; es wird sich zunächst Aether und alsdann der Alkohol verflüchtigen, während die Salze zurückbleiben. . Diese werden in Wasser gelöst, worauf die so resultirende Lösung mit Kochsalz und Weinsäure versetzt, behufs Isolirung des Cyans, bezüglich der Cyanwasserstoffsäure, von neuem der Destillation unterworfen wird, welche analog wie oben angegeben zu vollziehen ist.

Die Ermittelung der Quantität des Cyans kann gewichtsanalytisch durch Ueberführung in Cyansilber und Wägen des gut ausgewaschenen und alsdann bei 100° C. getrockneten Präparates erfolgen:

$$100\,AgCN = 20{,}15\,HCN.$$

Sie kann aber auch auf maassanalytischem Wege bewirkt werden. Die einfachste Methode dieser Art besteht in der Fällung des Cyans aus schwach alkalischer Cyanalkalilösung mittelst Silbernitratlösung (Liebig's Methode). Es bildet sich hierbei zunächst Silbercyanid, das sofort mit in der Flüssigkeit vorhandenem Cyankalium zur Bildung der löslichen Doppelverbindung Kaliumsilbercyanid in Wirkung tritt:

$$KCN + AgNO_3 = AgCN + KNO_3$$
$$AgCN + KCN = AgCN.KCN.$$

Wenn sich schliesslich alles Cyan in dieser Doppelverbindung vorfindet, erfolgt durch weiteren Zusatz von Silbernitrat Abscheidung von Silbercyanid, das unlöslich bleibt:

$$AgCN.KCN + AgNO_3 = 2\,AgCN + KNO_3.$$

Die bleibende Fällung zeigt also das Ende der Reaktion an.

Das ausfallende weisse Silbercyanid würde sich durch das vorherrschende Alkali sofort in schwarzes, weniger leicht erkennbares Silberoxyd umsetzen, wenn man diesem Uebelstande nicht durch Zusatz von Natriumchlorid vorbeugen könnte. Auch in diesem Falle — also bei

Gegenwart von Natriumchlorid — tritt zunächst Bildung von Cyansilber, darauf derjenigen der löslichen Doppelverbindung und erst nach vollständiger Erschöpfung des Cyans solche von Chlorsilber ein.

Zur Ausführung der Methode wird dementsprechend ein abgemessenes Volumen der Untersuchungsflüssigkeit mit Alkalihydroxydlösung in schwachem Ueberschusse versetzt; alsdann werden einige Tropfen Natriumchloridlösung zugemischt und nun beginnt die Titration mit $^{1}/_{10}$ N. Silbernitratlösung.

Endpunkt der Reaktion: Beginn der Wiederausscheidung des zunächst gelösten weissen Cyansilbers, bezüglich Abscheidung von weissem Chlorsilber.

Titration auf schwarzer Unterlage erleichtert die Beobachtung.

$$1 \text{ ccm } ^{1}/_{10} \text{ N} . AgNO_3 = 0{,}005396 \text{ HCN}.$$

Man kann aber auch so verfahren, dass man in einem abgemessenen Volumen der schwach alkalischen Untersuchungsflüssigkeit die vorhandene Cyanwasserstoffsäuremenge durch einen Ueberschuss von Silbernitratlösung fällt und in einem aliquoten Theile des Filtrates die überschüssig zugesetzte Silbernitratmenge nach Zusatz von wenig überschüssiger Salpetersäure durch Titration mit Rhodanammoniumflüssigkeit unter Benutzung von Eisenalaunlösung als Indikator, ermittelt und in Abzug bringt (Volhard's Methode).

Die Wirkung des Silbernitrats verläuft hier nach folgenden Gleichungen:

$$2 KCN + AgNO_3 = AgCN . KCN + KNO_3$$
$$AgCN . KCN + AgNO_3 = 2 AgCN + KNO_3.$$

Andererseits bei Zurücktitriren des im Ueberschusse angewendeten Silbernitrates:

$$AgNO_3 + NH_4CNS = AgCNS + NH_4NO_3$$
$$(1 \text{ ccm } ^{1}/_{10} \text{ N} . NH_4CNS = 0{,}0170 \ AgNO_3)$$

Der Endpunkt wird durch Bildung von sulfocyansaurem Eisen angezeigt, das sich in der Flüssigkeit mit rother Farbe löst:

$$Fe_2(SO_4)_3 + 6 NH_4CNS = Fe_2(CNS)_6 + 3 (NH_4)_2SO_4,$$

mithin entspricht

der Verbrauch von $1 \text{ ccm } ^{1}/_{10} \text{ N} . AgNO_3 = 0{,}002698$ HCN.

(Betreffs Titration des Silbernitrates mittelst Rhodanammonlösung vergleiche auch später unter „Ermittelung der Quantität des Silbers“.)

Da es in gerichtlichen Fällen mitunter schwierig ist, ein schwefelwasserstofffreies Destillat zu erhalten, so hat Maisel ein Verfahren der quantitativen Bestimmung der Cyanwasserstoffsäure vorgeschlagen, darauf beruhend, dass die unter geeigneten Verhältnissen abzudestillirende Cyanwasserstoffsäure anstatt in Alkalihydroxydlösung direkt in Schwefelkaliumlösung eintreten gelassen wird. Es bildet sich Schwefelcyankalium, das von dem überschüssigen Schwefelkalium durch Behandlung der Flüssigkeit mit Bleiglätte befreit wird. Man filtrirt von dem dadurch gebildeten Schwefelblei ab, wäscht das Filter sorgfältig aus und bestimmt in einem aliquoten Theile des Filtrates die vorhandene Menge Sulfocyankalium durch Titration in salpetersaurer Lösung mittelst $^1/_{10}$ N. Silbernitratflüssigkeit unter Benutzung von Eisenalaunlösung als Indikator (Volhard's Methode).

Sind nun in einem Untersuchungsobjekte gleichzeitig mehrere Giftstoffe flüchtiger Art vorhanden, so wird man diese natürlich sämmtlich bei der ersten Destillationsarbeit erhalten. Man wird so z. B. die Isolirung des Phosphors und des Cyans aus dem Untersuchungsmaterial gleichzeitig bewirken können und muss dann im Destillate die Trennung beider vornehmen, was nach dem oben jeweilig unter dem Nachweise des Phosphors und dem des Cyans gesagten keine besonderen Schwierigkeiten bietet. Etwas umständlicher ist es aber, wenn z. B. im Untersuchungsobjekte gleichzeitig Coniin, Nikotin oder Sparteïn, d. h. mit Wasserdämpfen flüchtige Alkaloide, vorhanden sind.

Die Gegenwart von Coniin und Nikotin im Destillate kann sich für einen mit Geruchsinn versehenen Chemiker durch die Deutlichkeit, mit welcher sich Verdunstungsprodukte dieser Alkaloide in der Nase festsetzen, leicht verrathen, doch lasse man sich bei derartigen organoleptischen Versuchen nicht irre führen durch jene verschiedenartigen häufig stark riechenden Produkte, welche sich bei der Destillationsarbeit unter Benutzung organischen Versuchsmaterials bilden. Zum sicheren Nachweise dieser Alkaloide ist die Ausschüttelung derselben mittelst Aether oder Chloroform aus dem mit Alkalihydroxydlösung vermischten Destillate und die genaue Einzelcharakteristik durch Anstellung verschiedener im späteren Abschnitte unter Nachweis der Alkaloide gegebenen Reaktionen unbedingt nothwendig.

Spezielle Ermittelung einzelner mit heissen Wasserdämpfen flüchtiger Giftstoffe.

Es sollen in Folgendem noch die Reaktionen einiger anderer unter gleichen Bedingungen wie Phosphor und Cyan flüchtiger Giftstoffe beschrieben werden, welche sich in gerichtlichen Fällen hin und wieder in dem Untersuchungsmateriale vorzufinden pflegen.

Es sind dies: Chloroform, Chloralhydrat, Anilin, Nitrobenzol, Bittermandelöl, Karbolsäure, Kreosot, Alkohol.

Die Isolirung dieser Körper kann entweder durch direkte Extraktion des Untersuchungsmaterials oder durch die Destillationsarbeit erfolgen. Es richtet sich nach der Art des jeweiligen Einzelfalles, welcher von beiden Methoden der Vorzug zu geben sein wird; jedenfalls kann ein Theil des Destillates, welches bei der behufs Nachweises des Phosphors oder des Cyans durchgeführten Destillationsarbeit resultirt, zur orientirenden Vorprobe benutzt werden.

Es ist ferner in allen Fällen zu beachten, dass eine direkte Extraktion des Untersuchungsmaterials behufs Gewinnung der Giftstoffe flüchtiger Natur nur dann von besonderem Vortheile sein wird, wenn man sicher ist, dass in dem Untersuchungsmateriale keine anderen Giftstoffe vorhanden sein werden, die in der Extraktionsflüssigkeit löslich sind. Man wird diese Art der Isolirung der hier in Betracht kommenden Giftstoffe praktischer Weise also nur dann in Anwendung ziehen, wenn eine direkte Fragestellung auf diese Art von Giften vorliegt oder doch wenigstens ein dringender Verdacht auf die Anwesenheit dieser und nicht anderer Gifte gegeben ist.

Liegt das Untersuchungsmaterial als feste Substanz vor, so können mit Aether wohl sämmtliche oben genannten Giftstoffe flüchtiger Natur isolirt werden. Ist aber das zur Untersuchung übergebene Objekt eine Flüssigkeit oder breiförmige Masse, so gehen Alkohol und Chloroform nur zum Theil in diesen über, da ein anderer Theil in der wässerigen Schicht zurückgehalten wird. Gerade bei diesen beiden Körpern bietet aber auch die direkte Extraktion mit Aether gegenüber der Destillationsarbeit nur Nachtheile, bezüglich Umständlichkeiten in der weiteren Erledigung der Arbeit zur sicheren Einzelcharakteristik.

Man beachte ferner stets, dass die Untersuchungsmaterialien häufig nur aus dem Grunde beträchtliche Mengen Alkohol enthalten, weil dieselben an erster Stelle absichtlich mit Alkohol übergossen wurden, um der Zersetzung des organischen Materials nach Möglichkeit vorzubeugen.

Chloroform. $CHCl_3$.

Farblose, neutral reagirende Flüssigkeit von eigenthümlich süsslich ätherischem Geruch und brennendem Geschmack. Sehr flüchtig. Siedepunkt nahezu 62°. Spezifisches Gewicht 1,5039 bei 12°. In Wasser wenig löslich (bei 18° : 0,64 %), mit Alkohol und mit Aether in jedem Verhältnisse mischbar. In reinem Zustande nur sehr schwierig brennbar; mit Alkohol vermischt und angezündet, mit grüngesäumter Flamme brennend.

In gerichtlichen Fällen ist zu beachten, dass Chloroform bei Vergiftungen sehr schnell ins Blut übertritt und daher im Falle der direkten Fragestellung auf dieses Gift oder im Falle des Verdachtes auf eine durch Chloroform bewirkte Vergiftung die Untersuchung des Blutes und der blutreichen Gewebe von besonderer Wichtigkeit ist. Auch das Gehirn pflegt bei Chloroformvergiftung beträchtliche Mengen dieses Giftes in sich aufzunehmen. Dabei muss freilich betont werden, dass natürlich auch andere Körpertheile Chloroform aufnehmen, und dass z. B. nach innerlicher Darreichung das Vorhandensein von Chloroform im Harn ebenfalls einigemal beobachtet worden ist.

Bei der Isolirung berücksichtige man ferner, dass Albumin das Chloroform mit grosser Energie zurückzuhalten pflegt; die Trennung durch die Destillationsarbeit darf sich demgemäss nicht genau nach dem Siedepunkt resp. nach den Flüchtigkeitsverhältnissen dieses Giftes unter normalen Verhältnissen richten. Auch die Thatsache der zwar geringen, aber nicht unerheblichen Löslichkeit des Chloroforms in Wasser darf bei der quantitativen Isolirung dieses Giftes nicht ausser Acht gelassen werden.

Es seien folgende Reaktionserscheinungen des Chloroforms erwähnt, welche speziell in gerichtlich-chemischen Fällen mit Vortheil benutzt werden können:

1. Zum Nachweise kleiner Mengen Chloroform, z. B. auch zu solchen im Blute, eignet sich vorzüglich die Zerlegung der Chloroformdämpfe in Salzsäure, freies Chlor und Perchlorbenzol. Dieselbe geschieht in einem Apparat beistehender Abbildung.

Im Kolben a wird das mit Wasser zur breiförmigen Konsistenz gebrachte Untersuchungsobjekt — Flüssigkeiten gelangen ohne weiteres zur Untersuchung — auf etwa 60° erwärmt; mit Hilfe eines kleinen Gummiballongebläses b werden alsdann die Chloroformdämpfe in die Röhre c getrieben, in welcher sie durch die Hitze eines Verbrennungsofens in die oben genannten Produkte zerlegt werden.

Perchlorbenzol scheidet sich in Form langer Nadeln an dem kälteren Theile der Röhre ab; Salzsäure und freies Chlor gelangen in die Vorlage. Letztere, praktischer Weise eine Peligotröhre (quan-

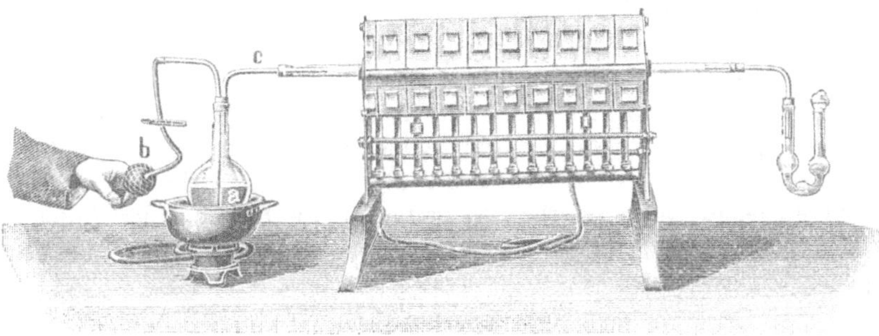

Fig. 2.

titativ) oder ein Spitzglas (qualitativ), enthält Silbernitrat- oder jodatfreie Jodkaliumlösung. Im ersteren Falle bildet sich durch die Wirkung der Salzsäure Chlorsilber, das sich als unlösliche Verbindung abscheidet und im letzteren Falle wird durch das freie Chlor Jodkalium zu Chlorkalium und freiem Jod umgesetzt und dieses alsdann von dem im Ueberschusse vorhandenen Jodkalium mit brauner Farbe gelöst.

2. Erwärmt man mit wenig Anilin und etwas alkoholischer Alkalilauge, so findet Bildung von Phenylcarbylamin (Isobenzonitril) statt, das an seinem penetranten Geruch leicht erkennbar ist (v. Hofmann):

$$CHCl_3 + C_6H_5 . NH_2 + 3\,KOH = C_6H_5 . NC + 3KCl + 3\,H_2O.$$

(Empfindlichkeit 1 : 6000)

3. Löst man etwas α- oder β-Naphtol in Alkalilauge und erwärmt diese Lösung mit dem als Chloroform angesprochenen Produkt, so nimmt die Flüssigkeit bei Gegenwart von Chloroform eine intensiv blaue Färbung an, welche unter dem Einflusse der

Luft allmählich in Grün und dann in Braun übertritt (Lustgarten).

Säurezusatz führt in der blauen Flüssigkeit Abscheidung eines ziegelrothen Niederschlages herbei.

Alkoholgegenwart befördert die Reaktion, viel Wasser zerstört sie; die durch Alkohol stark verdünnte Lösung ist grün gefärbt.

4. Alkoholische Resorcinlösung, mit etwas Alkalilauge und dem fraglichen Produkt vermischt und diese Flüssigkeit alsdann bis zum Sieden erhitzt, lässt Chloroform durch Entstehung einer gelblichrothen Farbe der Mischung erkennen; bei Spuren von Chloroform tritt violettrothe Färbung ein (Crismer).

Ist Resorcin in sehr geringer Menge, hingegen Alkalilauge in grossem Ueberschusse vorhanden, so tritt Rothfärbung der Lösung ein (rosolsaures Alkali ?), die durch Säurezusatz verschwindet und durch grossen Ueberschuss von Alkalihydroxyd wieder zum Vorschein kommt. Ist hingegen die Resorcinmenge sehr gross, die Alkalimenge dagegen gering, so tritt gelbrothe Färbung der Flüssigkeit ein und bei starker Verdünnung ist stark gelbgrüne Fluorescenz zu beobachten (C. Schwarz).

5. Erwärmt man mit Fehling'scher Lösung, so tritt bei Gegenwart von Chloroform zunächst Bildung von ameisensaurem Alkali und alsdann durch dieses Reduktion des Kupfersalzes zu Kupferoxydul ein (Baudrimont, Reichardt).

$$CHCl_3 + 2\,CuO + 5\,KOH = Cu_2O + 3\,KCl + K_2CO_3 + 3\,H_2O.$$

(Empfindlichkeit 1 : 4500)

6. Zink und verdünnte Schwefelsäure mit chloroformhaltigen Flüssigkeiten zusammengebracht, bewirken Reduktion des Chloroforms; die Flüssigkeit zeigt alsdann mit Silbersalzen die Chlorreaktion (Hager).

Bei Flüssigkeiten die an und für sich schon Chloride enthalten, wie Milch, Blut etc., ist Trennung durch Destillation, mit oder ohne Zusatz von Alkohol, nothwendig.

7. Alkalihydroxydlösung oder Ammoniakflüssigkeit, mit der chloroformenthaltenden Lösung erhitzt, bewirken Zersetzung des Chloroforms; in der Flüssigkeit lässt sich alsdann Chlor nach bekannten Methoden nachweisen (A. W. von Hofmann).

Bei kleinen Quantitäten Untersuchungsflüssigkeit, bezüglich solchen durch Destillation isolirter Produkte, bewirkt man die Zersetzung durch Einwirkung im geschlossenen Rohr.

8. Alkoholische Alkalihydroxydlösung mit Chloroform erhitzt, lässt ameisensauren Aethyläther neben Chloralkali entstehen (Soubeiran, Regnault).

$$CHCl_3 + 3\,KOH + 3\,C_2H_5OH = 3\,KCl + CH(O.C_2H_5)_3 + 3\,H_2O.$$

Man isolirt die Ameisensäure, indem man zunächst mit Wasser verdünnt, dann Alkalihydroxydlösung zugiebt, nun den Alkohol unter Eindampfen der Mischung im Wasserbade verjagt und den Rückstand nach Zusatz von Phosphorsäure der Destillation unterwirft. Der Nachweis der Ameisensäure stützt sich auf bekannte Reaktionen:

Zusatz von Silbernitrat nach vorheriger Neutralisation mit Alkali bewirkt krystallinische Abscheidung von weissem ameisensaurem Silber, das sich beim Erwärmen unter Abscheidung des Metalls reduzirt;

Einwirkung von Quecksilberchlorid: es entsteht beim Erwärmen Abscheidung von Quecksilberchlorür;

Oxydation durch Kaliumpermanganat, äusserlich gekennzeichnet durch Entfärbung der rothen Flüssigkeit;

Braunrothe Färbung einer Eisenoxydsalzlösung durch mit Alkali neutralisirte Lösung der Ameisensäure und Abscheidung von basisch-ameisensaurem Eisenoxyd beim Erwärmen der Flüssigkeit.

Die Ermittelung der Quantität des Chloroforms kann in verschiedener Weise erfolgen:

1. Die Einwirkung auf Fehling'sche Lösung verläuft quantitativ; sie kann mittelst des reinen isolirten Chloroforms oder einer Lösung des reinen Produktes in Wasser erfolgen.

Man erhitzt mit einem abgemessenem Volumen Fehling'scher Lösung im Druckfläschchen einige Stunden lang im Wasserbade, bis der Geruch nach Chloroform vollständig verschwunden ist. Alsdann filtrirt man vom Kupferoxydul ab (Asbestfilter, Allihn'sche Röhre) und bestimmt

a) entweder die Menge des abgeschiedenen Oxyduls durch Trocknen und dann zu erfolgende Reduktion im Wasserstoffstrom oder
b) die in Lösung gebliebene Kupferoxydmenge:

$$2 \text{ Atome } Cu = 1 \text{ Mol.} CHCl_3.$$

Die quantitative Bestimmung des Chloroforms kann aber auch geschehen:

2. Durch Zersetzung mittelst alkoholischer Kalilauge und Bestimmung des alsdann in Form von Chlorkalium vorhandenen Chlors

entweder auf gewichts- oder auf maassanalytischem Wege (L. de Saint-Martin).

Dazu erhitzt man die gemischten Flüssigkeiten im mit Rückflusskühler versehenem Kolben, dampft nach Zerlegung des Chloroforms den Alkohol ab, löst den Rückstand in Wasser und führt die Chlorbestimmung aus:

$$100\,Cl = 112{,}21\,CHCl_3.$$

Chloralhydrat. $CCl_3CH(OH)_2$.

Farblose Krystalle, die in Wasser und Alkohol, wie auch in Aether, Chloroform, Benzol, Petroläther löslich sind. Schmelzpunkt 57^0, Siedepunkt 97,5^0. Die wässerige Lösung reagirt anfangs neutral, später sauer.

Die Isolirung kann in gerichtlichen Fällen durch Destillation des sauren, wässerig-flüssigen oder mit Wasser vermengten trockenen Untersuchungsobjektes und darauffolgendes Ausschütteln des Destillates mit Aether bewirkt werden. Der Verdunstungsrückstand dieser ätherischen Lösung wird behufs Einzelcharakteristik durch Kochen mit Alkalilauge in Chloroform und ameisensaures Alkali zerlegt:

$$CCl_3 . CH(OH)_2 + KOH = CHCl_3 + HCOOK.$$

Man weist alsdann einerseits Chloroform nach den unter diesem gegebenen Reaktionen und andererseits ameisensaures Salz durch die für Ameisensäure charakteristischen Reaktionen nach (vergl. unter Chloroform Nr. 8).

Handelt es sich um die quantitative Abscheidung des Chloralhydrates aus dem Untersuchungsobjekt, so ist eine Destillationsarbeit mit letzterem in alkalischem Zustande nöthig. Man alkalisirt am besten durch Zusatz von Magnesiumoxyd. Eventuell noch vorhanden gewesenes Chloralhydrat wird hierbei natürlich bereits im Destillationskolben umgesetzt und es gelangt eine dem Chloralhydrat entsprechende Menge Chloroform zur Destillation:

$$2\,CCl_3CH(OH)_2 + MgO = 2\,CHCl_3 + (HCOO)_2Mg + H_2O.$$

Die quantitative Ermittelung des Chloralhydrates erfolgt durch Ueberführung der gesammten isolirten Menge desselben in Chloroform (siehe oben) und quantitative Bestimmung des letzteren nach einer der unter Chloroform angegebenen Methoden.

Hat man in wässeriger Lösung nur Chloralhydrat, so kann die Ermittelung der Quantität auch leicht und einfach durch Zersetzung mit bestimmten Mengen Normalalkalilauge erfolgen. Man arbeitet zunächst mit einem Ueberschusse an letzterer und titrirt mit Normalsäure zurück:

$$CCl_3CH(OH)_2 + NaOH = CHCl_3 + HCOONa + H_2O.$$

Es entspricht alsdann 1 ccm N. Alkalilauge = 0,1655 Chloralhydrat.

Anilin. $C_6H_5NH_2$.

Wasserhelle, in reinem Zustande farblose, an der Luft alsbald roth, dann braun werdende Flüssigkeit von ölartiger Beschaffenheit, mit schwachem, weinartigem, nicht unangenehmem Geruch und aromatisch brennendem Geschmack. Spezifisches Gewicht 1,020 bei 16°. Siedepunkt 182 bis 184°. In Wasser etwas löslich (4%); desgleichen nimmt auch Anilin etwas Wasser auf. In wässeriger Lösung gegenüber den meisten Indikatoren unempfindlich. Löslich in Alkohol, Aether, Chloroform, Benzol, Schwefelkohlenstoff, Aceton. Die Salze sind in Wasser und in Alkohol theils leicht, theils schwer löslich. Das salzsaure Salz ist in Wasser und in Alkohol leicht löslich; das neutrale Sulfat in Wasser leicht, in Alkohol hingegen sehr schwer löslich.

Bei der Destillation des wässerig-sauren oder breiförmigen Untersuchungsobjektes verflüchtigt sich ein Theil des Anilins, da die Anilinsalze im Kontakt mit Wasser stark dissociiren. Wird die quantitative Isolirung erstrebt, so führt die Destillation unter Zusatz von Alkali schneller zum Ziele.

Auch durch Ausschüttelung mittelst Chloroform oder Aether lässt sich Anilin isoliren. Aus saurer Lösung gehen — ebenfalls durch die leichte Dissociation der Anilinsalze in wässeriger Lösung bedingt — reichliche Antheile in die Ausschüttelungsflüssigkeit über; quantitativ jedoch vollzieht sich die Ausschüttelung erst aus alkalischer Flüssigkeit.

Welche von beiden Methoden — direkte Extraktion oder Destillationsarbeit — jeweilig vorzuziehen sein wird, ergiebt sich aus der Beschaffenheit des Untersuchungsmaterials.

Von den zur Einzelcharakteristik empfehlenswerthen Reaktionen seien folgende erwähnt:

1. Durch Oxydationsmittel entstehen rothe, violette oder blaue Farbstoffe. Zu dieser Arbeit wird speziell benutzt:

Alkalihypochlorit- oder Chlorkalklösung: Die wässerige Lösung färbt sich purpurviolett, nach einiger Zeit schmutzig roth. Ueberschuss an Hypochlorit ist zu vermeiden (Runge).

(Empfindlichkeit 1 : 26 000.)

Setzt man zur roth gewordenen Lösung einige Tropfen einer verdünnten, schwach ammoniakalischen Phenollösung, so entsteht Blaufärbung, die auf Zusatz von Säure in Roth umschlägt (Jacquemin.)

(Empfindlichkeit 1 : 70 000.)

Zusatz von einigen Tropfen sehr verdünnter Schwefelammoniumlösung führt bei der mit Chlorkalklösung vermischten und roth gewordenen oder durch zu starke Verdünnung farblos gebliebenen Lösung eine schöne, aber vergängliche Rosafärbung herbei (Rhodeïnreaktion, Jacquemin).

(Empfindlichkeit 1 : 30 000.)

Oxydirt man durch Zusatz von 1—2 Tropfen wässeriger Kaliumbichromatlösung zur Lösung des Anilins in konzentrirter Schwefelsäure, so tritt vorübergehend Blaufärbung ein (Beissenhirtz).

Wendet man verdünnte Schwefelsäure an, so entstehen je nach dem Grade der Verdünnung grüne, blaue oder schwarze Niederschläge (Fritzsche).

Die Oxydation der wässerigen, sauren Lösung gelingt auch mittelst Kaliumchlorats; es tritt zunächst Blaufärbung ein.

2. Die wässerige Lösung des Anilins oder eines seiner Salze giebt mit Bromwasser versetzt Abscheidung von röthlich weissem, krystallinischem Tribromanilin (Fritzsche, Hofmann).

3. Beim Erhitzen mit Alkalilauge und Chloroform tritt Zerlegung in Phenylkarbylamin ein (Isonitrilreaktion; s. unter Chloroform, Reaktion Nr. 2).

4. Fichtenholz wird durch in überschüssiger Salzsäure gelöstes Anilin gelb gefärbt (Runge).

(Empfindlichkeit 1 : 500 000.)

Goldchlorid, Pikrinsäure und Phosphormolybdänsäure verursachen in Anilinsalzlösungen krystallinische Abscheidungen.

Platinchlorid fällt ebenfalls; die Abscheidung vollzieht sich am besten in salzsaurer Lösung (Hofmann).

Quecksilberchlorid in alkoholischer Lösung fällt in Alkohol gelöstes Anilin als Doppelverbindung aus, die in Wasser sehr schwer löslich ist (Hofmann).

Nitrobenzol. $C_6H_5NO_2$.

Gelbliche, das Licht stark brechende, ölige Flüssigkeit von bittermandelähnlichem Geruch, bei + 3° zu weissen, nadelförmigen Krystallen erstarrend. Spezifisches Gewicht 1,1866 bei 14°. In Wasser nahezu unlöslich; in Alkohol und in Aether leicht löslich.

Bei der Destillation des wässerig-sauren oder breiförmigen Untersuchungsobjektes mit den Wasserdämpfen übergehend; im Destillate kann die Isolirung durch Ausschüttelung mit Aether oder Chloroform erfolgen.

Die alkoholische Lösung wird durch Alkalien in der Wärme zu Azoxybenzol und Azobenzol reduzirt, wobei Rothfärbung der Lösung eintritt.

Die Einzelcharakteristik erledigt sich leicht und sicher durch Ueberführung in Anilin, indem man in alkalischer Lösung mit Zinkstaub und Salzsäure oder mit Natriumamalgam schüttelt bis der Nitrobenzolgeruch verschwunden ist. Man setzt Alkali in grossem Ueberschusse zu, trennt das dadurch abgeschiedene Anilin entweder durch Destillation im Wasserdampfstrom oder durch Extraktion mit Aether und charakterisirt alsdann durch die unter Anilin angegebenen Reaktionen.

Benzaldehyd und Bittermandelöl.

Der Benzaldehyd, C_6H_5COH, bildet eine farblose, bald gelblich werdende, ölige Flüssigkeit, von starkem Lichtbrechungsvermögen, angenehmem aromatischem Geruch und brennendem Geschmack. Angezündet brennt er mit leuchtender Flamme. Spezifisches Gewicht 1,0504 bei 15°. Siedepunkt 179,1°. In Wasser wenig löslich (0,33 %), leicht löslich in Alkohol, Aether, Chloroform, Benzol. An der Luft sich allmählich zu Benzoesäure oxydirend.

Die Isolirung gelingt durch Destillation des angesäuerten Untersuchungsobjektes mit heissen Wasserdämpfen.

Die Einzelcharakteristik kann auf folgende Reaktionserscheinungen gestützt werden:

1. Ammoniakalische Silberlösung wird in der Wärme zu metallischem Silber reduzirt, gleichzeitig tritt Oxydation des Benzaldehyds zu Benzoësäure ein.

2. Alkoholische Alkalihydroxydlösung zerlegt unter Bildung von Benzoësäure und Benzylalkohol; die Abscheidung des letzteren gelingt durch Wasserzusatz (Canizzaro, Liebig, Wöhler):

$$2\,C_6H_5\,.\,COH + KOH = C_6H_5\,.\,CH_2\,.\,OH + C_6H_5\,.\,COOK.$$

3. Mit Phenylhydrazin tritt Vereinigung zu einer krystallinischen, bei 152,5° schmelzenden Verbindung ein (Fischer).

4. Mit Phenol vermischt und alsdann mit konzentrirter Schwefelsäure versetzt, entsteht eine rothe Masse, die sich in Alkalilauge zu einer schön violett gefärbten Flüssigkeit löst.

5. Die Ueberführung in Benzoësäure gelingt bequem durch Erhitzen der fraglichen Substanz mit einer wässerigen Lösung von Kaliumbichromat und Schwefelsäure. Man arbeitet im Kolben unter Benutzung eines Rückflusskühlers. Nach vollendeter Oxydation schüttelt man die gebildete Benzoësäure mittelst Aether aus oder man erstrebt zunächst gleichzeitig mit der Trennung auch eine Reinigung, indem man die Mischung der Destillation mit heissem Wasserdampf unterwirft. Benzoësäure findet sich dann im Destillate und kann durch Ausschüttelung mittelst Aether isolirt werden. Die Charakterisirung der Benzoësäure erfolgt in bekannter Weise (Schmelzpunkt der reinen Substanz 121,4°).

6. Fehling'sche Lösung wird durch Benzaldehyd beim Erwärmen nicht reduzirt (Tollens).

Nicht selten wird in gerichtlichen Fällen gleichzeitig mit Benzaldehyd auch Nitrobenzol aufgefunden, das dann zumeist unabsichtlich zur Vergiftung benutzt wurde, und durch Verunreinigung des käuflichen Benzaldehyds vorhanden war. In diesem Falle kann die Gegenwart des Nitrobenzols sehr exakt durch Reduktion zu Anilin (siehe unter Nitrobenzol) und Einzelcharakteristik dieses Produktes erfolgen, oder auch man kann mit dem Gemisch mit günstigem Erfolge folgende Reaktionen anstellen:

Man schüttele eine Probe des isolirten Produkts mit dem halben Volumen Alkalilauge; ist Nitrobenzol zugegen, so wird Grünfärbung der Mischung eintreten. Auf Zusatz von Wasser bilden sich alsdann zwei Schichten, von denen die obere grün, die untere gelb gefärbt ist; nach mehrstündigem Stehen geht die grüne Färbung der oberen Schicht in eine rothe über (Bourgoin).

Erwärmt man einen anderen Theil des isolirten Produktes mit alkoholischer Alkalihydroxydlösung (1 : 8), so wird der Benzaldehyd in Benzoësäure und Benzylalkohol übergeführt; eventuell vorhandenes Nitrobenzol erleidet hingegen eine Reduktion zu Azoxybenzol. Erhitzt man die Mischung solange bis der grössere Volumtheil verdampft ist, so erhält man bei nitrobenzolhaltigem Benzaldehyd eine klare, braun gefärbte Flüssigkeit; im andern Falle aber scheiden sich braune Kryställchen ab (Maisch).

Das Bittermandelöl, Oleum Amygdal. amararum aether. der Apotheken, ist Benzaldehyd-Cyanwasserstoff $C_6H_5COH + HCN$, bezüglich $C_6H_5CH\langle^{OH}_{CN}$. Die physikalischen Eigenschaften dieses Produktes schwanken je nach dem Gehalte an Cyanwasserstoffsäure. Bei der Charakterisirung ist diese letztere speziell zu berücksichtigen. Sie wird durch Schütteln mit gefälltem Quecksilberoxyd gebunden, worauf eine Extraktion mit Aether zur Isolirung des reinen Benzaldehyds führt. Letzterer wird in der oben angegebenen Weise gekennzeichnet; ersteres (Quecksilbercyanid) dient zu Reaktionsversuchen, welche die Anwesenheit der Cyanwasserstoffsäure zu konstatiren im Stande sind (siehe Seite 18).

Uebrigens kann die Gegenwart der Cyanwasserstoffsäure im Benzaldehyd leicht und sicher durch Schütteln des isolirten Produktes mit Wasser oder besser noch mit verdünnter Alkalilauge und Prüfung der wässerigen Lösung auf Cyanwasserstoffsäure erkannt werden.

Phenol.

Karbolsäure $C_6H_5 . OH$.

In wasserfreiem Zustande oder mit $^1/_2$ Mol. Wasser begleitet, farblose nadelförmige Krystalle von eigenartigem Geruch und brennendem Geschmack. In Wasser ziemlich reichlich löslich (bei gewöhnlicher Temperatur 1 : 15, bei 84^0 in jedem Verhältnisse), in Alkohol und Aether, sowie in Chloroform, Benzol, Schwefelkohlenstoff, Eisessig und Glycerin leicht und vollständig löslich.

Die Isolirung in gerichtlichen Fällen kann entweder durch Destillation mit heissen Wasserdämpfen, daran anschliessend eventuelle Ausschüttelung des wässerigen Destillates mittelst Aether und Verdunstung des ätherischen Lösungsmittels bei 25°, oder durch direkte Extraktion vollzogen werden.

Im letzteren Falle extrahirt man mittelst Alkohols, verdunstet diesen im luftverdünnten Raume (Luftverdünnung um etwa 400 bis 500 mm), nimmt den Rückstand mit wenig Wasser auf, entfettet durch Schütteln mit Petroläther (dieser nimmt nur Spuren von Phenol auf) und schüttelt das Phenol mit Benzol oder Aether aus (Dragendorff).

Es ist schwierig, das Phenol in solchen Fällen in krystallinischem Zustande zu erhalten; es resultirt zumeist eine ölartige Flüssigkeit, in der das Phenol durch folgende Reaktionen erkannt werden kann:

1. Die wässerige Lösung, mit wenig Eisenchlorid versetzt, lässt eine schön violett-blaue Färbung entstehen.

Es beeinträchtigt diese Reaktion sowohl ein grosser Ueberschuss an Eisenchlorid, wie auch die Gegenwart von Salzsäure, Alkohol oder Eisessig (Hesse).

(Empfindlichkeit 1 : 3000.)

Die blaue Färbung der Lösung schlägt beim Kochen in Braun über und die Flüssigkeit wird trübe; schüttelt man nun mit Aether aus, so färbt sich dieser gelblichroth. Die ätherische Lösung, verdunstet, hinterlässt einen Rückstand, der durch Schwefelsäure zunächst blaugrün, alsdann gelbbraun gefärbt wird.

2. Versetzt man die wässerige Lösung mit einer möglichst neutral gehaltenen Lösung von Quecksilberoxydnitrat, erhitzt zum Kochen und fügt nun tropfenweise verdünnte Kaliumnitritlösung hinzu, so färbt sich die Flüssigkeit intensiv roth (Almen).

(Empfindlichkeit 1 : 200 000.)

Erhitzt man mit einigen Tropfen Millon'schen Reagenses zum Kochen und setzt dann soviel Salpetersäure hinzu, bis die beim Kochen entstandene Fällung verschwunden ist, so tritt Rothfärbung der Flüssigkeit ein. Ueberschuss an Salpetersäure ist zu vermeiden (Almen).

(Empfindlichkeit 1 : 2 000 000.)

Millon's Reagens wird bereitet durch: Auflösen von einem Theil metallischen Quecksilbers in einem Theil kalter, rauchender Salpetersäure, Verdünnen der Lösung mit zwei Theilen destillirten Wassers, worauf nach mehrstündigem Stehen Abgiessen der klaren Flüssigkeit vom Ungelösten erfolgt.

3. Die Lösung in konzentrirter Schwefelsäure, mit Liebermann's Reagens (bereitet durch Eintragen von 1 Theil

Kalinitrit in 15 Theile konzentrirte Schwefelsäure) versetzt, lässt intensive Blaufärbung entstehen, die auf Zusatz von Wasser oder Eisessig in Roth umschlägt.

Verdünnt man jetzt mit Wasser und übersättigt mit Ammoniakflüssigkeit, so tritt wiederum Blaufärbung hervor.

4. Versetzt man die sehr verdünnte Lösung mit einigen Tropfen einer Lösung von Aethylnitrit in Alkohol (Spir. aether. nitrosi der Apotheken) und vermischt alsdann mit dem gleichen Volumen konzentrirter Schwefelsäure, so tritt Rothfärbung der Flüssigkeit ein (Eykmann).

(Empfindlichkeit 1 : 2 000 000.)

Zusatz von Ammoniak ruft Blaufärbung hervor.

5. Ein Tropfen der konzentrirt gehaltenen Flüssigkeit in 2 ccm Eisessig gelöst, nun mit 3—4 Tropfen konzentrirter Schwefelsäure und hierauf mit einem Tropfen Salpetersäure vermischt, lässt granatrothe Färbung der Flüssigkeit entstehen.

6. Wird die wässerige Lösung mit einem viertel Volumen Ammoniakflüssigkeit und einigen Tropfen Chlorkalklösung vermischt und hierauf gelinde erwärmt, so tritt Blaufärbung ein (Salkowski, Berthelot, Lex). Die Färbung verschwindet allmählich und tritt bei Zusatz von neuen Mengen Chlorkalklösung, auch schon beim Schütteln mit Luft, wieder hervor. Uebersättigt man nun mit Säure, so tritt Rothfärbung ein.

7. Die Lösung, zunächst mit ganz geringen Mengen Anilin, hierauf mit unterchlorigsaurer Alkali- oder Chlorkalklösung vermischt, lässt Blaufärbung der Flüssigkeit entstehen, welche durch Säuren in Roth umschlägt. (Jacquemin's Erythrophensäure.)

(Empfindlichkeit 1 : 50000.)

Bei sehr grosser Verdünnung tritt die Reaktion erst nach einiger Zeit ein.

8. Bromwasser fällt weisses, in Wasser fast unlösliches Tribromphenol $C_6H_2Br_3OH$.

In sehr verdünnten Lösungen entsteht der Niederschlag erst nach einiger Zeit.

(Empfindlichkeit 1 : 50000.)

Verdünnte Alkalilauge bewirkt Lösung der Abscheidung.

Die Ermittelung der Quantität des Phenols kann gewichtsanalytisch durch Fällen als Tribromphenol $C_6H_2Br_3OH$ und Wägen in dieser Verbindung erfolgen. Man fällt in wässeriger Lösung mit einem mässigen Ueberschuss von Bromwasser (starker Ueberschuss lässt Tribromphenolbrom $C_6H_2Br_3OBr$ entstehen), sammelt den Niederschlag nach einigem Stehenlassen auf einem getrockneten und gewogenen Filter, wäscht mit Wasser aus und trocknet über konzentrirter Schwefelsäure (Landolt).

Sollte durch überschüssiges Brom gleichzeitig etwas Tribromphenolbrom ausgeschieden sein, so setze man nach der Fällung mit Bromwasser etwas Natriumsulfit- oder Thiosulfatlösung hinzu und digerire in der Kälte bis der Niederschlag ganz weiss geworden ist.

$$100\,C_6H_2Br_3OH = 28{,}41\,C_6H_5OH.$$

Maassanalytisch lässt sich die Phenolmenge durch Brom im Entstehungsmomente mit vollständiger Sicherheit bestimmen, wenn man in exakter Weise nach der von Seubert gegebenen Modifikation der ehedem Koppeschaar'schen Methode arbeitet. Es ist hierzu eine Lösung nöthig von 1,667 g reinen Kaliumbromats und 5,939 g reinen Kaliumbromids zu zwei Liter Flüssigkeit. Von dieser Lösung bringt man 100 ccm in eine Glasstöpselflasche, fügt 10 ccm Jodkaliumlösung (125 g Jodkalium zu 1 Liter Wasser gelöst) hinzu, säuert mit 10 ccm konzentrirter Salzsäure an und titrirt das ausgeschiedene Jod mit $^1/_{10}$ N. Thiosulfatlösung. 100 ccm der Kaliumbromidbromatlösung geben soviel freies Brom, dass durch dasselbe 0,047 g Phenol in Tribromphenol übergeführt werden.

Nun löst man 0,1 g des isolirten Präparates in Wasser auf, verdünnt die Lösung auf 100 ccm Flüssigkeit und bringt von dieser 25 ccm in eine Glasstöpselflasche, setzt 100 ccm der Kaliumbromidbromatlösung, hierauf 10 ccm konzentrirte Salzsäure hinzu und lässt während 15 Minuten stehen. Alsdann fügt man 10 ccm Jodkaliumlösung (Konzentration wie oben angegeben) hinzu, lässt wiederum während 15 Minuten stehen und bestimmt das ausgeschiedene Jod mit $^1/_{10}$ N. Thiosulfatlösung. Aus der Differenz der beiden Bestimmungen erfährt man, wie viel Brom zur Bildung des Tribromphenols nothwendig war und berechnet mit der so gefundenen Zahl die Menge des vorhandenen Phenols.

$$1{,}0\,\text{Brom} = 0{,}19583\,C_6H_5OH.$$

Bei der Isolirung der Karbolsäure aus verwesenden Leichentheilen ist zu beachten, dass sich im Organismus der Thiere und Menschen bereits normaler Weise kleine Mengen Phenol und solche seiner Methylverbindung, des Kresols, zu bilden vermögen und dass die Quantität dieser Produkte bei gewissen Krankheiten zunimmt (Kobert).

Ueber Trennung des Phenols von der Salicylsäure, welche eventuell gleichzeitig vorkommen kann, vergleiche man später unter Salicylsäure.

Kreosot.

Kreosot, aus Buchenholztheer gewonnen, besteht hauptsächlich aus Guajacol und Kresol. Es stellt eine farblose, stark lichtbrechende Flüssigkeit dar, von eigenthümlich rauchartigem Geruch, die in 120 Theilen Wassers löslich ist und sich mit Aether, Alkohol, Chloroform, Benzol, Eisessig, Schwefelkohlenstoff in jedem Verhältnisse mischt.

Die Isolirung geschieht analog derjenigen der Karbolsäure.

Es sei daran erinnert, dass das im Handel so häufig vorkommende unreine Kreosot Karbolsäure enthält.

Reines Kreosot färbt sich mit Eisenchlorid grün. Man mischt einen bis mehrere Tropfen der isolirten, als Kreosot angesprochenen Flüssigkeit mit einem Tropfen einer Eisenchloridlösung 1 : 20, verdünnt mit 2 ccm Alkohol und beobachtet die eintretende Farbenerscheinung.

Mischt man Wasser zu, so tritt unter Entfärbung der Flüssigkeit Ausscheidung eines Theiles des Kreosots ein; Gegenwart von Karbolsäure verräth sich durch das Auftreten einer dauernden Blaufärbung dieser wässerigen Mischung.

Zur Unterscheidung des Kreosots von Karbolsäure dient ferner, dass die Behandlung mit Salpetersäure bei Kreosot, nicht aber bei Karbolsäure, zur Bildung von Pikrinsäure führt, und dass Schüttelung mit dem gleichen Volumen Kollodium bei Kreosot keine sichtbare Veränderung, bei Karbolsäure indessen eine gelatinöse Masse ergiebt.

Diese Art der Unterscheidung kann aber im gerichtlich-chemischen Einzelfalle durchaus nicht immer als eine absolut massgebende betrachtet werden.

Alkohol.

Aethylalkohol C_2H_5OH.

Farblose Flüssigkeit, die, wenn wasserfrei, bei 15° das spezifische Gewicht 0,7936 zeigt und deren Siedepunkt bei 78,4° liegt. Angezündet brennbar.

Die Isolirung geschieht in gerichtlichen Fällen durch Destillation. Praktischer Weise wird man behufs Reinigung eine abermalige Destillation des durch die erste Destillation gewonnenen Produktes durchführen; eventuell ist alsdann eine Rektifikation, sowie Entwässerungsarbeit mittelst geschmolzenen Chlorcalciums oder geglühten Kaliumkarbonats anzuschliessen.

Fischer lässt die alkoholische Flüssigkeit von organischen Basen durch anschliessende Rektifikation über Aluminiumsulfat reinigen, welches mit den Basen Alaune bildet, die bei 100° nicht zerlegt werden.

Die Charakterisirung kann durch folgende Reaktionserscheinungen geschehen:

1. Oxydationsmittel, wie z. B. Alkalibichromat mit Schwefelsäure, führen beim Erwärmen leicht in Aldehyd über, der an seinem stechendem Geruch erkannt werden kann. Die ehedem gelbroth gefärbte Mischung schlägt während der Reaktion in Folge Bildung von Chromoxydsalz in grün um:

$$3\,C_2H_5OH + K_2Cr_2O_7 + 4\,H_2SO_4 = 3\,CH_3COH + 2\,K_2SO_4 + 2\,Cr_2(SO_4)_3 + 7\,H_2O.$$

2. Versetzt man etwas der isolirten Flüssigkeit (dieselbe darf auch wasserhaltig sein) mit wenig Jod und alsdann mit soviel Alkalilauge bis die Lösung nur mehr schwach gefärbt erscheint und erwärmt hierauf bis auf etwa 60°, so scheidet sich Jodoform ab, das an seinem Geruch, an seiner Farbe und an seiner Krystallform erkannt werden kann (Serullas, Lieben).

Setzt man zu der Jodoform in Lösung enthaltenden Flüssigkeit einige Tropfen einer alkalischen Resorcinlösung (bereitet durch Auflösen von 0,1 Resorcin in 5 ccm Wasser und Zusatz eines kleinen Stückchens blanken Natriummetalles), so tritt, namentlich beim Erwärmen, Grünfärbung der Flüssigkeit ein (Klar).

(Empfindlichkeit 1 : 2000.)

Diese Reaktion ist indessen nicht für Aethylalkohol allein charakteristisch, weil auch andere Alkohole, sowie deren Oxydationsprodukte (Aldehyde und Ketone) unter gleichen Verhältnissen Jodoform bilden.

3. Erwärmung mit Natriumacetat und konzentrirter Schwefelsäure führt Bildung von Essigäther herbei, der an seinem Geruch erkennbar ist:

$$C_2H_5OH + H_2SO_4 = C_2H_5HSO_4 + H_2O$$

$$C_2H_5HSO_4 + C_2H_3O_2Na = C_2H_5 . C_2H_3O_2 + NaHSO_4.$$

4. Schüttelt man mit einigen Tropfen Benzoylchlorid und ebensoviel konzentrirter Natronlauge bis der Geruch nach Benzoylchlorid verschwunden ist, so verräth sich die Gegenwart von Alkohol durch den angenehmen Geruch des Benzoesäureäthylesters (Berthelot).

$$C_2H_5OH + C_6H_5COCl + NaOH = C_6H_5COOC_2H_5 + NaCl + H_2O.$$

5. Mischung mit einigen Tropfen Schwefelkohlenstoff, Kalilauge und einer neutralen wässerigen Lösung von molybdänsaurem Ammon und hierauf erfolgende Ansäuerung mit verdünnter Schwefelsäure, lässt Alkohol durch eine weinrothe Färbung (Bildung von Molybdänxanthat) erkennen (Zeise, Vitali).

Dragendorff verfährt bei dieser Reaktion wie folgt: Eine Probe der isolirten Flüssigkeit wird in einem Schälchen mit etwas festem Kalihydrat und zwei bis drei Tropfen Schwefelkohlenstoff gut gemischt, alsdann bei Zimmertemperatur so lange stehen gelassen, bis die grössere Menge des überschüssigen Schwefelkohlenstoffs sich verflüchtigt hat und nun mit einem Tropfen Ammoniummolybdatlösung (1 : 10) und hierauf mit verdünnter Schwefelsäure (1 : 8) bis zur stark sauren Reaktion vermischt.

Untersuchung auf Alkaloide, Glykoside und narkotisch wirkende Bitterstoffe.

Die Untersuchung auf derartige, durch die Ueberschrift dieses Abschnittes gekennzeichnete Giftstoffe, beruht auf

a) der Isolirung des Giftstoffes aus dem Untersuchungsmaterial, woran sich eventuell
b) eine Reinigungsarbeit des erhaltenen Produktes anschliesst;
c) der Trennung eventuell gleichzeitig vorhandener verschiedener Giftstoffe;
d) der scharfen Einzelcharakteristik des Giftstoffes;
e) der Ermittelung der Quantität der im Untersuchungsobjekte vorgefundenen Giftstoffe,

wobei je nach den Verhältnissen der Versuch der Einzelcharakteristik der Giftstoffe der Trennungsarbeit vorangehen kann, bezüglich durch erstere dargethan werden kann, ob diese überhaupt nöthig ist.

Im Folgenden sollen die wichtigsten Methoden besprochen werden, denen einige

Allgemeine Bemerkungen

vorausgeschickt werden müssen.

Sämmtlichen Untersuchungsmethoden liegt die Isolirung des Giftstoffes in reiner wässeriger Lösung oder fester Substanz zu Grunde, wobei die möglichst vollständige Abwesenheit solcher Körper angestrebt wird, welche die chemischen Reaktionserscheinungen des Giftstoffes stören oder verhindern können. Deshalb wird die wässerige Lösung des Giftstoffes, gewonnen nach der einen oder anderen Methode, mit einer Flüssigkeit behandelt, welche mit der wässerigen Flüssigkeit nicht in Mischung treten kann, wohl aber im Stande ist, Salze der Alkaloide oder die freie Base selbst, und die hier in Betracht kommenden Giftstoffe anderer Natur (Glykoside, Bitterstoffe), in sich aufzunehmen. Diese Ausschüttelung ist streng genommen nichts anderes als eine Extraktion, bei der beide Flüssigkeiten durch Schüttelung in feine Vertheilung gelangen und dadurch dem Ausschüttelungsmedium rasch und schnell wechselnde Oberflächen dargeboten werden.

Wie die Isolirungsmethoden erkennen lassen, kommt nur einzelnen wenigen Alkaloiden die Eigenschaft zu, aus sauerer wässeriger Lösung in die Ausschüttelungsflüssigkeit überzutreten, während die meisten erst nach Alkalischmachen der Flüssigkeit von jener aufgenommen werden. Es kommt dies daher, weil die meisten Alkaloidsalze in der als Ausschüttelungsmedium benutzten Flüssigkeit unlöslich, die meisten Alkaloidbasen aber in dieser löslich sind.

Diejenigen Alkaloide aber und diejenigen organischen Basen, welche schon aus saurer Flüssigkeit in das Auschüttelungsmedium überzutreten vermögen, lassen in wässeriger Lösung zumeist eine starke hydrolytische Dissociation erkennen, welche es ermöglicht, dass sozusagen die Gesammtmenge der Base von der als Ausschüttelungsmedium dienenden Flüssigkeit aufgenommen wird; es ist dann aber bei einzelnen Alkaloiden schwer, auch die letzten Spuren der Base in die Ausschüttelungsflüssigkeit überzuführen, weil von dieser Base dann immerhin ein kleiner Theil mit der Säure in starker Spannung steht.

Der Grad dieser hydrolytischen Dissociation wird durch die Menge des wässerigen Lösungsmittels gegeben; je grösser die Wassermenge desto stärker die Dissociation.

Die Ausschüttelung wird jeweilig im Scheidetrichter passender Grösse vollzogen, an dem man praktischer Weise das unterhalb des mit Bohrung versehenen Glashahnes für gewöhnlich angebrachte lange Abflussrohr entfernt. Hierdurch wird der Uebelstand vermieden, dass durch Nichtabfluss der letzten Antheile der Ausschüttelungsflüssigkeit bei Schliessung des Hahnes kleine Verluste herbeigeführt werden. Durch Klopfen des Glasrohres unterhalb des Verschlusshahnes kann man freilich in vielen Fällen eine Luftblase in die Röhre bringen, welche ein vollständiges Abfliessen dieser Flüssigkeitsschicht bewirkt, indessen ist die angegebene kleine Modifikation des Scheidetrichters für die quantitative Arbeit weitaus brauchbarer; die letzten Reste der Ausschüttelungsflüssigkeit lassen sich alsdann mit der Waschflasche durch Abspritzen leicht und sicher entfernen. Auch jene Scheidetrichter, welche unter dem birnförmigen Theile, aber noch vor dem mit Bohrung versehenen Verschlusshahn eine längere Röhre enthalten, hingegen unter dem Verschlusshahn ebenfalls sofort kurz abgestutzt sind, sind für die vorliegenden Fälle ausserordentlich praktisch.

Als Ausschüttelungsflüssigkeit wird zumeist Aether, Chloroform, Amylalkohol oder Essigäther dienen. Die Mengenverhältnisse dieser gegenüber der auszuschüttelnden Flüssigkeit ergeben sich aus den praktischen Bedürfnissen; im Allgemeinen dürften annähernd gleiche Volumina beider in Anwendung zu ziehen sein.

Bei der Benutzung einiger der folgenden Isolirungsmethoden ist es nur selten möglich, direkt ungefärbte, den Giftstoff enthaltende Flüssigkeiten zu erhalten; es muss dann wiederholte Reinigung dieser Lösung des Giftstoffes erfolgen. Man beachte dabei den Wink, dass eine derartige Flüssigkeit dann als „ausschüttelungsfähig" angesehen werden kann, wenn ein Theil derselben, im Reagensrohr probeweise mit Aether geschüttelt, diesem keine sichtbare Färbung verleiht.

Wie schon angedeutet, gehen einzelne Alkaloide als Salze, andere nur als freie Base in die als Ausschüttelungsmedium dienende Flüssigkeit über; es müssen daher verschiedene Ausschüttelungsarbeiten einander folgen, indem die das Alkaloid, bezüglich den Giftstoff, enthaltende Flüssigkeit zunächst in saurem, späterhin in alkalischem Zustande mit dem als Ausschüttelungsflüssigkeit dienenden Lösungsmittel behandelt wird. Das ergiebt aber die Vorsichtsmassregel von der ersten nicht eher zur zweiten Arbeit überzugehen, bis in der ersten sämmtliche durch die Ausschüttelungsflüssigkeit entfernbaren Giftstoffe in ihrer ganzen Menge entfernt sind, ansonst leicht Unregelmässigkeiten oder doch wenigstens Unbequemlichkeiten bei der später folgenden Einzelcharakteristik der Giftstoffe eintreten.

Um sich zu überzeugen, ob die als Ausschüttelungsmedium benutzte Flüssigkeit überhaupt Stoffe aufgenommen hat, verdunste man einen Theil derselben auf kleinem Uhrgläschen im erwärmten Wasserbade. Hinterbleibt ein Rückstand, so empfiehlt es sich auch gleichzeitig schon auf die Gegenwart von Alkaloiden durch Anstellung von solchen Reaktionen zu prüfen, die den Alkaloiden im Allgemeinen zukommen und später kurz vor dem Abschnitt der Einzelcharakteristik der Alkaloide beschrieben werden. Unter diesen ist die Abscheidung der jodwasserstoffsauren Alkaloidsuperjodidverbindung mittelst Jodjodkaliumlösung in erster Linie in Berücksichtigung zu ziehen. Zur Durchführung derartiger Reaktionen vertheilt man den erhaltenen Verdunstungsrückstand auf mehrere kleine Uhrgläser oder kleine Porcellanschälchen, löst in ein bis zwei Tropfen angesäuerten Wassers und prüft. —

Sind die Untersuchungsobjekte Flüssigkeiten, so kann bei diesen das Verfahren der Auffindung der Giftstoffe zumeist wesentlich vereinfacht werden. Man hat bei derartigen Untersuchungen danach zu streben, eine mit Aether etc. „ausschüttelungsfähige“ Flüssigkeit zu erhalten, d. h. man hat die zu untersuchende Flüssigkeit so vorzubereiten, dass sie beim Schütteln mit Aether an diesen nur den fraglichen Giftstoff, nicht aber etwa weitere, den Nachweis der Giftstoffe erschwerende Antheile, wie färbende Substanzen, Alkohol, ätherische Oele und sonstige mit Aether, oder der anderweitigen Ausschüttelungsflüssigkeit, in grösserer oder geringerer Menge sich vermischender Bestandtheile, enthält.

Wählen wir vier Beispiele, die für ganze Klassen derartiger Untersuchungsobjekte charakteristisch erscheinen: Wein, Bier, Milch und ein flüssiges Arzneimittel, z. B. Infus. Digitalis. Wollte man den auf Giftstoff zu untersuchenden Wein direkt mit der Ausschüttelungsflüssigkeit behandeln, so würde sich dem letzteren Alkohol und damit auch ein Theil des im Weine gelösten Extraktivstoffes beimischen; man wird hier also den Wein nach vorherigem Ansäuern — was hier als Vorsicht, nicht aber als absolute Nothwendigkeit empfohlen werden kann, da ein normaler Wein als solcher schon sauer reagirt — entweder so weit eindunsten, bis der Alkohol verdampft ist, oder besser, man wird ihn bis zur Syrupkonsistenz einengen, dann mit starkem Alkohol behandeln (bei zuckerhaltigem oder stark extraktivstoffreichem Weine unbedingt nöthig), sodann das alkoholische Filtrat zur Trockene bringen und den Rückstand behufs Lösung der Giftstoffe mit saurem Wasser behandeln.

Bei Bier wird dieselbe Arbeit nothwendig sein; hier ist die eigentliche Reinigungsarbeit der Flüssigkeit sogar unbedingt nothwendig, und diese geschieht am besten ebenfalls mit Alkohol. Man arbeitet in der Weise, dass man den syrupösen Verdampfungsrückstand des Bieres noch warm mit starkem Alkohol vermischt, der etwas Weinsäure gelöst enthält. Man wird eine verhältnissmässig reichliche Abscheidung erhalten, von der man abfiltrirt. Das alkoholische Filtrat wird verdampft, der Rückstand nochmals mit Alkohol behandelt, von eventuell entstandener Abscheidung filtrirt und der durch Verdampfung aus dem alkoholischen Filtrat gewonnene Rückstand mit saurem Wasser aufgenommen.

Milch trennt sich beim Erwärmen derselben in saurem Zustande (am besten mit Essigsäure schwach ansäuern) in zwei Theile, von denen der eine flüssig ist und der andere eine klumpig geronnene Masse darstellt. Der erstere, das Serum, kann eventuell zur direkten Ausschüttelung der in der Milch etwa enthalten gewesenen und nun im Serum sich vorfindlichen Giftstoffe mit Aether, Chloroform etc. dienen, während der geronnene Theil eingetrocknet und dann zunächst mit Alkohol, der etwas Säure enthält, extrahirt werden muss. Dieser alkoholische Auszug wird nach der Filtration in eine wässerige, ausschüttelungsfähige Flüssigkeit übergeführt, indem Eindampfen und alsdann Wiederaufnahme mit Wasser erfolgt. Auch das Serum wird am besten durch Verdampfen und Reinigung mit Alkohol von den der Ausschüttelungsflüssigkeit in geringer Menge sich beimischenden und den sicheren Nachweis der Giftstoffe gefährdenden Bestandtheilen befreit.

Liegen flüssige Arzneimischungen zur Untersuchung auf Alkaloide, Glykoside etc. vor, wie z. B. Infus. Digitalis, so ergiebt sich die Art der Behandlung durch den Hinweis auf die Gegenwart der Extraktivstoffe und deren vollständigen oder theilweisen Entfernbarkeit durch Alkohol aus dem soeben Gesagten von selbst.

Trockene Substanzen — wie Kuchen, Arzneipulver, Mischungen mit Zucker etc. — werden behufs Isolirung der hier in Betracht kommenden Giftstoffe am besten mit saurem Alkohol behandelt. Die alkoholische Lösung verdunstet und der hierbei verbleibende Rückstand mit saurem Wasser aufgenommen, ergiebt die sauere wässerige Lösung des Giftstoffes, welche als „ausschüttelungsfähig“ angesehen werden kann.

Es kann aber als allgemeine Regel gelten, dass sich Zucker von Alkaloiden und Glykosiden direkt durch Alkohol, Aether, Chloroform entfernen lässt, wobei immer wieder darauf hingewiesen werden muss, dass eine grosse Anzahl der Alkaloide als Salze, bezüglich saure Salze, nicht aber als Base in Alkohol löslich ist, andererseits aber ein grosser Theil der Alkaloide in Aether oder Chloroform nur als Base, nicht aber als Salze in Lösung zu gehen vermag.

Endlich beobachte man stets die Vorsicht, dass Verdampfungen der Alkaloid- oder Alkaloidsalzlösungen nicht über direkter Flamme bewirkt werden. Man bediene sich für die Verdampfung des Lösungsmittels vielmehr einer Temperatur, die möglichst niedrig gewählt ist, da die meisten Alkaloide durch zu starke Erwärmung eine theilweise Zersetzung erleiden. Dieser Uebelstand findet bei einzelnen Alkaloiden (z. B. Physostigmin) schon in der Wärme des Wasserbades statt. Man hilft sich in solchen Fällen durch Eindunsten im Vakuum, kann dieses aber häufig durch geschickte Anwendung eines kleinen Gummiballongebläses ersetzen.

Auch darauf sei hingewiesen, dass sich bei einzelnen Lösungsmitteln krystallinische Rückstände auch bei solchen Körpern nicht ergeben können, die gewöhnlich in krystallinischem Zustande aufzutreten pflegen. Es ist dies z. B. bei der Anwendung von Chloroform der Fall, welches die Alkaloide bei der Verdunstung dieses Lösungsmittels meist in firnissartigem Zustande hinterlässt, die aber dann natürlich vollkommen rein sein können. Erst wenn man diesen Rückstand mit einer anderen, wenn möglich schwach wasserhaltigen Flüssigkeit, wie Aether oder Petroläther behandelt, kann der Rückstand eine krystallinische Struktur annehmen.

Isolirungsmethoden.

Methode Dragendorff[1]).

Die Methode beruht auf der Lösung der Alkaloide, Glykoside und der anderen hier in Betracht kommenden Giftstoffe in saurem Wasser, Reinigung dieser wässerigen Lösung durch Eindampfung und Behandlung des Verdampfungsrückstandes mit Alkohol, worauf Ueberführung der alkoholischen Lösung in eine wässerige Flüssigkeit zu erfolgen hat.

Man verfährt wie folgt:

Das gehörig zerkleinerte Untersuchungsmaterial wird zwei bis dreimal mit genügenden Mengen schwefelsäurehaltigen Wassers

1) Dragendorff, Die gerichtlich-chemische Ermittelung von Giften, 1895, 4. Aufl. pag. 149—153.

durch mehrstündige Digestion bei höchstens 50° extrahirt. Die Gegenwart der Säure hat den Zweck, eine leichtere Lösung der Giftstoffe herbeizuführen, wobei die meisten Alkaloide als saure Salze in Lösung gehen.

Zur Ansäuerung von 100 g Speisebrei sind etwa 5 ccm Schwefelsäure (1 : 5) nöthig, jedenfalls setze man von dieser so viel hinzu, dass eine saure Reaktion vorherrscht. Man seiht vom Untersuchungsmaterial ab (reines Kolatorium!), verdampft die Auszüge bis zur Syrupkonsistenz (nicht bis zur Trockene!) und reinigt durch Zumischen des drei- bis vierfachen Volumens Alkohol. Man prüft jetzt nochmals, ob die Flüssigkeit auch deutlich sauer ist, ansonst erneuter Zusatz von Säure erfolgt. Die Menge der freien Säure kann nämlich durch die Einwirkung auf die Extraktivstoffe und dadurch eintretende Veränderungen verringert worden sein. Bei der Behandlung mit Alkohol treten Ausscheidungen ein, von denen nach 24 stündigem Stehen abfiltrirt wird. Das alkoholische Filtrat wird mit etwas Wasser vermischt und dann im Wasserbade eingeengt, wobei der Alkohol durch passende Destillationsvorrichtung zurückgewonnen werden kann. Der nun resultirende Rückstand wird mit Wasser auf ein passendes Volumen gebracht, und zwar bei der Untersuchung von Leichentheilen, je nach Menge der letzteren auf 100 bis etwa 300 ccm; bei der Untersuchung anderer Objekte erfolgt Verdünnung auf ein entsprechend geringeres Volumen.

Diese sauere wässerige Flüssigkeit wird alsdann in sauerem Zustande

1. mit frisch rektifizirtem Petroläther (am besten Destillationsprodukte vom Siedepunkt 35—80°) unter häufigem, anhaltendem Durchschütteln extrahirt. Die in der Ruhe von der wässerigen Flüssigkeit sich trennende leichte Petroleumätherschicht kann gelöst enthalten:

Piperin, Pikrinsäure, Salicylsäure, Benzoësäure, Kampher, Aether, Oele, Cardol, Capsicin, Aconit, einzelne Bestandtheile des Helleborus, Ester der Salicyl-, Benzoë-, Zimmtsäure, Guajacol, Naphtol, Kresol etc.

Ein Theil dieser Körper ist in Petroläther nur wenig löslich; es ist daher möglich, dieselben Körper auch in späteren Phasen des Untersuchungsganges zu finden.

Die vom Petroläther getrennte wässerige Flüssigkeit wird nun

2. mit Benzol (Siedepunkt 81°) ausgeschüttelt, in welches übergehen:

Caffeïn, Geissospermin, Piperin, Cantharidin, Anemonin und Anemonol, Santonin, Caryophyllin, Cascarillin, Cubebin, Aloëtin, Elaterin, Colocyntheïn, Populin, Digitalin, Strophantin, Gratiolin, Spuren von Veratrin, Delphinoïdin, und Hydrastin, sodann:

Pikrin- und Chrysamminsäure, Benzoë- und Salicylsäure, Spuren von Brenzkatechin, Hydrochinon und Resorcin, Salophen, Neurodin, Malakin, Thermodin.

Es erfolgt sodann Schütteln der vom Benzol getrennten wässerigen Flüssigkeit

3. mit Chloroform, welches in sich aufnimmt: Theobromin, Colchicin, Papaverin, Narceïn, Hydrastinin, Chelidonin, Cinchonin, Cinchonidin, Cinchotenin, Cinchotenidin, Jervin, Lycaconitin, Myoctonin, Quebrachamin, Hypoquebrachin, Aspidospermin, Quebrachin, Pereirin, Solanidin, Cryptopin, Antifebrin, Digitaleïn, Convallamarin, saponinartige Körper, Helleboreïn, Adonidin, Syringin, Pikrotoxin, Colocynthin, Aesculin, Gelsemeninsäure, Analgen, aber eventuell auch Körper die der wässerigen Lösung in Phase 2 durch Benzol nicht vollständig entzogen worden sind.

Es kann nun eine Ausschüttelung der wässerigen Flüssigkeit

4. mit Amylalkohol folgen, welche aber nur dann nöthig ist, wenn vorher Aloëtin gefunden wurde und weiter auf Aloïn geprüft werden soll.

Nunmehr wird der wässerigen saueren Flüssigkeit eventuell gelöstes Chloroform oder die in ihr event. vorhandene geringe Menge Amylalkohol (aus Phase 4 resultirend) durch Schütteln mit wenig Petroläther entzogen. Man übersättigt die wässerige Lösung alsdann mit Ammoniak und schüttelt die schwach alkalische Flüssigkeit

5. mit Petroläther, welcher in sich aufnimmt eventuell vorhandenes:

Coniïn, Nikotin, Sparteïn, Sarracinin, Lobelin, Piperidin, Pyridin, Picolin, Chinolin, Anilin, Ortho- und Paratoluidin, Kairin, Thallin, Phenocoll, Antipyrin, sowie

Antheile des in der wässerigen Flüssigkeit eventuell vorhanden gewesenen:

Conhydrin, Aconitin, Nepalin, Delphinin, Strychnin, Brucin, Quebrachoalkaloide und Geissospermumalkaloide, auch Gelseminin, Emetin, Veratrin, Chinin, Hydrochinin, Chinamin, Oxyacanthin,

sowie endlich einige eventuell vorhandene Zersetzungsprodukte von Leichenmaterial, wie:

Methyl-, Di- und Trimethylamin, Aethyl-, Di- und Triaethylamin, Propylamin, Amyl- und Diamylamin.

Die wässerige, ammoniakalische Flüssigkeit wird

6. mit Benzol geschüttelt, welcher entzieht:

Aethyl- und Methylstrychnin, Conchinin, Cinchonamin, Cocaïn, Atropin, Hyoscyamin, Physostigmin, Eseridin, Pilocarpidin, Jaborin, Pilocarpin, Sabadillin, Delphinoïdin, Alkaloide des Aconit. Lycoctonum, Narcotin, Codeïn, Thebaïn, Apomorphin, Taxin, Antipyrin, Thallin

und kleine Mengen von Ephedrin und Pseudephedrin.

Es folgt nun Ausschüttelung der wässerigen ammoniakalischen Flüssigkeit

7. mit Chloroform, welches extrahirt:

Reste des Cinchonin, Papaverin und Narceïn, sodann Cinchonidin, Berberin und geringe Mengen Morphin, Analgen.

Die restirende wässerige, ammoniakalische Flüssigkeit wird schwach angewärmt und

8. mit Amylalkohol geschüttelt, der in sich aufnimmt:

Reste des Morphin, Solanin, Convallamarin, Saponin, Senegin, Narceïn, sowie Salicin, Cytisin, Cholin, Urethan, Gallanol.

Nach dieser Operation wird die rückständige wässerige ammoniakalische Flüssigkeit unter Zusatz von etwas Glaspulver oder Gyps zur Trockene gebracht (im Wasserbade arbeiten), worauf Extraktion des trockenen und zerriebenen Rückstandes

9. mit Chloroform erfolgt, welches nunmehr Curarin in Lösung überführt.

Methode Stas-Otto[1]).

Die Methode beruht auf der Extraktion der hier in Betracht kommenden Giftstoffe durch sauren Alkohol, wobei von vornherein bis zu einem gewissen Grade der Lösung der in wässerige Flüssigkeiten so leicht und so reichlich übergehenden eiweissartigen, wie auch derjenigen einer Anzahl färbender Substanzen vorgebeugt wird. Die sauere alkoholische Extraktionsflüssigkeit wird durch Eindampfen und Behandlung mit starkem Alkohol gereinigt, diese Operation der Reinigung mehrmals wiederholt und die alkoholische Flüssigkeit

[1]) R. Otto, Anleitung zur Ausmittelung der Gifte. 7. Aufl., 1896. S. 118—152.

schliesslich verdampft und durch alsdann zum Rückstande zu erfolgenden Zusatz von Wasser in eine sauere, wässerige, „ausschüttelungsfähige“ Flüssigkeit übergeführt.

Man verfährt wie folgt:

Das zerkleinerte Untersuchungsmaterial wird mit etwa dem doppelten Gewichte möglichst starken, fuselfreien Weingeistes versetzt, (man benutzt am besten solchen, der bei Gegenwart von etwas Weinsäure frisch rektifizirt worden ist), nun mittelst Weinsäurelösung deutlich angesäuert, worauf Extraktion in der Wärme erfolgt. Praktischer Weise führt man die Operation in einem Glaskolben durch, der mit einem Rückflusskühler (aufrecht stehender Liebig'scher Kühler, oder auch Kühler anderer, hier passender Konstruktion, wie z. B. Kugelkühler) verbunden ist. Die Erwärmung erfolgt im Wasserbade. Die Zeitdauer der Extraktion richtet sich nach der Art des Untersuchungsmaterials; sie möge der Taktik des Arbeiters anheimgestellt werden. Man muss die Extraktion des Untersuchungsmaterials verschiedene Male mit frischen Mengen angesäuerten Alkohols wiederholen, um sicher zu sein, dass die hier in Betracht kommenden Giftstoffe auch in ihrer ganzen Menge in die sauere Flüssigkeit übergetreten sind. Die vereinigten saueren alkoholischen Auszüge pflegen beim Erkalten weisse bis schwach gefärbte Flocken abzuscheiden; es rührt dies von fett- auch harzartigen Stoffen her. Nur bei konzentrirten Lösungen — die hier aber bei richtiger Durchführung der Arbeit nicht vorliegen — können eventuell auch Ausscheidungen schwer löslicher Alkaloidsalze erfolgen. Man filtrirt daher von den abgeschiedenen Substanzen ab, wäscht mit schwach angesäuertem Alkohol aus und bringt das Filtrat durch Verdampfen des Alkoholes zur Syrupkonsistenz. Die Verdampfung pflegt in offener Schale auf dem Wasserbade zu geschehen; will man den Alkohol wiedergewinnen, so bedient man sich eines Destillationsapparates aus Glas. Vermuthet man die Gegenwart von mit Alkoholdämpfen flüchtigen Giftstoffen, wie Cantharidin, Atropin, Physostigmin, Apomorphin — dieselben verflüchtigen sich übrigens nur in sehr geringer Menge — so empfiehlt es sich, diese Art der Verdampfung des Alkohols nur anfangs anzuwenden, späterhin aber den Alkohol unter schwach vermindertem Druck abzudestilliren, wobei die Zusammenstellung des Apparates natürlich eine andere wird. Man ersetzt die Schale durch einen starkwandigen Glaskolben und verbindet mit Kühler und Aspirator.

Die zur Extraktionskonsistenz gebrachte Lösung ist meist frei von Alkohol, enthält also als Verflüssigungsmaterial Wasser, das aus dem

Untersuchungsmaterial (Leichentheile) stammt. Dieser Rückstand wird nach und nach mit starkem Alkohol vermischt, wobei Verreiben der dabei entstehenden zähen Massen mittelst Pistill sehr zu empfehlen ist. Man giebt so viel Alkohol hinzu als nöthig erscheint, um die durch starken Alkohol fällbaren Stoffe abzuscheiden. Die Flüssigkeit wird abfiltrirt, die klare Lösung verdunstet und der Rückstand mit wenig Wasser behandelt, worauf die wässerige „ausschüttelungsfähige“ Flüssigkeit resultirt. Sollte die Flüssigkeit stark sauer sein, so empfiehlt sich ein vorsichtiger Zusatz von Alkalihydroxydlösung bis zur schwachen, aber immer noch deutlich sauren Reaktion.

1. Beim Schütteln dieser sauren Flüssigkeit mit Aether gehen in diesen von hier in Betracht kommenden Giftstoffen über:

Colchicin, Pikrotoxin, Digitalin, Cantharidin, kleine Mengen von Veratrin und Spuren von Atropin.

Die restirende saure Flüssigkeit wird durch Natronlauge schwach alkalisch gemacht und dann sofort mit Aether durchschüttelt. Durch Uebersättigen mit Natronlauge wird eventuell vorhandenes Alkaloid als Base in Freiheit gesetzt; ist dann für diese nicht sofort ein neues Lösungsmittel gegeben, so kann dieselbe in krystallinischen Zustand übergehen. Dadurch wird die Ueberführung des Alkaloids in den Aether erschwert, und es können eventuell sogar Irrthümer entstehen. Speziell gilt dies für das Alkaloid Strychnin. Es ist daher dem Anfänger anzurathen, die Uebersättigung der sauren Flüssigkeit mit Natronlauge im Scheidetrichter vorzunehmen, in welchem auch die Behandlung mit Aether erfolgt und nicht, wie dies gerne zu geschehen pflegt, die Uebersättigung im Becherglase oder irgend einem anderen zweiten Gefässe vorzunehmen, da bei unvorsichtiger Behandlung geringe Alkaloidmengen an der Glaswandung dieser Gefässe festsitzen und der weiteren Operation entgehen können.

2. Die alkalische Flüssigkeit mit Aether geschüttelt, giebt an diesen ab:

Nicotin, Coniin, Codeïn, Thebaïn, Papaverin, Brucin, Strychnin, Atropin, Hyoscyamin, Physostigmin, Veratrin, Delphinin, Aconitin, Emetin, Narcotin, Aconitin, eventuell auch Reste von Colchicin und Digitalin.

Die alkalische, wässerige Flüssigkeit wird nun mit so viel konzentrirter Salmiaklösung vermischt, dass alles fixe Alkali gebunden wird und dementsprechend eine ammoniakalische Flüssigkeit vorliegt. Es kann dies natürlich auch durch Versetzen mit Salzsäure, alsdann mit Ammoniakflüssigkeit, beide je im Ueberschusse, erreicht werden. Man schüttelt nun wiederum mit Aether.

3. Aus der ammoniakalischen Flüssigkeit gehen durch Schütteln mit Aether in diesen über:

Apomorphin, Spuren von Morphin.

War in der wässerigen Flüssigkeit Morphin vorhanden, so kann sich dieses allmählich abscheiden (meist krystallinisch) und man wird es durch Abgiessen der Flüssigkeit von den Gefässwandungen ablösen können; jedoch ist es besser, dasselbe in ein Lösungsmittel überzuführen und als solches kann warmer Amylalkohol (Siedepunkt 130—132 °) oder warmes Chloroform dienen. Dem ersteren ist der Vorzug einzuräumen.

Vor der Behandlung mit einer dieser beiden Ausschüttelungsflüssigkeiten ist die Entfernung der der wässerigen Flüssigkeit noch beigemischten kleinen Menge Aether zu empfehlen, was durch Erwärmung geschieht; man überzeugt sich alsdann mit Hilfe von Curcumapapier von der ammoniakalischen Reaktion der Flüssigkeit, setzt, wenn nöthig noch etwas Ammoniakflüssigkeit hinzu und schüttelt nun mit warmem Amylalkohol oder Chloroform.

4. Die ammoniakalische Flüssigkeit, mit warmem Amylalkohol oder warmem Chloroform geschüttelt, giebt an diese ab:

Morphin und Narceïn,

letzteres nur selten in seiner gesammten, in der wässerigen Flüssigkeit ehedem vorhandenen Menge.

Ist in dem Untersuchungsobjekte arsenige Säure vorhanden, so finden sich in dem Amylalkohol geringe Mengen dieser Substanz in Salzform vor. Die arsenige Säure theilt aber mit dem Morphin einige für diese charakteristische Reaktionen, weshalb es nöthig ist, sich bei Eintreten der Morphinreaktionen von der Abwesenheit der arsenigen Säure, bezüglich deren Salz, zu vergewissern. Ergiebt sich die Gegenwart derselben, so lässt sich diese durch Behandeln der angesäuerten wässerigen Lösung mit Schwefelwasserstoff in Form der Schwefelarsenverbindung entfernen; aus dem durch Ammoniakflüssigkeit alkalisch gemachten Filtrate wird das reine Morphin durch Schütteln mit Amylalkohol zurückgewonnen.

5. In der ammoniakalischen wässerigen Flüssigkeit eventuell noch vorhandenes

Curarin nebst Resten von Narceïn

werden in der Weise isolirt, dass man die Flüssigkeit zunächst mit Kohlensäuregas behandelt, dadurch Hydroxyde in Carbonate verwandelt, nun im Wasserbade unter Zusatz von Glaspulver, (es kann auch reiner, geglühter Sand benutzt werden) zur Trockene bringt und diesen Rückstand mit Alkohol oder Chloroform behandelt, welche Curarin wie auch Narceïn in Lösung überführen.

Reinigung der in die Ausschüttelungsflüssigkeit übergetretenen Giftstoffe und Ueberführung derselben in festen Zustand.

1. Die aus der sauren Lösung in Aether übergetretenen Giftstoffe.

Der durch Verunreinigungen mehr oder minder gefärbte ätherische Auszug wird im Wasserbade verdampft, der Rückstand mit saurem Wasser aufgenommen und diese, wenn nöthig filtrirte, Lösung des Giftstoffes wiederum mit Aether ausgeschüttelt. Die Operation muss so lange wiederholt werden, bis der Giftstoff nach Verdunsten des Aethers in einer solchen Form vorliegt, dass die Gegenwart eventuell noch vorhandener Verunreinigungen die Reaktionserscheinungen nicht mehr gefährden.

2. Die aus der alkalischen Lösung in Aether übertretenden Alkaloide können in analoger Weise durch Eindampfen der ätherischen Lösung, Aufnahme des Rückstandes mit saurem Wasser, Zusatz von Alkali zu dieser Lösung und Ausschütteln mit Aether gereinigt werden; es ist jedoch praktischer, das Verfahren hier so zu vereinfachen dass man die ätherische, die Alkaloidbase enthaltende Lösung mit saurem Wasser schüttelt; letzteres entzieht dem Aether das Alkaloid unter Lösung als Alkaloidsalz, welches seinerseits in fast allen Fällen in Aether unlöslich ist. Die saure, wässerige Lösung, vom Aether getrennt, wird mit Alkali übersättigt und nun abermals mit reinem Aether geschüttelt, worauf wiederum die ätherische Lösung der Alkaloidbase resultirt. Dieses Reinigungsverfahren wird so lange wiederholt, bis der Verdunstungsrückstand des Aethers reine Produkte hinterlässt.

3. Das aus der ammoniakalischen Lösung in Aether übergehende Apomorphin lässt sich in analoger Weise, wie unter 2 angegeben, reinigen; zum jeweiligen Uebersättigen benutze man natürlich stets Ammoniakflüssigkeit, nie Alkalihydroxyd.

4. Das aus ammoniakalischer Flüssigkeit in Amylalkohol übergetretene Morphin, auch eventuell gleichzeitig ausgeschütteltes Narceïn, wird dieser Lösung durch Behandlung mit saurem Wasser entzogen. Fügt man zu dieser sauren, wässerigen Lösung abermals Ammoniakflüssigkeit im Ueberschusse, so kann die freie Base durch Schütteln mit warmem Amylalkohol zurückgenommen werden. Der Verdunstungsrückstand des Amylalkohols wird das Alkaloid alsdann in reiner Form enthalten. Der Amylalkohol besitzt aber bekanntlich einen verhältnissmässig hohen Siedepunkt (130—132^0); es bedingt dies die Beobachtung von Vorsichtsmassregeln, welche das Alkaloid vor Zersetzung durch zu starke Erwärmung schützen. (Abdunsten des Lösungsmittels unter vermindertem Druck; eventuell genügt bei geschickter Manipulation die Benutzung des Gummiballongebläses.) Zur orientirenden Reaktion dürfte sich daher hier die saure, wässerige Lösung, gewonnen durch Behandeln des das Alkaloid enthaltenden Amylalkohols mit saurem Wasser, empfehlen.

5. Curarin wird am besten durch wiederholte Behandlung mit kleinen Mengen Chloroform gereinigt. Die ersten Auszüge sind durch Verunreinigung gefärbt; die späteren enthalten ein reineres Präparat.

Methode Hilger[1]).

(Hilger, Küster und Janssen.)

Gebrannter Gyps mit Wasser zu einem dünnen Brei verrührt, erhärtet bekanntlich zu einer festen Masse. Das Verfahren gründet sich nun auf die Beobachtung, dass, wenn man den Gyps im richtigen Verhältnisse mit der zu untersuchenden Flüssigkeit mischt, eine harte Masse resultirt, welche die färbenden Substanzen in einer Weise zurückhält, dass die Extraktion der Gypsmasse in saurem Zustande mit Aether oder Chloroform alle Glykoside und einen Theil der Alkaloide, diejenige in alkalischem Zustande alle Alkaloide in reiner Form gewinnen lässt.

Man arbeitet wie folgt:

Das zerkleinerte Untersuchungsobjekt wird mittelst weinsäure-

---

1) Mittheilungen aus dem pharmaz. Institute und Laborator. f. angew. Chemie der Universität Erlangen II. 76 und

Forschungsber. über Lebensmittel und ihre Beziehungen zur Hygiene, forense Chemie etc. I. Seite 14, desgl. Seite 30.

haltigen Wassers zweimal je eine Stunde lang bei einer Temperatur von 50—60^0 extrahirt. Die sauren, wässerigen Auszüge, von dem festen restirenden Material durch Absaugen oder irgend eine andere praktische Manipulation getrennt, werden auf dem Wasserbade bis zur Konsistenz eines dünnen Extraktes eingedampft, worauf so viel Gypspulver zugemengt wird, als nöthig ist, um eine nach kurzer Zeit erhärtende Masse zu erhalten. Diese Gypsmasse — also sauer — wird mit Aether extrahirt, wobei man sich praktischer Weise eines besonderen Extraktionsapparates — z. B. Apparat nach Soxhlet — bedient. Ist kein besonderer Extraktionsapparat zur Hand, so kann die Extraktion der Gypsmasse mit Aether auch im gewöhnlichen Glaskolben, dem ein Rückflusskühler aufgesetzt ist, vollzogen werden; es erübrigt dann nur, die Gypsmasse nach der Entfernung der ersten ätherischen Extraktionsflüssigkeit nochmals mit wenig Aether zu behandeln, um die geringe, durch Aetherverdunstung in der sauren Masse noch restirende Alkaloid-, bezüglich Giftstoffmenge gänzlich zu entfernen.

1. Der sauren Gypsmasse entzieht der Aether dieselben Giftstoffe, welche auch bei der Methode Stas-Otto in Phase 1 (Ausschüttelung der sauren Flüssigkeit mit Aether, Seite 50) erhalten wurden.

Die rückständige saure Gypsmasse wird nach Verdunstung des Aethers mit einer konzentrirten, wässerigen Lösung von Natriumcarbonat stark alkalisch gemacht, alsdann getrocknet und nun sechs Stunden lang wiederum mit Aether extrahirt, in derselben Weise wie auch oben angegeben.

2. Der natriumcarbonathaltigen Gypsmasse werden durch Aether entzogen:

Diejenigen Alkaloide, welche bei der Methode Stas-Otto in Phase 2 (Ausschüttelung der alkalischen Flüssigkeit mit Aether, Seite 50) isolirt wurden, ausserdem nimmt der Aether Morphin auf, das sich in Folge der Schwerlöslichkeit in Aether oft in kleinkrystallinischem Zustande an den Gefässwandungen absetzt. Strychnin pflegt sich ebenfalls bei auch nur einigermassen konzentrirten, ätherischen Lösungen in Folge seiner Schwerlöslichkeit in dieser Flüssigkeit theilweise in Form kleiner Krystalle auszuscheiden. Ist die Extraktion in einem besonderen Apparate vollzogen worden, der während der Extraktion direkt eine konzentrirte ätherische Lösung, getrennt von der Gypsmasse, entstehen lässt, während immer wieder neue Mengen Aether als Verdampfungsprodukt dieser konzentrirten

Lösung die Extraktion besorgen — z. B. im Apparat nach Soxhlet — so kann man nicht selten Morphinkrystalle in solcher Reinheit gewinnen, dass sich diese nach der Trennung der ätherischen Flüssigkeit zum direkten Alkaloidnachweis eignen. Findet die Extraktion nicht in einem derartigen besonderen Apparate statt, so treffe man durch wiederholte Extraktion Vorsichtsmassregeln, welche verhüten, dass Morphin durch seine Schwerlöslichkeit in Aether der Lösung theilweise zu entgehen vermag.

Es gehen in den Aether aber auch über die Reste von Narcotin, welche von den anderen Alkaloiden in der Weise getrennt werden, dass man den Verdunstungsrückstand dieser ätherischen Lösung in angesäuertem Wasser löst und diese Lösung mit Chloroform ausschüttelt; letzteres nimmt Narcotin in sich auf[1]).

Die Methode soll nach den Angaben der Verfasser von diesen noch vervollständigt werden; die bisherigen diesbezüglichen Versuche lassen aber schon erkennen, dass die Methode bei einer grossen Anzahl von Untersuchungsobjekten brauchbar sein wird.

Methode Kippenberger[2]).

Die Methode beruht auf der Beobachtung der Bildung wasserlöslicher glyceringerbsaurer Verbindung und der Unlöslichkeit der eiweissartigen Stoffe, wenn das die hier in Betracht kommenden Giftstoffe enthaltende Untersuchungsmaterial mit Gerbsäure und glycerinhaltiger Flüssigkeit digerirt wird.

Der Arbeitsgang ist folgender:

Die auf Alkaloide oder andere hier in Betracht kommende Giftstoffe zu untersuchende, zerkleinerte Masse wird direkt mit reichlich Gerbsäure und ausserdem wenig Weinsäure enthaltendem Glycerin (ca. 10 g Gerbsäure und 1 g Weinsäure auf 100 ccm Glycerin) mit oder ohne Zusatz von Wasser zwei Tage bei etwa 40^0 extrahirt. Auf 100 g festes Untersuchungsmaterial werden etwa 100—150 g glycerinhaltige Flüssigkeit in Anwendung gezogen. Die Flüssigkeit wird sodann durch schwaches Abpressen von der festen Substanz getrennt. Dabei bedient man sich praktischer Weise einer kleinen Handpresse (sogenannten Obstpresse) oder eines feuchten Kolatoriums. Der Pressrückstand wird mit wenig Glycerin enthaltendem Wasser

[1]) Auch Papaverin und geringe Mengen von Strychnin. (D. Verf.)
[2]) Zeitschr. f. analyt. Chem. XXXIV. 1895, Seite 294—346.

ausgewaschen, wobei der Rest der Flüssigkeit wiederum durch schwaches Pressen entfernt wird. Dieses Auswaschen wird, wenn nöthig, mehrmals wiederholt; es richtet sich dies nach Menge und Art des Untersuchungsmaterials. Nun werden die vereinigten Flüssigkeiten von eventuell gelösten Albuminstoffen (Albumin, hier speziell Blutfibrin in Betracht kommend) durch Erwärmen auf ca. 50° getrennt und sodann nach dem Erkalten filtrirt. Inzwischen ist die glycerinhaltige Flüssigkeit durch Wasser schon verdünnt worden; ist diese Verdünnung zur schnellen Filtration oder auch zur späteren bequemeren Ausschüttelung eine nicht genügende, so mischt man der Flüssigkeit noch eine entsprechende Wassermenge hinzu. Andererseits kann ein zu grosses Volumen Flüssigkeit, hervorgerufen durch zu starke Verdünnung mit Wasser, durch Eindampfen der Flüssigkeit im Wasserbade korrigirt werden.

Diese saure Flüssigkeit wird alsdann zweimal mit Petroläther (Siedepunkt 30—50°) ausgeschüttelt.

1. Der Petroläther entzieht der sauren Flüssigkeit: eventuell vorhandenes Fett, nebst Spuren von Veratroïdin und Jervin.

Die saure Flüssigkeit wird behufs Entfernung der letzten Antheile Petroläther, welche bei der weiteren Operation störend wirken können, im Wasserbade erwärmt, worauf mit Chloroform ausgeschüttelt wird.

2. Bei der Ausschüttelung der sauren Flüssigkeit mit Chloroform werden von letzterem aufgenommen:

Colchicin, Digitalin, Pikrotoxin, Cantharidin, Papaverin, Aconitin, Narcotin, Jervin, Geissospermin, ausserdem: geringe Mengen von Delphinin, Brucin, Veratrin und Thebaïn und Spuren von Narceïn und Strychnin.

Die saure Flüssigkeit wird im Scheidetrichter durch Zusatz von verdünnter Alkalihydroxydlösung schwach, aber deutlich alkalisch gemacht und alsdann wiederum mit Chloroform ausgeschüttelt.

3. Durch Ausschüttelung der alkalischen Flüssigkeit mit Chloroform gehen in dieses über:

Sparteïn, Coniin, Nicotin, Atropin, Codeïn, Emetin, Brucin, Strychnin, Veratrin, Delphinin (Rest), Pilocarpin, Apomorphin

und eventuell in der alkalischen Flüssigkeit noch vorhanden gewesene Mengen an: Narcotin, Papaverin und Aconitin.

Die alkalische Flüssigkeit wird hierauf mit konzentrirter Alkalibicarbonatlösung vermischt, wodurch das freie Alkalihydroxyd in Carbonat, bezüglich Sesquicarbonat verwandelt wird. Alsdann erfolgt Behandlung mit 10 Volumprozente Alkohol enthaltendem Chloroform.

4. Bei der Ausschüttelung der Alkalicarbonat, bezüglich Alkalisesquicarbonat enthaltenden Flüssigkeit mit alkoholhaltigem Chloroform werden von letzterem gelöst:

Morphin und Narceïn.

Die restirende wässerige Flüssigkeit wird mit Natriumchlorid gesättigt und nun schleunigst mit einer Mischung gleicher Volumtheile Aether und Chloroform behandelt.

5. Bei der Ausschüttelung der mit Natriumchlorid gesättigten alkalischen Flüssigkeit mittelst Chloroform-Aether geht in diese Mischung über:

Strophantin.

Die Ausschüttelung dieses Giftstoffes kann auch aus der sauren mit Natriumchlorid gesättigten Flüssigkeit mittelst Chloroform-Aether geschehen; die Gegenwart von Carbonat oder Hydroxyd hat aber den Vortheil, dass der Beimischung von Gerbsäure zur Ausschüttelungsflüssigkeit vorgebeugt wird, da Aether Gerbsäure in geringer Menge löst, dagegen nicht im Stande ist, gerbsaures Salz in sich aufzunehmen.

Trennung einzelner Giftstoffe der verschiedenen Gruppen nach Kippenberger.

Zur Abkürzung mögen verschiedene allgemein eintretende Verhältnisse vorausgeschickt werden.

Fast alle Alkaloidsalze zeigen in Berührung mit Wasser eine nicht unerhebliche hydrolytische Dissociation, was der absolut quantitativen Abscheidung des Alkaloids in irgend einer Salzform hinderlich sein kann. Es ist daher stets nothwendig, bei Trennungsarbeiten mit möglichst konzentrirt gehaltenen Lösungen der Alkaloidsalze zu arbeiten.

Auch die Gegenwart von Säure übt in einigen Fällen eine lösende Wirkung aus auf die in der einen oder der anderen Verbindung abgeschiedenen Alkaloide.

Bei Gegenwart verschiedener Alkaloide empfiehlt sich aus gleichem Grunde zunächst eine vollständige Trennung der Alkaloide zu bewirken und dann erst zur Ermittelung der Menge der Alkaloide zu schreiten, obgleich manche der unten folgenden Trennungsmethoden im Stande sind auch gleichzeitig zur quantitativen Bestimmung der jeweilig abgeschiedenen Alkaloide dienen zu können.

Die Trennung ganzer Reihen von Giftstoffen kann durch eine mit Salzsäure oder mit Schwefelsäure versetzte wässerige Gerbsäurelösung vollzogen werden. Salzsäure ist der Schwefelsäure vorzuziehen. Die Gegenwart der Mineralsäure bewirkt bei einzelnen gerbsauren Alkaloiden eine Lösung derselben in Wasser, bei anderen hingegen übt sie ein gegenüber reinem Wasser stark vermindertes Lösungsvermögen dieser gerbsauren Verbindung aus.

Die mineralsäurehaltige wässerige Gerbsäurelösung wird am praktischsten in der Weise hergestellt, dass eine konzentrirte Gerbsäurelösung unter Umschütteln so lange mit starker Salzsäure versetzt wird, bis eine bleibende Trübung entsteht; alsdann mischt man bis zum Verschwinden dieser Trübung vorsichtig Wasser hinzu, worauf die Flüssigkeit zum Gebrauch fertig ist. Das Reagens wird bei Beschreibung der Trennungsmethoden mit Salzsäure-Gerbsäurelösung Kippenberger bezeichnet werden.

Die Trennung der unter Phase 1 der Isolirungsmethode erhaltenen Giftstoffe von Fett

lässt sich durch Behandlung des Petrolätherrückstandes mit schwach angesäuertem Wasser bewirken; die Giftstoffe gehen in Lösung, Fett bleibt ungelöst.

Trennung der unter Phase 2 der Isolirungsmethode erhaltenen Giftstoffe.

Eine Lösung von Jod in wässeriger jodjodkaliumhaltiger Flüssigkeit scheidet sämmtliche Alkaloide aus deren Salzlösung als jod wasserstoffsaure Alkaloidsuperjodidverbindung aus, während die hier in Betracht kommenden Glykoside und narkotisch wirkenden Bitterstoffe gelöst bleiben.

Es werden also bei der Behandlung der sauren wässerigen Lösung der Giftstoffe durch Jodjodkaliumlösung abgeschieden:

Colchicin, Papaverin, Aconitin, Narcotin, sowie die in geringer Menge eventuell vorhandenen Alkaloide: Delphinin, Brucin, Veratrin,

Thebaïn, Narceïn und Strychnin, hingegen bleiben gelöst: Digitalin, Pikrotoxin und Cantharidin.

Die Regenerirung der Alkaloidbasen aus der jodwasserstoffsauren Superjodidverbindung derselben geschieht durch Lösen in wenig Aceton, Uebersättigen mit alkalihydroxydhaltiger Flüssigkeit, alsdann mit Säure, Verdünnung mit Wasser, Zusatz von ein bis mehreren Tropfen Thiosulfatlösung (etwa solcher $^1/_{10}$ Normalstärke), Verdunsten des Acetons im Wasserbade und nun erfolgende Ausschüttelung der Alkaloidbase mittelst Chloroform nach Alkalischmachen der Flüssigkeit. (Betreffs Einzelheiten dieser Methode vergleiche man auch im späteren Abschnitte unter Reinigungsverfahren der isolirten Giftstoffe Seite 77.)

Es scheidet ausserdem: Salzsäure-Gerbsäurelösung Kippenberger aus wässerigen Lösungen aus:

die Giftstoffe als solche oder deren gerbsaure Verbindung von:

Colchicin, Papaverin, Narcotin, Aconitin, Delphinin, Digitalin, Agaricin,

hingegen bleiben gelöst:

Pikrotoxin und Cantharidin.

Alkalihydroxydhaltiges Wasser

löst:

Cantharidin, Agaricin, Pikrotoxin, Digitalin, Colchicin,

ungelöst bleiben:

Narcotin, Papaverin, Aconitin, Thebaïn, Delphinin, sowie Veratrin, Strychnin und der grössere Theil des Brucin.

Die Ausscheidung gelingt am vollständigsten, wenn man die Flüssigkeit nach Zusatz von Alkali einige Augenblicke erwärmt und alsdann wieder erkalten lässt.

Trennung von Aconitin, Papaverin, Narcotin.

Die möglichst neutralisirte, also Alkaloid in Salzform enthaltende Lösung wird mit wässeriger Pikrinsäurelösung vermischt. Man wendet am praktischsten eine Lösung von 11,4285 g Pikrinsäure zu 1 Liter Wasser = $^1/_{20}$ Normalstärke an. Die abgeschiedenen Pikrate werden, nach der Entfernung der überstehenden Flüssigkeit (klares Abgiessen oder Anwendung eines kleinen Filters), noch feucht mit Ammoniakflüssigkeit übergossen.

Es gehen dabei in Lösung: Narcotinpikrat und Papaverinpikrat; ungelöst bleibt: Aconitinpikrat. Bedingung: Konzentration der Lösung, da Aconitinpikrat in der Ammoniakflüssigkeit in geringer

Menge löslich ist. Sollte daher etwas Aconitin in Lösung getreten sein, so muss die Flüssigkeit im Wasserbade wieder eingedampft werden, worauf die dabei resultirenden Pikrate abermals mit Ammoniakflüssigkeit behandelt werden.

Die Ausführung beansprucht ausserdem keine Verzögerung in der Filtration, da sich in der mit Ammoniak übersättigten Flüssigkeit die Narcotin- und Papaverinpikrate ganz allmählich zu pikrinsaurem Ammonium und freier Alkaloidbase umsetzen.

Bei schneller Arbeit liefert die Methode genaue Resultate.

Die Trennung des Papaverins von Aconitin, auch Delphinin kann geschehen durch:

Versetzen der konzentrirten Lösung der Alkaloidsalze (in möglichst neutralem Zustande!) mit Ferricyankaliumlösung und 24 stündiges Stehenlassen der Mischung. Papaverin scheidet sich als ferricyanwasserstoffsaures Salz aus, Aconitin und Delphinin bleiben gelöst.

Narcotin giebt unter gleichen Bedingungen in Wasser schwer lösliches ferricyanwasserstoffsaures Salz; die Abscheidung kann aber durch die nicht vollständige Unlöslichkeit des Salzes als quantitativ nicht angesehen werden. Dagegen kann Narcotin durch Nitroprussidnatrium als nitroprussidwasserstoffsaure Verbindung abgeschieden werden, wenn zur Lösung des Alkaloids nicht mehr Säure benutzt wurde, als der Molekülverbindung gemäss zur Bildung des Neutralsalzes nöthig war. Es sei daran erinnert, dass die Narcotinsalze sauer reagiren. —

Narcotin sowohl wie Papaverin, in Wasser gelöst, das nicht mehr Säure enthält, als der Alkaloidsalzverbindung entspricht, lassen sich in Form der sulfocyansauren Salze quantitativ nach 24 stündiger Einwirkung von Sulfocyankalium abscheiden.

Trennung der unter Phase 3 der Isolirungsmethode erhaltenen Alkaloide.

Zunächst wird eventuell vorhandenes Aconitin, Papaverin, Narcotin mittelst Chloroform entfernt, indem das Alkaloidgemenge in schwach saurem Wasser gelöst und nun mit Chloroform ausgeschüttelt wird. Es sei daran erinnert, dass auch geringe Mengen, bezüglich Spuren von eventuell vorhandenem Brucin, Strychnin, Veratrin, Narceïn in Chloroform übertreten.

Salzsäure-Gerbsäurelösung Kippenberger

löst: Sparteïn, Nicotin, Coniin und Atropin, während als gerbsaure Verbindung ungelöst bleiben: Brucin, Strychnin, Emetin, Veratrin, Codeïn, Thebaïn.

Diese letzteren werden mit Hülfe von Glycerin als glyceringerbsaure Alkaloide wiederum in wässerige Lösung übergeführt und aus dieser Lösung wird die freie Base nach Zusatz von Alkalihydroxyd in schwachem Ueberschusse durch Chloroform oder durch Aether ausgeschüttelt.

Es empfiehlt sich die gerbsauren Alkaloide behufs Entfernung des durch die Trennungsarbeit bewirkten Anhaftens geringer Mengen Salzsäureflüssigkeit vor der Behandlung mit Glycerin vorsichtig mit wenig alkalihydroxydhaltiger Flüssigkeit zu versetzen, jedoch natürlich so, dass Alkali hierbei nicht vorwaltet.

Nicotin, Coniin, Sparteïn sind mit warmen Wasserdämpfen flüchtig.

Löst man das isolirte Alkaloidgemenge in saurem Wasser, setzt alsdann Alkalihydroxyd in schwachem Ueberschusse zu und destillirt, so können die genannten Alkaloide getrennt werden. Es ist dabei Destillation unter vermindertem Druck (Vorsicht, dass der Glaskolben nicht springt!) anzurathen; der Ungeübtere indessen dürfte eine Destillation unter Zuhilfenahme von warmem Wasserdampf vorziehen.

Die Trennung des Strychnins und Brucins von Emetin, Codeïn, Veratrin, eventuell auch von Atropin kann mit Kaliumchromatlösung vollzogen werden, indem das Chromat des Strychnins und dasjenige des Brucins in reinem — auch in schwach essigsaurem — Wasser sozusagen unlöslich ist.

Man verfährt wie folgt:

Die Alkaloide werden in möglichst wenig Wasser unter Säurezusatz als Salze gelöst. Eventuell vorhandene überschüssige Säure muss durch Neutralisation mit verdünnter Alkalihydroxydlösung entfernt werden, worauf die Flüssigkeit alsdann durch Zusatz eines Tropfens Essigsäure schwach essigsauer gemacht wird, um der Möglichkeit der Abscheidung freier Alkaloidbase vorzubeugen. Alsdann erfolgt Zusatz der Kaliumchromatlösung. Das Strychnin scheidet sich sofort als Strychninchromat aus und ist die Lösung nicht zu verdünnt, so beginnt auch zugleich Abscheidung des Brucinchromats einzutreten. Jedenfalls fällt Brucin binnen 24stündigem

Stehenlassen als in Wasser sehr schwer lösliches chromsaures Brucin aus. Man stelle die Mischung daher 24 Stunden bei Seite und vergewissere sich allemal durch erneuten Zusatz von Kaliumchromatlösung von der Vollständigkeit der Ausfällung des Strychnins und des Brucins.

Brucinchromat ist in Wasser in einem Verhältnisse löslich, das 0,09366 Brucin ($C_{23}H_{26}N_2O_4 + 4\ H_2O$) in 100 cm Flüssigkeit entspricht.

Die ausgeschiedenen Chromsalze des Strychnins und des Brucins werden auf dem Filter mit Alkohol und sodann mit Aether ausgewaschen; man wählt diese Flüssigkeiten anstatt Wassers, weil Brucinchromat in jenen weniger löslich ist, als in diesem. Noch feucht werden die Alkaloidsalze alsdann mit alkalihydroxydhaltigem Wasser zerlegt und die Alkaloidbasen mit Chloroform ausgeschüttelt.

Der Verdunstungsrückstand dieser Chloroformlösung wird zur

Trennung des Brucins von Strychnin

in salzsäurehaltigem Wasser gelöst und mit Ferrocyankaliumlösung in geringem Ueberschusse behandelt; es fällt Strychnin als ferrocyanwasserstoffsaures Salz aus, Brucin bleibt in Lösung (Dunstan, Schort, Beckurts, Holst).

Zur Vermeidung eines zu grossen Ueberschusses an Ferrocyankalium, der ungünstig ist, setze man die Ferrocyankaliumlösung tropfenweise in der Stärke der Normallösung hinzu bis eine Tropfprobe auf Filtrirpapier mit Kupferacetatlösung zusammengebracht, die mit wenig Natriumacetat vermischt ist, überschüssiges Ferrocyankalium durch Bildung braunrothen, unlöslichen Ferrocyankupfers anzeigt. Man bedient sich dazu am besten einer Doppellage Filtrirpapierstreifen und bringt mit Hilfe des Glasstabes einen Tropfen der Flüssigkeit auf den oberen der beiden übereinandergelegten Streifen; auf diese Weise erhält man am unteren Streifen das Filtrat dieses Tropfens, das zur Anstellung der Reaktion geeignet ist. Vortheilhaft ist es, den zur Reaktion dienenden Tropfen Kupferacetatlösung dicht neben diesen filtrirten Tropfen der Alkaloidlösung zu bringen und die beiden Tropfen verschiedenartiger Zusammensetzung durch Kapillarwirkung langsam zusammenfliessen zu lassen; an der Berührungszone lässt sich die Reaktion sehr deutlich beobachten.

Es sei hervorgehoben, dass die Abscheidung des ferrocyanwasserstoffsauren Strychnins durch Reibung der Gefässwandung mittelst Glasstabes wesentlich beschleunigt wird; die Einwirkung des Ferrocyankaliums muss indessen immerhin etwa 15 Minuten lang andauern um die vollständige Abscheidung des Strychnins als sicher erscheinen zu lassen.

Ist die Regenerirung der freien Base aus dem abgeschiedenen ferrocyanwasserstoffsauren Strychnin erwünscht, so kann dieselbe in der Weise erfolgen, dass man den Niederschlag noch feucht mit Natronlauge oder mit Ammoniakflüssigkeit behandelt, das Ganze ohne Rücksicht auf Abscheidung mit Wasser vermischt und nun mit Chloroform ausschüttelt. Es muss dann vollständige Lösung, bezüglich Klärung, eintreten. Die Chloroformschicht enthält das reine Strychnin.

Diese Trennungen können aber auch anders vollzogen werden, indem ausser Brucin auch Atropin, Codeïn, Veratrin, Emetin (auch Sparteïn) mit Ferrocyankalium keine unlösliche Verbindung abscheiden, dieses wenigstens nicht während der ersten Stunden der Einwirkung.

Man kann also aus dem in säurehaltigem Wasser gelösten Alkaloidgemisch zunächst

das Strychnin als ferrocyanwasserstoffsaures Alkaloid abscheiden (Operation wie oben)

und dann im Filtrate

Brucin von den anderen Alkaloiden durch 24stündige Einwirkung von Kaliumchromatlösung trennen (Operation wie oben).

Dabei wird es gut sein, die vom ausgeschiedenen ferrocyanwasserstoffsauren Strychninsalz getrennte Flüssigkeit nach Uebersättigen mit Alkalihydroxydlösung zunächst mittelst Chloroform auszuschütteln; es resultiren dann wieder reine Alkaloidbasen, die mit wenig Essigsäure in Wasser als essigsaure Salze gelöst werden, worauf die Behandlung mit Kaliumchromatlösung erfolgt.

Eine Trennung des Brucins von Thebaïn kann durch Kaliumbichromat in stark salzsaurer Lösung annähernd genau bewirkt werden, indem Brucinbichromat in viel Salzsäure enthaltendem Wasser nur sehr wenig, die analoge Verbindung des Thebaïns hingegen in diesem sehr leicht löslich ist.

Brucin lässt sich von Thebaïn und auch Veratrin aber auch so trennen, dass man die in Alkohol gelösten Alkaloide mit alkoholischer Quecksilberchloridlösung versetzt und die vereinigten Flüssigkeiten 24 bis 36 Stunden bei Seite stellt. Nach dieser Zeit hat sich Brucin als unlösliche Doppelverbindung ausgeschieden, während Veratrin und Thebaïn in Form der in Alkohol löslichen Quecksilberchloriddoppelverbindungen in der Flüssigkeit bleiben.

Endlich gestattet das verschiedenartige Verhalten der Pikrate genannter Alkaloide gegenüber Ammoniakflüssigkeit eine Trennung des Brucins und einigermassen genau auch die des Veratrins von Atropin, Codeïn, Thebaïn und Strychnin, indem:

Brucinpikrat in Ammoniakflüssigkeit unlöslich, Veratrinpikrat in Folge der geringen Löslichkeit der freien Alkaloidbase in Ammoniak, in dieser fast unlöslich ist, hingegen:

Strychninpikrat in Ammoniakflüssigkeit ziemlich leicht löslich,
Atropinpikrat }
Codeïnpikrat } „ „ leicht löslich ist.
Thebaïnpikrat }

Dabei ist zu bemerken, dass beim Lösen des Strychninpikrats (stets frisch gefällt anzuwenden!) in Ammoniakflüssigkeit sich die freie Alkaloidbase in Folge Bildung von Ammoniumpikrat bald auszuscheiden beginnt. Eine Trennung des Strychnins von Brucin nach dieser Methode ist daher der oben beschriebenen nicht vorzuziehen, da bei ihrer Anwendung leicht eine nur unvollständige Lösung des im Alkaloidgemenge vorhandenen Strychnins eintreten kann. Zwar lässt sich unlöslich gebliebenes Strychnin im Pikratrückstande leicht nachweisen und sodann durch wiederholte Behandlung mit Ammoniakflüssigkeit entfernen, doch wird man einer Methode, welche eine Trennung von Anfang an glatt und vollständig bewirkt, in der Praxis stets den Vorzug zu geben haben.

Auch das Thebaïnpikrat zeigt ein der Strychninverbindung ähnliches Verhalten; hier vollzieht sich jedoch die Abscheidung der freien Base nicht ganz so rasch.

Eine Trennung des Thebaïns von Codeïn und Strychnin ist durch das Verhalten der Pikrate gegenüber essigsäurehaltigem Wasser möglich, indem in diesem Thebaïnpikrat unlöslich ist, die anderen Alkaloidpikrate hingegen mehr oder weniger löslich sind.

Trennung der unter Phase 4 der Isolirungsmethode erhaltenen Alkaloide.

Die Trennung des Morphins von Narceïn kann erfolgen:

a) durch Salzsäure-Gerbsäurelösung Kippenberger: gerbsaures Narceïn bleibt ungelöst,

Morphin geht in Lösung.

Die Regeneration der Alkaloidbase erfolgt bei Narceïn durch Lösen der Verbindung in glycerinhaltigem Wasser als glyceringerbsaure Verbindung und Ausschüttelung dieser Lösung nach Uebersättigen mit Natriumcarbonatlösung durch 10 Volumprozente Alkohol enthaltendes Chloroform.

Bei Morphin bedarf es nur des Zusatzes von Natriumcarbonatlösung, worauf Ausschüttelung der Base erfolgen kann.

Die Trennung der Alkaloide kann aber auch geschehen:

b) durch Lösen des Alkaloidgemisches in salzsäurehaltigem Wasser, Zusatz von Ammoniumchlorid und sodann von Jodjodkaliumlösung. Es erfolgt Abscheidung des jodwasserstoffsauren Narceïnsuperjodids, dem etwas freies Jod beigemengt sein kann, während die analoge Morphinverbindung durch Ammoniumchlorid in Lösung gehalten wird. Ein geringer Ueberschuss an Salzsäure wirkt hier günstig, weil lösend auf die jodwasserstoffsaure Morphinsuperjodidverbindung.

Die Regeneration der Alkaloidbase erfolgt bei der Narceïnverbindung am besten durch Lösen in wenig Aceton, Zusatz von Alkalihydroxydlösung bis zum Verschwinden der Färbung, bezüglich bis die Flüssigkeit nur noch eine gelbe Nüance zeigt, dann Uebersättigung mit Salzsäure, Verdünnung mit Wasser, Verdunsten des Acetons im Wasserbade, Zusatz von wenig Thiosulfatlösung bis zur Bindung eventuell vorhandenen freien Jodes, Uebersättigen mit Natriumcarbonatlösung und darauffolgende Ausschüttelung mit 10 Volumprozente Alkohol enthaltendem Chloroform.

Die Lösung des jodwasserstoffsauren Morphinsuperjodids wird mit Thiosulfatlösung bis zur Bindung des freien Jodes und alsdann mit Natriumcarbonatlösung im Ueberschusse behandelt, worauf Ausschüttelung der Base mit 10 Volumprozente Alkohol enthaltendem Chloroform erfolgen kann.

Die Trennung der Alkaloide kann fernerhin bewirkt werden:

c) durch Behandlung der Alkaloidbasen mit Pikrinsäurelösung und sofortigen Zusatz von Ammoniumchloridlösung. Narceïnpikrat scheidet sich als unlöslich aus, Morphinpikrat geht in Lösung. Zur Auflösung des Morphinpikrats sind für 0,1 Morphin etwa 0,4 Ammoniumchlorid zu nehmen.

Es sei bemerkt, dass sich Ammoniumchlorid mit Pikrinsäure in Lösungen, die mehr als 10% Ammoniumchlorid enthalten, zu Ammoniumpikrat und freie Salzsäure umzusetzen vermag; ersteres scheidet sich in Krystallblättchen aus. Ist also einerseits die Menge des in Lösung befindlichen Ammoniumchlorids von Wichtigkeit, so darf andererseits nicht übersehen werden, dass auch die Menge der vorhandenen Pikrinsäure von Einfluss ist, allerdings in einem für die Anwendung dieser Art der Alkaloidtrennung günstigen Sinne. Giebt man nämlich zu einer 10prozentigen Ammoniumchloridlösung 0,5 $^1/_{20}$ Normal-Pikrinsäurelösung, so tritt zunächst noch keine Veränderung ein, erst nach weiterem Zusatz von Pikrinsäurelösung bis zu 1 ccm beginnt allmählich eine Umsetzung in oben angegebenem Sinne, woraus sich für die praktischen Verhältnisse die Anwendung von Pikrinsäure in nur möglichst geringem Ueberschusse ergiebt.

Man beachte ferner folgendes:

Versetzt man eine Morphinhydrochloridlösung mit Pikrinsäure, so erhält man durch Umsetzung unlösliches Morphinpikrat, während eine äquivalente Menge Salzsäure in Lösung bleibt. Fügt man jetzt Alkalihydroxydlösung hinzu, so tritt Dissociation zu Natriumpikrat und Morphinhydrochlorid ein und man erhält eine klare Lösung.

Die Regeneration der Alkaloidbase kann erfolgen durch: Zusatz von Natronlauge und Ausschüttelung mit 10 Volumprozente Alkohol enthaltendem Chloroform.

Allgemeine Reinigungsverfahren der isolirten Giftstoffe,

soweit derartige Operationen nicht schon in den einzelnen Isolirungsmethoden erörtert wurden, sowie zugleich auch

Einiges über die Leichenalkaloide

(Ptomaïne, bezügl. Ptomatine), deren Natur und deren Einfluss bei der Isolirung und bei der Charakteristik der hier in Betracht kommenden Giftstoffe.

Je nach der Wahl der Art des Isolirungsverfahrens der Giftstoffe, aber auch je nach der Art der Durchführung der Arbeit in Bezug auf Exaktheit des Arbeitenden resultiren nicht selten Verdunstungsrückstände der Ausschüttelungsflüssigkeiten, welche den Giftstoff nicht in einer so reinen Form enthalten, dass sofort die für die Einzelcharakteristik nothwendigen Reaktionen angestellt werden können; es muss dann eine nochmalige Reinigung dieser Giftstoffe erfolgen. Speziell ist dies bei der Untersuchung von Leichentheilen, die mehr oder minder in Verwesung übergetreten sind, der Fall. Bei Beschreibung der Isolirungsmethoden haben wir schon eine Methode der Reinigung kennen gelernt, darin bestehend, dass die Giftstoffe wiederholt in saurem Wasser gelöst und immer von neuem ausgeschüttelt werden (Glykoside, Bitterstoffe und einzelne Alkaloide), bezüglich direkt aus der Lösung in Aether oder in Chloroform mit saurem Wasser ausgeschüttelt werden (Alkaloide).

In Folgendem sollen noch einige andere Methoden der Reinigung dieser Art von Giftstoffen beschrieben werden. Zunächst aber sei in Kürze auf diejenigen Stoffe hingewiesen, welche in der Litteratur mit dem Namen:

Ptomaïne (Ptomatine), Leichenalkaloide belegt worden sind und die beim Nachweise der Giftstoffe durch die Schwierigkeit ihrer Entfernung die Hauptunannehmlichkeiten darbieten. Es hat sich im Laufe der Zeit unter einer grossen Anzahl von Chemikern der Gebrauch eingebürgert, alle die Stoffe, welche unter Anwendung des einen oder des anderen der beschriebenen Verfahren der Isolirung der Giftstoffe sich den letzteren beimengen mit dem Namen Leichenalkaloide zu belegen, wenn mit diesen Produkten eine an

Alkaloide im Allgemeinen erinnernde Reaktion eintritt. Treten wir aber einmal der Frage nach der Natur dieser Leichenalkaloide vom theoretischen Standpunkte etwas näher und erörtern die Frage: welche Arten von Zersetzungsprodukten entstehen bei der Fäulniss thierischer Massen?

Sobald das Leben im menschlichen oder thierischen Körper erlischt, beginnt auch der Zerfall der denselben aufbauenden organischen Substanzen. Die sich hierbei bildenden Produkte können verschiedenartige sein, einerseits bedingt durch die Art der Zusammensetzung der organischen Substanz beim Eintreten des Todes, andererseits durch äussere Umstände. Fäulniss, Gährung, Verwesung, sind die Bezeichnungen für derartige Zersetzungsformen, hervorgerufen durch die Wirkung niedriger, zumeist einzelliger, chlorophyllfreier Organismen — Schimmelpilze, Sprosspilze, Spaltpilze —, die aber auch schon hervorgerufen werden können durch unorganisirte Körper, sogenannte Fermente, welche man im Unterschiede zu organisirten Wesen als ungeformte Fermente oder Enzyme bezeichnet.

Beim Beginne der Zersetzung entsteht zunächst eine saure Reaktion, welche von verschiedenartigen Säuren herrühren kann. So vermag hier z. B. Milchsäure zu entstehen aus Glykogen (einem in Leber in geringer Menge vorkommenden Kohlenhydrate), Traubenzucker und Maltose. Es entsteht also eine Veränderung, die ganz ohne bakterielle Thätigkeit vor sich geht, lediglich durch Enzyme zur Entwickelung kommen kann, während das nun folgende Stadium, die alkalische Zersetzung, zur Bildung von Basen führt und das Werk von Mikroorganismen ist.

Abstrahiren wir nun bei unseren weiteren Betrachtungen von allen anorganischen, unsere spezielle Frage nicht beeinflussenden Stoffen und gehen wir aus von der Einheit der vielfach wechselnden Formen des Organismus, der thierischen „Zelle“ und differenziren die organischen Bestandtheile derselben in: Proteïnstoffe, Lecithin, Cholesterin und schliessen dem auch noch das Fett an, so können wir aus der physiologisch-chemischen Lehre folgende für uns verwerthbare Schlüsse ziehen:

Die Proteïnstoffe oder Eiweisskörper zerfallen unter dem Einflusse der Säuren und Fermente zunächst in Albumosen, sodann in Peptone, woraus sich dann unter dem Einflusse von Organismen weitere Abbauprodukte bilden, deren Natur je nach äusseren Einflüssen und der gegenseitigen Einwirkung der sich bildenden Stoffe eine verschiedenartige sein kann. Es entstehen so Amidosäuren, wie Leucin, Tyrosin,

Asparaginsäure, dann pflegen sich basische Körper zu bilden, unter denen Lysin und Lysatinin (beide von Drechsel zuerst dargestellt) in erster Linie zu nennen sind, worauf eine grosse Anzahl von Substanzen entstehen können, die theils der Fettreihe, theils der aromatischen Reihe angehören. Zu jener wären zu rechnen: Ammoniaksalze der flüchtigen Fettsäuren, wie solche der Caprinsäure, Baldriansäure und Buttersäure. Es entstehen ferner: Kohlensäure, Methan, Schwefelwasserstoff, Methylmercaptan u. a. m. Als Repräsentanten der aromatischen Reihe wären hier speziell zu nennen: aromatische Oxysäuren, Phenol, Kresol, Indol, Skatol u. s. w. Es kann hier nicht auf sämmtliche, unter Innehaltung verschiedener Kautelen, hervorgerufene Arten der Zersetzung der Eiweissstoffe und der dadurch bewirkten Entstehung verschiedenartiger Verbindungen eingegangen werden, es kann dies um so weniger geschehen, als man die chemische Struktur, die Konstitution des Eiweissmoleküls nicht kennt und deren Abbauprodukte daher nicht systematisch abzuleiten vermag.

Die Proteïde, darunter hauptsächlich die Nukleïne, den Eiweisskörpern nahestehende und komplizirt zusammengesetzte Substanzen, liefern beim Zerfall Eiweiss, sowie eisen- und phosphorhaltige Verbindungen, z. B. Nukleïnsäure und Paranukleïnsäure, bei deren weiterer Zersetzung wiederum eine Reihe speziell von Kossel studirter Substanzen, aus ersterer namentlich Xanthin, Hypoxanthin, Guanin, Adenin, aus letzterer Thyminsäure und aus dieser endlich Thymin, Cytosin neben Phosphorsäure, Lävulinsäure und Ameisensäure entstehen.

Aus dem Lecithin spaltet sich, der Zusammensetzung dieses Körpers entsprechend, Glycerinphosphorsäure ab neben Fettsäuren und Cholin (Trimethyloxyäthylammoniumhydroxyd), aus dem durch Sauerstoffzufuhr Muskarin (und Betain), und andererseits durch Wasserentziehung Neurin entstehen kann, während die Cholesterine, jene im Blute, in der Galle und in der Nervensubstanz vorkommenden, noch nicht näher studirten einwerthigen Alkohole, in der Hauptsache voraussichtlich zu Fettsäuren zerfallen werden. Die Fette unterliegen einer Verseifung in Glycerin und in Fettsäuren und allmählich bilden sich aus diesen wie aus allen den Zersetzungsprodukten der oben erwähnten Verbindungen wiederum jene Stoffe, die zum Aufbau organischer Verbindungen im Pflanzenorganismus nothwendig sind, nämlich Kohlensäure und Wasser nebst Ammoniakverbindungen und Nitraten (oder einer dieser beiden letzteren Körper), aus denen diese unter dem Einflusse der lebendigen Kraft des Sonnenlichtes: Eiweissstoffe Kohlenhydrate, Fette, Harze, organische Säuren u. s. w. aufbauten.

Die bei der Zersetzung von organischem thierischem Leichenmaterial entstehenden Produkte sind Abbauprodukte der dem lebendem Organismus zugeführten oder, fügen wir auch hinzu, der im lebenden Organismus gebildeten organischen Substanzen.

Wie die Natur der Körper es voraussagt, geben einzelne dieser Zersetzungsprodukte organischen Materials, namentlich die Proteïnstoffe, wie z. B. Albumin, Albumosen, Peptone, Reaktionserscheinungen, die auch den Alkaloiden im Allgemeinen zukommen. Wir werden später kennen lernen, dass wässerige Lösungen von freiem Jod in Jodsalzen, solche von Gerbsäure, Quecksilberchlorid, Pikrinsäure u. s. w. mit fast allen Alkaloiden Niederschläge erzeugen und man pflegt diese Erscheinungen daher als „allgemeine“ Alkaloidreaktionen zu bezeichnen; wir werden fernerhin sehen, dass Schwefelsäure, Salpetersäure, manchmal auch Salzsäure bei einzelnen Alkaloiden charakteristische Farbenerscheinungen hervorrufen; dass ausserdem Ferro- und Ferricyankalium, Fröhde's Reagens (Molybdänsäure enthaltende Schwefelsäure), Erdmann's Reagens (wenig Salpetersäure enthaltende Schwefelsäure), Chromat und Bichromat, Silbernitrat und andere mit einigen Alkaloiden spezifische Erscheinungen, meist durch Reduktion bewirkt, ergeben. Auch diese Reaktionen dürften demnach, wenigstens bis zu einem gewissen Grade, als für die Alkaloide allgemein geltend betrachtet werden, wobei freilich nicht zu vergessen ist, dass die Art der dabei auftretenden Färbung, manchmal auch nur in Nüancen zum Ausdruck kommend, speziell wieder je einzelnen Alkaloiden charakteristisch ist. Nun hat die Erfahrung gelehrt, dass beim Versuche der Isolirung der Alkaloide sehr häufig Produkte erhalten werden, die diese soeben beschriebenen allgemeinen Alkaloidreaktionen hervorrufen, dass auch das physiologische Experiment dabei auf eine giftige Substanz hindeutet und dennoch die weiteren Analysenbefunde zeigen, dass in dem Untersuchungsobjekte keines der in der Natur vorkommenden oder synthetisch erhaltenen Alkaloide vorhanden war. Diese Produkte sind es, welche die Litteratur mit dem Namen „Leichenalkaloide“ bezeichnet. Aber diese Bezeichnung dürfte als eine verfehlte erachtet werden, denn sie führt den mit derartigen Untersuchungen betrauten Chemiker leider zu häufig auf Irrwege und lässt ihn zur Entfernung dieser den Nachweis der wahren Alkaloide beeinflussenden Stoffe, häufig eine ganz verfehlte Methode einschlagen. Viel besser wäre es von Leichenzersetzungsprodukten im Allgemeinen, als speziell von Leichen„alkaloiden“ zu sprechen. Meine persönliche, in der Litteratur wiederholt ausgesprochene Ansicht ist, dass unter den Abbauprodukten der thierischen organischen Masse überhaupt keine Körper entstehen können, die in die Reihe der wahren Alkaloide zu rechnen sind, also zu Körperklassen, die als Derivate des Pyridins oder Chinolins aufzufassen sind, oder doch wenigstens Basen sind, deren Beziehung zum Chinolin oder Pyridin zwar noch nicht festgestellt, bei welchen aber eine Beziehung zu anderen Körperklassen nicht erkannt werden konnte.

In verwesendem organischem Leichenmaterial aufgefundene Körper mit mehr oder weniger ausgeprägten basischen Charakter, wie:

Cadaverin (Pentamethylendiamin), Putrescin (Tetramethylendiamin), Aethylidendiamin, Saprin, Dimethylamin, Trimethylamin, Triäthylamin, Mydaleïn, Mydatoxin, Gadinin, Coridin, Mytilotoxin, Xanthocreatinin, Crusocreatinin, Amphicreatinin, Pseudoxanthin, Parvolin, Hydrocollidin, Collidin, sind ihrer Natur nach theils unbekannte, theils scharf charakterisirte Körper, zumeist basischer Natur, die aber niemals in die Kategorie der „Alkaloide“ gerechnet werden können. Allerdings könnte man geneigt sein, die speziell von Gautier als Parvolin, Hydrocollidin, Collidin bezeichneten Basen als der Pyridingruppe ($C_nH_{2n-5}N$) angehörend zu bezeichnen. Dem wäre aber gegenüberzustellen, dass nichts anderes als die prozentuale Zusammensetzung an Kohlenstoff, Wasserstoff und Sauerstoff, sowie der basische Charakter den Grund zu einer derartigen Benennung der Leichenzersetzungsprodukte abgegeben hat und dass andererseits diejenigen aus der trockenen Destillation organischer stickstoffhaltiger Substanz gewonnenen Homologen des Pyridins (Steinkohlentheerbasen), welche gleichlautend mit diesen soeben erwähnten Namen der Leichenzersetzungsprodukte sind, in den ihnen zuertheilten Formeln bekanntermassen keine chemischen Individua repräsentiren, sondern als Gemische von isomeren und zum Theil homologen, ihrer Konstitution nach aber kaum bekannten Basen zu bezeichnen sind. Das trifft natürlich nicht zu für Picolin (Methylpyridin) und Lutidin (Dimethylpyridin), die aber ihrerseits beim Abbau der organischen Bestandtheile der Leichen noch nicht beobachtet worden sind. Auch die im lebenden Organismus sich vollziehenden Veränderungen, als da sind: Oxydation, Synthesen und durch Spaltungsprozesse eintretende Veränderungen, lassen keine Körper entstehen, die wissenschaftlich als wahre „Alkaloide“ zu bezeichnen wären.

Dass bei der Extraktion von Leichentheilen mittelst sauren Alkohols und Ueberführung dieser alkoholischen Extraktionslauge in eine wässerige Flüssigkeit durch Ausschüttelung mit Aether Produkte erhalten werden, die einzelne, den wahren Alkaloiden gleichkommende Reaktionen geben, ist gar nicht zu verwundern, denn: man nehme nur eine Proteïnstofflösung zur Hand, beispielsweise eine Peptonlösung und schüttele dieselbe, sauer oder alkalisch, mit Aether — der im Stas-Otto'schen Verfahren der Ermittelung von Alkaloiden gebräuchlichen Ausschüttelungsflüssigkeit — so wird man als Verdunstungsrückstand der Aetherlösung ein Produkt erhalten, das in saurem Wasser gelöst, jene Niederschläge mit den allgemeinen Alkaloidreagentien in verhältnissmässig reichlicher Menge giebt[1]), weil es eben zur Charakteristik der Eiweissstoffe gehört, dass sie mit diesen Reagentien, mit denen zufällig auch die Alkaloide reagiren, Niederschläge erzeugen und jene Farbenerscheinungen hervorrufen. Daher mögen sich wohl auch die vielen von einer geganzen Anzahl Forschern ohne Eingehen auf die chemische Konstitution der Körper gemachten litterarischen Angaben über Leichenalkaloide lediglich auf die Unterschiebung von eiweissartigen Stoffen zurückführen lassen, die jene den Alkaloiden ganz ähnlichen Niederschläge und, zumal gemischt mit weiteren Zersetzungsprodukten dieser Eiweissstoffe, schliesslich ganz naturgemäss mit Schwefelsäure, Salpetersäure u. s. w. wechselnde, trügerische Farbenerscheinungen erzeugen.

Dass endlich derartige Zersetzungsprodukte physiologisch ein giftiges Verhalten zeigen, bietet für den mit der Frage der Beziehungen der chemischen Konstitution zur physiologischen Wirkung von Körperklassen vertrauten Chemiker nichts Auffallendes, kann doch, um hier nur ein einziges Beispiel zu erwähnen, durch Uebergang der einfachen in die doppelte und dreifache Bindung zwischen zwei Kohlenstoffatomen, bei basischen wie bei nicht basischen Körpern, aus einem fast ungiftigen Körper eine scharf giftige Substanz entstehen, wie wir dies z. B. bei Cholin und Neurin

$$(CH_3)_3N \begin{matrix} -CH_2-CH_2OH \\ -OH \end{matrix}; \qquad (CH_3)_3N \begin{matrix} -CH=CH_2 \\ -OH \end{matrix}$$

beobachten können, wo dieses aus jenem durch Austritt eines Moleküls Wasser entstehen kann, das dann seinerseits unter Verlust von zwei Wasserstoffatomen in das noch viel giftiger wirkende Acetenyltrimethylammoniumhydroxyd

---

1) In den Lehrbüchern findet man diese durch ein einfaches Experiment sich ergebende Thatsache, wenn überhaupt, so leider fast durchgehends in entgegengesetztem Sinne vertreten.

$$(CH_3)_3N \begin{matrix} - C \equiv CH \\ - OH \end{matrix}$$

umgewandelt werden kann[1]).

Ich will hier auf die Litteraturangaben über Leichenalkaloide nicht im einzelnen eingehen; dieselben sind, vom streng wissenschaftlichen Standpunkte aus beurtheilt, theilweise als recht lehrreich und meine oben ausgesprochenen Ansichten ergänzend, anzusehen, theilweise aber deshalb als gänzlich verfehlt zu betrachten, als diese nichts weiter als jene allgemeinen, den Alkaloiden, wie den verschiedenartigen Proteïnstoffen zukommenden Reaktionserscheinungen beschreiben, während ein Eingehen auf die eigentliche Natur oder die Konstitution dieser Produkte gänzlich unterblieben ist[2]).

Die gegebenen Erörterungen erscheinen mir aber nothwendig zum Verständnisse einiger

Reinigungsverfahren

der auf die eine oder die andere Weise erhaltenen, mit Leichenzersetzungsprodukten vermischten Giftstoffe.

Anlehnend an derartige Betrachtungen entstand das Verfahren der Reinisolirung von Giftstoffen unter Benutzung von Glyceringerbsäure (Kippenberger), wobei einerseits die Abscheidung der Eiweissstoffe, andererseits die Lösung der Giftstoffe — die der Alkaloide als glyceringerbsaure Salze — bewirkt wurde. Das Verfahren ist unter den Isolirungsmethoden beschrieben; es kann aber auch zur Reinigung von den nach dem einen oder dem anderen Verfahren gewonnenen, mit Leichenzersetzungsprodukten vermischten, als Giftstoff angesprochenen Substanzen benutzt werden. Dazu löst man die fragliche Substanz in schwach saurem Wasser, versetzt mit

---

1) Vergl. Löw, System der Giftwirkungen. Wolff's Verlag München. S. 93.

2) Wer sich über die Ptomaïne in chemischer wie in physiologischer Hinsicht eingehender unterrichten will, sei auf die vollständig auf der Höhe ihrer Zeit stehende diesbezügliche kritische Litteraturzusammenstellung speziell in Kobert: Lehrbuch der Intoxikationen (1893) und in A. C. Farquharson: Ptomaines and other animal alkaloids (1892) verwiesen. Auch die kleinen Brochüren: C. Willgerodt: Ueber Ptomaïne (1882) und Wiebecke: Geschichtliche Entwickelung unserer Kenntniss der Ptomaïne und verwandter Körper (1886) geben übersichtliche Auskunft; desgleichen ist die in allerjüngster Zeit erschienene Zusammenstellung in dem von H. Kunz-Krause in deutscher Bearbeitung herausgegebenen Werke J. Guareschi's: Einführung in das Studium der Alkaloide (1897) zum theoretischen Studium warm zu empfehlen.

etwa 10% gerbsäurehaltigem Glycerin, erhitzt bis ca. 50° und filtrirt die Flüssigkeit nach dem Erkalten von der abgeschiedenen Substanz ab. Man erhält dann eine reine, ausschüttelungsfähige Lösung des Giftstoffes.

Es kann eine Reinigung von Proteïnstoffen bis zu einem gewissen Grade aber auch mit schwach saurem Wasser oder mit starkem Alkohol bewirkt werden. Dazu wird die Substanz mit einer dieser Flüssigkeiten erwärmt, worauf Koagulation, bezüglich Abscheidung des grösseren Theiles der Eiweissstoffe erfolgt. Es bleibt hierbei aber stets eine gewisse Peptonmenge in Lösung; bei Anwendung von saurem Wasser sogar sämmtliches Pepton.

Es wurde oben schon daran erinnert, dass eine wässerige Peptonlösung an Aether reichliche Mengen Pepton abgiebt; an dieser Stelle wird die Mittheilung der Beobachtung von besonderem Werthe sein, dass eine alkalische Albuminlösung beim Schütteln mit Aether an diesen bemerkenswerthe Mengen Alkalialbuminat abgiebt, in Chloroform hingegen bei gleicher Behandlung keine den Alkaloidnachweis beeinflussende Stoffe übertreten lässt.

Die Reinigungsarbeit mittelst Alkohols ist übrigens auch beim Dragendorff'schen Verfahren der Isolirung der Giftstoffe, sowie auch bei dem nach Stas-Otto in Gebrauch. Beide Verfahren sind im ersten Theile dieses Abschnittes beschrieben.

Eine andere Methode der Reinigung beruht auf der Abscheidung der Alkaloide als Tannate und Behandeln dieser Niederschläge mit überschüssigem Blei- oder Zinkcarbonat oder mit frisch gefälltem Bleihydroxyd, eventuell auch mit Magnesiumhydroxyd, Verdampfen der feuchten Masse zur Trockne und Extraktion des Rückstandes mit Alkohol, Aether oder Chloroform. Dass die Anwendung dieser Methode grosse Ungenauigkeiten hervorruft, ergiebt sich von selbst, wenn man bedenkt, dass einestheils diese Art der Fällung bei den meisten Alkaloiden nur eine unvollständige Abscheidung derselben erreichen lässt[1]) und andererseits durch das Er-

---

[1]) Versuche lassen erkennen, dass die bei vielen Alkaloiden beim Versetzen der wässerigen Alkaloidsalzlösung mit Gerbsäure erfolgte unvollständige Abscheidung der Alkaloidtannate dann zu einer vollständigen gemacht werden kann, wenn man bei diesen Alkaloiden zur Fällung eine Gerbsäurelösung anwendet, die so viel Alkalitannat (kurz vor dem Gebrauch bereitet durch Zusatz von Alkalihydroxyd zur Gerbsäurelösung) enthält, dass die Gesammtmenge der ehedem an Alkaloid gebundenen Mineralsäure gesättigt wird.

hitzen der Niederschläge von gerbsaurem Alkaloid mit Hydroxyden und Carbonaten von Blei oder Zink oder Magnesium sowohl in geringer Menge eine Ueberführung in lösliche gallussaure Verbindung, als auch eine Zersetzung der Alkaloide — das Eintrocknen muss bis zur Staubtrockne geschehen — leicht herbeigeführt werden kann.

Einzelne verfahren auch wohl so, dass sie die, das Alkaloid enthaltende, saure wässerige Lösung mit Bleiacetatlösung behandeln, von dem dabei entstehenden Niederschlage abfiltriren, das Filtrat mit Schwefelwasserstoff entbleien und dann den überschüssigen Schwefelwasserstoff durch Erwärmen zersetzen, bezüglich verflüchtigen. Es muss bei Anwendung dieser Methode von vornherein zur Bedingung gemacht werden, dass die den Giftstoff enthaltende Flüssigkeit bis zu Ende der Operation in saurer Reaktion gehalten wird, andernfalls auch Ausscheidung von hier in Betracht kommenden Giftstoffen erfolgen kann. Eine absolute Reinigung wird durch diese Methode nie erzielt.

Empfehlen kann ich hingegen auf Grund eigener Erfahrungen, dass es in zweifelhaften Fällen von Vortheil ist, eine Salzform des indentifizirten Alkaloids herzustellen, diese dann behufs Reindarstellung der Base zu zerlegen und letztere aus alkalisch reagirender Flüssigkeit mit Aether oder besser mit Chloroform auszuschütteln.

So führt z. B. bei Strychnin und bei Brucin die Herstellung der Chromat- oder die der Bichromatverbindung zum Ziele, indem man dieselbe, ohne sie vorher zu trocknen, durch Alkali zerlegt; das Ganze sammt Niederschlag mit Wasser aufgenommen und dann mit Chloroform geschüttelt, giebt an dieses die reine Base ab. Zur Fällungsarbeit bedient man sich einer mit nur sehr wenig überschüssiger Essigsäure bewirkten Lösung der Alkaloide und speziell bei den Brucinsalzen muss die Einwirkung in der möglichst konzentrirt gehaltenen Lösung dieses Alkaloidsalzes vollzogen werden und die Zeitdauer der Einwirkung der Chromatlösung eine mindestens 24 Stunden andauernde sein (Kippenberger).

Die Benutzung der Pikrate ist zum Zwecke der Reinigungsarbeit weniger zu empfehlen, da Pikrinsäure auch mit Proteïnstoffen Verbindungen erzeugt, die ebenso wie einzelne Alkaloidpikrate, in Wasser unlöslich sind und die alsdann bei der folgenden, behufs Isolirung der Alkaloide durchgeführten Zersetzungsarbeit der Alkaloidpikrate mit Alkalihydroxydlauge zum grösseren Theile wieder in Lösung übergeführt werden. Dennoch sei die für die Praxis wichtige

Beobachtung mitgetheilt, dass eine alkalische Pikratlösung an Aether neben eventuell vorhandenem Alkaloid auch beträchtliche Mengen Pikrinsäure abgiebt, dass aber dieselbe Flüssigkeit an Chloroform nur Alkaloid, nicht aber Pikrinsäure abzugeben im Stande ist (Kippenberger).

Bei Papaverin empfiehlt sich die Reinigung durch Herstellung des in Wasser schwer löslichen ferricyanwasserstoffsauren Salzes. Es ist jedoch absolut nöthig beim Zusatze des Ferricyankaliums zur wässerigen Papaverinsalzlösung jeden Ueberschuss an freier Säure zu vermeiden; die Abscheidung der ferricyanwasserstoffsauren Verbindung ist nach 24 Stunden eine vollständige. Die Zersetzung erfolgt nach Abgiessen der über dem Niederschlage befindlichen Flüssigkeit durch Zusatz von Säure, Verdünnen mit Wasser, worauf vollständige Lösung erfolgen muss. Diese saure Lösung wird mit Chloroform ausgeschüttelt, welches das Alkaloid als Base in sich aufnimmt (Kippenberger).

Auch die Herstellung der in Wasser sehr schwer löslichen und in Alkohol nahezu unlöslichen Dioxalatverbindung lässt bei Papaverin in vielen Fällen eine Reinisolirung ermöglichen. Die Verbindung löst sich erst in etwa 400 Theilen Wassers auf. Man fällt aus konzentrirt gehaltener wässeriger oder alkoholischer Lösung in der Kälte durch eine Oxalsäurelösung, die neben der freien Oxalsäure soviel Alkalioxalat (durch Zusatz von Alkalihydroxyd zur Oxalsäurelösung erhalten) enthält, dass die Gesammtmenge der ehedem an Papaverin gebundenen Mineralsäure vollständig gesättigt wird. Albuminsubstanz bleibt bei dieser Behandlung in Lösung, während Papaverin als Dioxalat zur Abscheidung gelangt. Letzterem können je nach Mengenverhältnissen des angewendeten Alkohols oder Wassers, bezw. einer Mischung beider, auch geringe Mengen sauren Alkalioxalates beigemengt sein, die aber bei der Reinisolirung des Alkaloids nicht hinderlich sind, da sie bei der späteren Behandlung der Abscheidung in wässerige Lösung übergeführt werden und dann bei der Ausschüttelung des Alkaloids zurückbleiben.

Der nach geraumer Zeit gesammelte Niederschlag wird mit kleinen Mengen Alkohol ausgewaschen, und dann am besten mit Alkalihydroxydlösung zerlegt, worauf Ausschüttelung des Alkaloids mittelst Chloroform oder Aether aus dem mit Wasser in Suspension gebrachten Gemisch erfolgen kann (Kippenberger).

Bei Narcotin kann die rhodanwasserstoffsaure Verbindung hergestellt werden. Die Fällung erfolgt mit Rhodankalium in der von überschüssiger Säure möglichst befreiten Alkaloidsalzlösung. Nach 24 stündiger Einwirkung ist die Abscheidung des Narcotins eine vollständige. Bei Benutzung einer mit wenig Alkalihydroxyd versetzten Rhodankaliumlösung ist die Abscheidung schon nach einige Minuten langer Einwirkung eine quantitative. Man sammelt den Niederschlag auf dem Filter, wäscht mit wenig alkalihydroxydhaltigem Wasser aus, zersetzt dann mit Säure und schüttelt die Base aus der sauren, mit Wasser verdünnten Lösung mittelst Chloroform aus (Kippenberger).

Bei Brucin, Strychnin, Codeïn und Thebaïn, in ganz konzentrirten Lösungen auch bei Morphin, führt die Abscheidung mit Quecksilberchlorid zum Ziele. Es scheidet sich hier eine das Alkaloid enthaltende Doppelverbindung ab, aus welcher nach Zersetzung — in vielen Fällen genügt Essigsäurezusatz — die Alkaloidbase durch Ausschüttelung in reinem Zustande zurückgewonnen werden kann.

Diese Methode ist zur Reinigung der Alkaloide nicht im Sinne der allgemeinen Anwendung zu empfehlen, weil sie besondere Vorsichtsmassregeln beansprucht, sowie einige Unannehmlichkeiten bietet. Ist nämlich Albuminsubstanz zugegen, so wird ein Theil derselben durch den Quecksilberchloridzusatz gleichzeitig mit den Alkaloiden abgeschieden. Ferner ist der Niederschlag bei einigen Alkaloiden im Ueberschusse des Quecksilberchlorids löslich. Man muss daher so verfahren, dass man die Quecksilberchloridlösung nach und nach zur Alkaloidsalzlösung giebt und sich nach jedesmaliger Abscheidung — unter 15 Minuten langem Warten — durch eine Tüpfelprobe mit Schwefelammoniumlösung orientirt ob der Zusatz weiterer Mengen Quecksilberchloridlösung nöthig sein wird. Speziell bei Morphin erfolgt die Abscheidung der Doppelverbindung erst nach einiger Zeit; es ist bei diesem daher 24 stündige Einwirkung nothwendig. Diese Morphindoppelverbindung ist in Wasser etwas löslich, was die Anwendung konzentrirter Morphinsalzlösung zur absoluten Bedingung macht (Kippenberger).

Weit besser und für alle Alkaloide gültig, ist das von Kippenberger angegebene Verfahren der Reinisolirung der Alkaloide durch Herstellung der jodwasserstoffsauren Superjodidverbindung und Regenerirung des Alkaloides aus dieser durch Lösen in Aceton, Ueberführung des Jodes in Jodsalz und Ausschüttelung der Alkaloidbase in saurer, bezüglich alkalischer Flüssigkeit. Das Verfahren wird wie folgt durchgeführt:

Der aus dem Untersuchungsobjekte auf irgend eine Weise isolirte Körper, welcher vermuthlich ein Alkaloid ist, der aber noch fremde, den Einzelnachweis störende Verbindungen enthalten kann, wird in saurem Wasser gelöst. Die Lösung neutralisirt oder schwach alkalisch gemacht, wird sofort mit einer möglichst reichlich Jodkalium enthaltenden wässerigen Jodlösung gefällt und der Niederschlag nach einigem Stehenlassen abfiltrirt, wobei man sich am besten eines Filters bedient, das durch Belegen der Abflussröhre eines gewöhnlichen Trichters mit etwas langfaserigen Asbestes hergestellt ist. Man wäscht mit kaltem Wasser — heisses Wasser löst die Alkaloidverbindung — aus und behandelt nun mit wenig Aceton, das vorher durch Verdunstung einer Probe auf seine Reinheit geprüft worden ist[1]). Es tritt sofort eine durch Jod dunkelbraun gefärbe Lösung ein, welche nach einander mit Alkalihydroxydlösung und Säure übersättigt und dann mit Wasser vermischt wird. Die nunmehr kaum gefärbte Flüssigkeit enthält das Alkaloid als saures Salz gelöst; sie wird im Wasserbade gelinde erwärmt bis das bei 56^0 siedende Aceton verdunstet ist, hierauf noch warm mit wenig Thiosulfatlösung vermischt (es genügen zumeist einige Tropfen $^1/_{20}$ Normallösung) und nun nach schwachem Uebersättigen durch Natriumcarbonatlösung oder Alkalihydroxydflüssigkeit mittelst Aether oder Chloroform ausgeschüttelt. Dass diese Ausschüttelung speziell bei Morphin und Narceïn etwas verändert werden muss, ergiebt sich von selbst; man vergleiche hierzu die Isolirungsmethoden der Giftstoffe nach Dragendorff, Stas-Otto und die nach Kippenberger[2]).

Wird die Fällung der Alkaloide in neutraler oder zunächst schwach alkalisch gehaltener Lösung vollzogen, so scheiden sich durch den Jodjodkaliumzusatz weder Albumine, noch Peptone, noch Zersetzungsprodukte dieser Körper aus. Erfolgt die Abscheidung hingegen aus saurer Lösung, so führt die spätere Acetonbehandlung eine Trennung der Alkaloide von den mitausgefällten Albuminstoffen herbei.

---

1) Die billige Sorte Aceton des Handels hinterlässt beim Destilliren fast stets geringfügige Mengen eines gelblichen Rückstandes von stechendem Geruche und saurer Reaktion. Diese Verunreinigung lässt sich durch Schütteln mit gepulvertem Aetzkalk und Fraktionirung des Filtrates gänzlich beseitigen.

2) Ausschüttelung durch Amylalkohol oder Chloroform aus ammoniakalischer Flüssigkeit, oder durch alkoholhaltiges Chloroform aus carbonathaltiger Lösung.

Da Glykoside mit Jodjodkaliumflüssigkeit nicht reagiren, so bietet die Anwendung dieser Methode gleichzeitig ein Trennungsmittel für Giftstoffe alkaloid- und glycosidartiger Natur.

Hilger und Tamba stellen zur Reinisolirung der Alkaloide die Oxalate her, indem sie die fragliche Substanz in Aether lösen lassen und nun mit entsprechenden Mengen gesättigter ätherischer Oxalsäurelösung vermischen. Nach längerem Stehen scheidet sich das Oxalat krystallinisch ab, während Verunreinigungen in Lösung bleiben. Dort wo die Alkaloide als Oxalate quantitativ abgeschieden werden, kann diese Methode mit Vortheil angewendet werden; es ist aber dabei zu beachten, dass auch sämmtliche Ammoniumsalze gleichzeitig als unlöslich mit ausgeschieden werden.

Einzelcharakteristik.

Eine Reihe von chemischen Körpern geben mit den Glykosiden und andere mit den Alkaloiden Reaktionserscheinungen, welche nicht nur durch die Gegenwart eines einzelnen, bestimmten Giftstoffes dieser Art bedingt sind, sondern die je allen diesen beiden Klassen angehörigen Giftstoffen eigen sind. Es ist dies bedingt durch die Analogie in der Konstitution der Repräsentanten jeder der beiden chemischen Gruppen. Die mit solchen Reagentien erzeugten Erscheinungen pflegt man daher mit dem Namen: „allgemeine Glykosidreaktionserscheinungen“ und „allgemeine Alkaloidreaktionserscheinungen“ zu bezeichnen und dementsprechend die sie hervorrufenden Reagentien mit „allgemeine Glykosidreagentien“ und „allgemeine Alkaloidreagentien“ zu benennen.

Die Zusammensetzung der letzteren und die Art der Einwirkung auf die chemischen Giftstoffe genannter Art sollen jeweilig vor der Einzelcharakteristik dieser erörtert werden.

I. Die wichtigsten narkotisch wirkenden Glykoside und Bitterstoffe.

a) Glykoside.

Mit dem Ausdruck „Glykosid" pflegt man esterartige Verbindungen zu bezeichnen, welche bei der Einwirkung von Fermenten (z. B. Emulsin, Ptyalin), sowie auch beim Erhitzen mit verdünnten Säuren oder bei der Erwärmung mit Alkalihydroxydlösungen in Folge Hydrolyse in Dextrose (einige auch in Phloroglucin oder Mannit) und andere Körper zerlegt werden.

Die Glykoside sind feste, meist krystallinische, theils aber auch amorphe, nicht flüchtige Körper, die in heissem Wasser und in Alkohol meist löslich, in Aether mehr oder weniger unlöslich sind.

Die allgemeinen, also allen Glykosiden zukommenden Reaktionserscheinungen ergeben sich aus dem bereits angeführten Verhalten der Glykoside beim Erhitzen mit Säuren und Alkalien.

1. Fehling'sche Kupferlösung (d. h. also eine alkalische Kupfersalzlösung, in welcher das Kupferoxyd bezüglich Kupferhydroxyd durch weinsaures Salz in Lösung gehalten ist) wird durch die Lösungen der meisten Glykoside beim Erwärmen reduzirt; es bildet sich gelbrothes Kupferoxydul, hervorgerufen durch die Wirkung der bei der Zersetzung des Glykosides gebildeten Dextrose.

Auf analoger Wirkung beruht:

Die Zersetzung einer ammoniakalischen Silbernitratlösung durch Abscheidung von metallischem Silber, sowie überhaupt diejenige aller chemischer Verbindungen, welche auch der Traubenzucker reduzirt, wie z. B. solche einer alkalischen Quecksilbercyanidlösung unter Abscheidung metallischen Quecksilbers.

Es sei aber hervorgehoben, dass einige Glykoside diese Reaktion erst dann zu bewirken im Stande sind, wenn sie vorher durch Kochen mit verdünnten Säuren (Salzsäure oder Schwefelsäure) zerlegt worden sind.

2. Werden die Glykoside mit Gallenlösung und einigen Tropfen konzentrirter Schwefelsäure auf nahezu 70° erwärmt, so erhält man bei den Dextrose abspaltenden Glykosiden roth gefärbte Lösungen (Brunner).

Diese Reaktion beruht wesentlich darauf, dass aus der Dextrose durch die Einwirkung der Schwefelsäure Furfurol gebildet wird.

Man verfährt am besten in der Weise, dass man in einem flachen Porzellanschälchen ein wenig der Gallenlösung (es kann auch eine kleine Menge Galle in Substanz angewendet werden) mit konzentrirter Schwefelsäure unter Beobachtung der Vorsicht mischt, dass die Temperatur nicht höher als 70° steigt. Dann setzt man die Glykosidlösung unter Umrühren mit einem Glasstabe nach und nach hinzu und erwärmt, falls nöthig, im Wasserbade.

3. Mit α-Naphtol und konzentrirter Schwefelsäure erwärmt, liefern viele Glykoside rothe bis blauviolette Färbung, desgleichen mit Thymol und konzentrirter Schwefelsäure rothe Färbung.

Auch diese Reaktion beruht auf der Gegenwart von Furfurol, entstanden aus der Dextrose durch Einwirkung der Schwefelsäure.

4. Die meisten Glykoside werden aus der wässerigen Lösung durch Bleiessig mehr oder weniger vollständig gefällt; hingegen geben sie mit den allgemeinen Alkaloidfällungsreagentien, wie z. B. Jodjodkalium, Pikrinsäure, Goldchlorid, Platinchlorid, keine Niederschläge.

Colocynthin ($C_{56}H_{48}O_{23}$).

Colocynthin ist in den Früchten von Citrullus colocynthis enthalten, bei deren Zersetzung das diesem nahestehende, noch giftiger wirkende Colocyntheïn entstehen kann.

Das Colocynthin bildet meist gelbe, amorphe, ausserordentlich bitter schmeckende Massen, die sich in Wasser, Alkohol und in Chloroform leicht lösen, in Aether hingegen fast unlöslich sind. Die Ausschüttelung gelingt aus saurer Lösung leicht durch Chloroform und Essigäther, nicht durch Aether.

Konzentrirte Schwefelsäure färbt gelb, dann roth,

Fröhde's Reagens: kirschroth,

Vanadinhaltige Schwefelsäure: roth, vom Rande aus allmählich blau werdend.

Colocyntheïn ($C_{44}H_{64}O_{13}$) ist im Gegensatze zu Colocynthin in Wasser nur sehr schwer löslich; es giebt mit konzentrirter

Schwefelsäure, wie mit vanadinhaltiger Schwefelsäure die für Colocynthin charakteristischen Reaktionen, vermag aber mit Fröhde's Reagens nicht so schnell zu reagiren als dieses.

Helleboreïn ($C_{26}H_{14}O_{15}$) und Helleborin ($C_{36}H_{42}O_6$).

Helleboreïn kommt in den Wurzeln und Wurzelblättern von Helleborns niger, H. foetidus und H. viridis vor. Helleborin ist in den beiden ersten Arten in nur sehr geringer, in H. viridis hingegen in reichlicher Menge vorhanden.

Helleboreïn stellt ein farb- und geruchloses, schwach süsslich schmeckendes Pulver dar, das in Wasser leicht, in Alkohol etwas löslich, in Aether unlöslich, dagegen in Chloroform sowie in Amylalkohol reichlich löslich ist und daher beim Schütteln der sauren Lösung mit Chloroform in dieses übergeht. Nach Dragendorff geht Helleboreïn aus saurer Lösung beim Schütteln mit Amylalkohol leicht in diesen über.

Helleboreïn ist in wässeriger Lösung fällbar durch phosphormolybdänsaures Natrium, durch metawolframsaures Natrium und durch Gerbsäure.

Konzentrirte Schwefelsäure giebt anfangs gelbbraune Lösung, die alsbald dunkelbraun wird (Unverhau).

Alkoholische Schwefelsäure löst mit blassrosa Färbung (Unverhau).

Beim Erhitzen mit alkoholischer Salzsäure tritt tiefblaue Färbung ein unter Abspaltung von Helleboretin. Mit Brom nimmt diese Lösung rothe Färbung an (Dragendorff).

Konzentrirte wässerige Salzsäure löst farblos, später zeigt sich ein röthlicher Schimmer. Erhitzt man, so erfolgt auch hier Spaltung unter Abscheidung von Helleboritin. Dieses giebt dann nach Aufnahme in Alkohol die erwähnten Reaktionen (Dragendorff).

Konzentrirte Salpetersäure färbt vorübergehend braungelb (Dragendorff).

Helleborin resultirt zumeist in weissen, geruchlosen Nadeln, die in Wasser wie in Aether sehr schwer löslich, hingegen in Alkohol und in Chloroform leicht löslich sind.

Konzentrirte Schwefelsäure giebt ähnliche Reaktion wie bei Helleboreïn.

Durch konzentrirte Chlorzinklösung wird das Helleborin leicht und vollständig gespalten in Glykose und in weissgraues, amorphes Helleboresin $C_{30}H_{38}O_4$.

Strophantin. $C_{20}H_{34}O_{10}$ (Fraser), $C_{31}H_{48}O_{12}$ (Arnold).

Strophantin ist ein in den Samen von Strophantus Kombé und Str. hispidus vorkommender, chemisch wenig studirter, gewöhnlich als Glykosid bezeichneter Giftstoff. Es stellt eine weisse, krystallinische Substanz dar, deren Schmelzpunkt als bei 185^0 liegend angegeben wird. In Wasser ziemlich leicht, in Alkohol weniger reichlich löslich; in Aether, Benzol, Schwefelkohlenstoff und Chloroform fast unlöslich. Beim Schütteln der saueren, wässerigen Lösung mittelst Amylalkohol in geringer Menge in diesen übergehend.

Konzentrirte Schwefelsäure löst mit rothbrauner Farbe; diese Lösung soll sich nach Beobachtungen einiger Chemiker vom Rande aus alsbald grün färben, sodass schliesslich die gesammte Lösung eine dunkelgrüne Färbung annimmt. Der Verfasser konnte diese Grünfärbung an einer Reihe von Handelspräparaten nicht konstatiren.

Es ist vorgeschlagen worden, Strophantin in Wasser zu lösen, sodann ganz geringe Mengen Eisenchloridlösung zuzusetzen (es genügt zumeist ein Tropfen verdünnter Lösung des Laboratoriums) und nun mit konzentrirter Schwefelsäure zu mischen. Der alsdann entstehende rothbraune Niederschlag soll nach 1—2 Stunden smaragdgrüne Färbung annehmen (Helbing).

Strophantin mit Nitroprussidnatriumlösung versetzt, dann mit Natronlauge übergossen, giebt Rothfärbung (Unverhau).

Die schwefelsaure Lösung des Strophantins, mit Furfurolwasser vermischt, giebt Violettfärbung, die bei Gegenwart reichlicher Mengen Strophantins langsam in dunkelblau übergeht (Unverhau).

Konzentrirte Salpetersäure löst anfangs farblos; die Flüssigkeit wird allmählich schwach röthlich. Beim vorsichtigen Erwärmen entsteht sodann granat- bis violettrothe Färbung, welche plötzlich in hellgelb überschlägt (Unverhau).

Konzentrirte Salzsäure löst anfangs farblos; später erscheint ein grünlicher Schimmer, beim Erwärmen gelbgrüne Lösung und zuletzt Abscheidung des gefärbten Produktes, das in Alkohol löslich ist (Dragendorff).

Eine Mischung von Phenol mit starker Salzsäure löst beim Erwärmen violett, später grün (Unverhau).

Gerbsäure fällt das Strophantin aus seinen Lösungen.

Das physiologische Experiment lässt beim Frosch Herzstillstand in Systole schon durch 0,00001 g erkennen (Reusing).

b) Bitterstoffe.

Den Glykosiden nahestehend sind einige mit dem allgemeinen Namen „Bitterstoffe" bezeichnete, in ihrer chemischen Konstitution wenig bekannte stickstofffreie Körper. Einige dieser Bitterstoffe üben narkotische Wirkung aus.

Pikrotoxin. ($C_{30}H_{34}O_{13}$).

Pikrotoxin ist der giftige Bestandtheil der Früchte von Menispermum cocculus (Kokkelkörner).

Nach den neuesten Untersuchungen (Meyer)[1]) ist dieses Pikrotoxin kein einheitlicher Körper, sondern ein Komplex zweier zusammenkrystallisirender Verbindungen, aus denen sich das Pikrotoxin durch Addition synthetisch herstellen lässt. Die bisher vorgenommenen Molekulargewichtsbestimmungen der Komponenten, sowie das quantitative Verhältniss der beiden Bestandtheile sprechen dafür, dass sich im Pikrotoxin zwei Moleküle Pikrotoxinin mit einem Moleküle Pikrotin krystallisirt vorfinden.

Das Präparat bildet in reinem Zustande lange, glänzende, nadelförmige Krystalle, die oft büschelförmig vereinigt sind, wenn man die Substanz in Aether, Alkohol, oder heissem Wasser löst und dieses Lösungsmittels abdunsten lässt.

In kaltem Wasser, Aether, Benzol, Petroläther wenig, in kochendem Wasser, Chloroform, Eisessig ziemlich leicht löslich, in Alkohol sehr leicht löslich; Säuren erhöhen die Löslichkeit nicht, hingegen bewirkt Alkalihydroxyd eine stark vermehrte Löslichkeit in Wasser, da es sich starken Basen gegenüber wie eine Säure verhält. Man darf jedoch die Lösung in alkalihydroxydhaltiger Flüssigkeit, zumal wenn letztere in konzentrirtem Zustande angewendet worden ist, nicht erwärmen, da sonst Zersetzung eintritt, erkennbar an der gelben Färbung der Lösung und an dem ziegelrothen Rückstand, welcher

1) Ber. der deutsch. pharmazeut. Gesellschaft VII. 1897, Seite 16—21.

beim Verdunsten dieser Lösung resultirt. Die in der Kälte bewirkte Lösung des Pikrotoxins in alkalihydroxydhaltiger Flüssigkeit lässt beim Sättigen mit Säure, selbst Kohlensäure, das Pikrotoxin unverändert wieder ausscheiden.

Schmelzpunkt des Pikrotoxins 199—200°. Aus sauren Lösungen ausschüttelungsfähig durch Aether, Amylalkohol, Chloroform, während aus alkalischen Flüssigkeiten nur Spuren in Aether überzutreten vermögen.

Pikrotoxin wird in saurer wässeriger Lösung häufig durch Bleiacetat gereinigt; die von dem die Verunreinigungen enthaltenden Niederschlag abfiltrirte Lösung wird mit Schwefelwasserstoff entbleiet, sodann zur Entfernung des überschüssigen Schwefelwasserstoffs erhitzt und schliesslich filtrirt. Es ist dabei zu beachten, dass Pikrotoxin zwar durch Bleiacetat nicht, wohl aber durch Bleihydroxyd niedergeschlagen wird. Man hat deshalb auch vorgeschlagen, die Reinigungsarbeit so durchzuführen, dass das Pikrotoxin aus der ammoniakalischen Lösung durch Bleiacetat gefällt wird. Das dabei entstehende Bleihydroxyd schlägt alles Pikrotoxin mit sich nieder. Der Niederschlag mit konzentrirter Schwefelsäure übergossen, färbt sich zunächst gelb, dann gelbroth, nach Erwärmen violettroth (Palm).

Man beachte, dass glykosehaltige Lösungen durch Bleihydroxyd ebenfalls gefällt werden und diese Niederschläge beim Erwärmen rothe Färbungen erkennen lassen!

Konzentrirte Schwefelsäure löst Pikrotoxin mit safrangelber Farbe; lässt man in die in einem flachen Schälchen ausgebreitete Lösung einige Tropfen verdünnter Kaliumbichromatlösung fallen, so werden diese rothbraun umrändert; die vollständige Mischung mit der Pikrotoxinlösung ergiebt dann violettrothe bis braune Färbung, die allmählich schön grün wird (Köhler).

Konzentrirte Salpetersäure löst Pikrotoxin ohne Färbung auf (Köhler). Versetzt man die in einer Mischung von Schwefelsäure und Salpetersäure bereitete Lösung des Pikrotoxins mit Wasser, so scheidet sich das Nitroprodukt in weissen Flocken aus (Barth).

Pikrotoxin mit der drei- bis vierfachen Menge Salpeter gemischt und sodann mit konzentrirter Schwefelsäure durchfeuchtet, lässt zunächst keine Färbung entstehen; die Mischung nunmehr mit Natronlauge übergossen, ergiebt ziegelrothe Lösung und einen ebenso gefärbten Niederschlag (Langley). Diese Färbung ist jedoch nicht sehr beständig. Nach Angaben verschiedener Chemiker kommt sie nicht dem Pikrotoxin selbst zu, sondern einem diesem gewöhnlich anhängenden stickstoffhaltigen Körper; folgt man den Mittheilungen Köhler's, so ist sie auch dem reinen Pikrotoxin eigen. Dragendorff modifizirt die Reaktion in folgender Weise:

Die Substanz wird in einem flachen Porzellanschälchen mit wenig konzentrirter Schwefelsäure angerührt und nun mit Natronlauge übergossen, worauf bei Gegenwart von Pikrotoxin die Farbenerscheinung in der gegebenen Form zum Ausdruck kommt.

Mit Fehling'scher Kupferlösung erwärmt, bewirkt Pikrotoxin Reduktion des Kupfersulfates zu Kupferoxydul; desgleichen wird ammoniakalische Silberlösung unter Abscheidung metallischen Silbers zersetzt.

Gegenüber den allgemeinen Alkaloidfällungsreagentien (Jod, Platinchlorid, Quecksilberchlorid, Gerbsäure) verhält sich Pikrotoxin indifferent.

Bei Leichenuntersuchungen ist zu beachten, dass sich Pikrotoxin unter dem Einflusse der Verwesungsprodukte organischer Massen sehr bald zu zersetzen pflegt; es gelingt dann aber häufig noch die Isolirung der Spaltungsprodukte dieses Giftstoffes, unter welchen Pikrotin und Pikrotoxinin vorhanden sein können. Das letztere Produkt zeigt alle chemischen Reaktionen, welche dem Pikrotoxin zukommen.

Digitalin.

Der Name „Digitalin" wird für ein giftiges Produkt gebraucht, das aus allen Theilen, namentlich aber aus Samen und Blättern von Digitalis purpurea isolirt worden ist. Nach den Untersuchungen Schmiedeberg's ist dieses Produkt keine einheitliche Substanz, sondern es setzt sich aus vier Bestandtheilen: Digitalin, Digitaleïn, Digitonin und Digitoxin zusammen. Daher zeigen auch die Digitaline des Handels je nach Art der Herstellung verschiedene Eigenschaften. Man unterscheidet so seit langer Zeit zwischen französischem (Digitalin von Nativelle, Homolle, Duquesnel, Mialhe, Quévenne) und deutschem Präparat.

Das Digitalin von Nativelle besteht aus kleinen, weissen, glänzenden, zu Gruppen oder Büscheln vereinigten, nadelförmigen Krystallen. Es ist geruchlos, schmeckt, auf die Zunge gebracht, nach einiger Zeit stark bitter und ist in Wasser, Aether, Benzol sozusagen unlöslich, in Alkohol ziemlich leicht, in Chloroform sehr leicht löslich.

Das Digitalin von Homolle bildet weisse oder gelblichweisse, geruchlose Schüppchen von stark bitterem Geschmack. Es ist in Wasser fast unlöslich, in Aether schwer löslich, hingegen leicht löslich in 90 $^0/_0$igem Alkohol, sowie in Eisessig.

Das deutsche Digitalin ist ein gelblichweisses, geruchloses, sehr bitter schmeckendes, amorphes oder undeutlich krystallinisches Pulver, das sich in Wasser sowie in Alkohol leicht, in Aether und in Chloroform nur schwer löst. Die wässerige Lösung schäumt beim Schütteln stark.

Das verschiedenartige Verhalten dieser Digitalinhandelssorten gegenüber Schwefelsäure und Salzsäure möge der Uebersicht halber tabellarisch wiedergegeben werden:

	Digitalin Nativelle	Digitalin Homelle	Deutsches Digitalin
Konzentrirte Schwefelsäure:	löst zu grün gefärbter Flüssigkeit, die auf Zusatz von wenig Bromwasser in Roth umschlägt.	giebt dunkelroth gefärbte Lösung, die allmählich eine hellere Nüance annimmt.	löst mit braunrother Farbe; mit Spuren von Bromwasser behandelt, tritt rothviolette Färbung ein (Grandeau).
Reaktion nach Lafon:	Eine kleine Menge der Substanz mit einem Gemisch gleicher Volumtheile Schwefelsäure und Alkohol durchfeuchtet, alsdann bis zur eintretenden Gelbfärbung erwärmt, lässt nach Zusatz von Spuren Eisenchlorid (ein Tropfen der verdünnten Lösung des Laboratoriums) grünblaue Färbung entstehen. Diese Reaktion kommt nach Kobert auch: Digitoxin, Adonidin, Oleandrin, Sapotoxin und nach Unverhau ausserdem auch: Condurangin und Vincetoxicin zu.		
Konzentrirte Salzsäure:	löst leicht zu grünlichgelb gefärbter Flüssigkeit, die nach kurzer Zeit smaragdgrün wird.		

Allen Digitalinsorten ist gemein, dass sie neutral reagirende Lösungen geben. Aus der wässerigen sauren Lösung lässt sich das Digitalin durch Ausschütteln mit Chloroform isoliren.

In speziellen Fällen, in denen es sich um den direkten Nach-

	Digitalin ($(C_5H_8O_2)_n$)	Digitonin ($(C_{27}H_{44}O_{14} + 5\,H_2O)$)	Digitaleïn	Digitoxin
	Glykoside.			indifferenter Körper.
	Amorphes, weisses Pulver, in Chloroform u in Aether nahezu unlösslich in Wasser aufquellend, allmählich sich lösend. Beim Schütteln der wässerigen Lösung stark schäumend. Geschmack sehr bitter. Wichtig ist die Eigenschaft, dass es beim Schütteln der sauren wässerigen Lösung mit Chloroform von letzterem in bemerkenswerthen Mengen aufgenommen wird, obwohl es in diesem nahezu unlöslich ist.	Krystallinisch aus 85%igem Alkohol, sonst amorph; in Wasser wie in Chloroform schwer, in Alkohol leichter löslich.	Krystallirbar. In Wasser sowie in Alkohol löslich; in Chloroform schwer löslich.	Bildet den wesentlichen Bestandtheil des Digitalin Naville (Schmiedeberg). Krystallinisch, farblos; in Wasser, Benzol und in Petroläther sozusagen unlöslich, in Aether wenig, in Alkohol und in Chloroform leicht löslich. Ausschüttelungsfähig aus saurer und aus alkalischer Lösung durch Chloroform.
Konzentrirte Schwefelsäure:	Gelbe Lösung, die sehr rasch blutrothe Färbung annimmt und die mit einem Tropfen Salpetersäure oder mit wenig Eisenchlorid, od. Bromwasser vermischt: prachtvolle blauroth bis violette Färbung ergiebt. Letztere erinnert an die Farbe der Blüthen von Digitalis purpurea. Die Färbung ist sehr vergänglich. Sehr schön gelingt diese Reaktion auch durch Lösen einer Spur der Substanz in englischer Schwefelsäure; die Färbung ist hier eine ein bis zwei Stun-	Braunrothe Lösung[1]), deren Farbe durch Eisenchlorid verstärkt wird (Kiliani). Löst man die Substanz in mit zwei bis drei Volumtheilen Wassers vermischter Schwefelsäure, so tritt farblose Lösung ein, die beim Erwärmen rothe bis violettrothe Färbung annimmt.	Röthliche Lösung, mit Bromwasser violette Färbung. Mit Wasser verdünnt, Farbenwechsel in smaragdgrün eintretend	Tiefbraun bis braunschwarz sich färbend; sind Spuren Digitalins zugegen, so tritt allmählich tief weinroth gefärbte Lösung ein (Keller).

haltige Schwefelsäure (Konzent. H_2SO_4 + 1 Volumprozent einer Lösung von 5 g Eisenoxydsulfat in 100 ccm Wasser)	roth gefärbte Lösung eintretend, die rasch beständige prachtvolle rothviolette Farbe annimmt (Kiliani).			schmutzig braunroth (Kiliani).
Konzentrirte Salzsäure:	Goldgelbe Lösung, beim Erwärmen bräunlich (Kiliani).	Kalt: farblose Lösung, beim Erwärmen: granatroth (Kiliani).	hellgelbe Lösung	Kalt: farblose Lösung, beim Erwärmen: grün bis bräunlich grün.
Reaktion nach Keller:	Einige Milligramm der Substanz werden in 3 bis 4 ccm Eisessig gelöst, mit einem Tropfen Eisenchloridlösung vermischt, sodass der Eisessig nur schwach gelb gefärbt ist, worauf sorgfältiger Zusatz des gleichen Volumen reiner konzentrirter Schwefelsäure erfolgt, so, dass keine oder nur unbedeutende Mischung der Flüssigkeiten eintritt. Man beobachte dann die Farbenzonen, welche an der Berührungsfläche eintreten, oft aber auch breitere nach unten oder nach oben verlaufende Bänder bilden:[1]			
	Feurig karminrothe Zone von sehr beständiger Farbe. (Nach Beitter soll Chinagerbsäure unter gleichen Verhältnissen eine ähnliche Farbenreaktion ergeben.)	Schwach rosenrothe Zone, bald verblassend.	Intensiv rothe Zone.	Schmutzig braungrüne Zone, die sich rasch verändert, indem sich die oberste Schicht der Schwefelsäure braunroth färbt, während darüber ein breites, intensiv blaugrünes Band auftritt, dessen Färbung bald in indigoblau übergeht. Nach 36 bis 48 Stunden wieder Grünfärbung eintretend, welche dann nach einiger Zeit in schmutziges Braun übergeht.

1) Ich erinnere an die von Adamkiewicz für Eiweissstoffe gegebenen Reaktionen, wonach durch Zusatz von auch nur geringen Mengen Eiweiss zu einer Mischung von 1 Vol. konzentrirter Schwefelsäure und 2 Vol. Eisessig in gewöhnlicher Temperatur langsam, rascher beim Erwärmen, eine schön rothviolette Färbung eintritt. Man beachte also die absolute Reinisolirung der Digitalispräparate aus dem Untersuchungsobjekte.

weis, bezüglich die direkte Fragestellung auf Digitalin handelt, ist es gut, das möglichst wasserfreie Untersuchungsobjekt zunächst mit Eisessig zu durchtränken und dann mit Wasser zu extrahiren (Dragendorff).

Man kann einer wässerigen oder alkoholischen Lösung das Digitalin durch Schütteln mit frisch gefälltem Bleihydroxyd entziehen. Der nach einigem Stehenlassen gesammelte Niederschlag wird auf Zusatz von konzentrirter Schwefelsäure fleischfarben bis hellrehfarben; auf Zusatz einiger Tropfen Bromlösung geht diese Färbung allmählich in eine smaragdgrüne über (Palm). Man lasse sich aber durch Eintreten der ersteren Farbenreaktion nicht irreführen, da es bekannte Thatsache ist, dass durch Bleihydroxyd auch Glykose gefällt wird, welche unter den erwähnten Bedingungen ähnliche Färbungen entstehen lässt. Es ist dies besonders bei der Untersuchung extraktivstoffhaltiger Flüssigkeiten, namentlich aber bei der von Arzneimischungen, sehr wichtig.

In vielen Lehrbüchern ist folgende Reaktion für Digitalin angegeben: Die wässerige Lösung mit Phosphormolybdänsäurelösung oder deren Salz versetzt, ergiebt Grünfärbung, die auf Zusatz von Ammoniakflüssigkeit im Ueberschusse in Blau umschlägt (Trapp). Es sei betont, dass das Eintreten dieser Reaktion durchaus nicht für Digitalin allein charakteristisch ist, dass sie vielmehr auch durch die Gegenwart selbst der geringsten Mengen der nächsten Zersetzungsprodukte der Proteïnstoffe hervorgerufen wird.

Gerbsäure fällt das Digitalin aus seinen wässerigen, nicht zu verdünnten Lösungen aus.

Nach der bereits oben gegebenen Erörterung der eigentlichen Zusammensetzung des Digitalins wird es am zweckmässigsten sein, die Reaktionen der wichtigsten der verschiedenartigen, das sogenannte Digitalin des Handels bildenden chemischen Körper in den hier in Betracht kommenden Reaktionen je einzeln zu beschreiben. Diese sind in vorstehender Tabelle (Seite 88 und 89) gegeben.

Sehr charakteristisch ist also das Verhalten gegenüber konzentrirter Schwefelsäure und konzentrirter Salzsäure, namentlich gegenüber ersterer, sobald eine Spur Bromwasser oder Bromsalz der durch die Schwefelsäure bewirkten Lösung zugegeben wird. Die Reaktion gelingt am besten in einem flachen Porzellanschälchen. Man hüte sich zuviel Bromwasser oder zuviel Bromsalz zuzufügen, da alsdann die Reaktionserscheinung undeutlich wird. Am praktischsten bedient man sich eines mit Bromwasser schwach benetzten Glasstabes, den man in Linien durch die schwefelsaure Lösung führt; oder man fügt ein kleines Körnchen Bromsalz zur Lösung und lässt diese dann durch Schieben des Schälchens in Streifen auseinanderfliessen.

Cantharidin ($C_{10}H_{12}O_4$).

Cantharidin ist der die blasenziehende Wirkung hervorrufende Bestandtheil der Lytta vesicatoria (spanische Fliege); es findet sich auch in anderen Arten der Lytta, z. B. in L. Gigas, L. violacea u. a. m. und ist auch in einer Anzahl Arten der Gattung Meloë (M. proscarabaeus, M. majalis, M. angusticollis u. a. m.) enthalten.

Chemisch ist es als das Säureanhydrid der Cantharidinsäure ($C_8H_{12}O(COOH)_2$) zu betrachten. Es bildet kleine, farblose, glänzende Schüppchen, die bei etwa 214^0 schmelzen und in nadelförmigen Krystallen sublimiren. In Lösung reagirt es neutral, verhält sich jedoch Basen gegenüber wie eine schwache Säure, mit diesen unter Bindung von Wasser salzartige wasserlösliche Verbindungen ergebend. Deshalb vermag sich das Cantharidin in alkalihydroxydhaltigem Wasser leicht zu lösen, während es in reinem Wasser in der Kälte nahezu unlöslich, in der Hitze etwas löslich ist. Aether, Alkohol, Benzol, namentlich aber Chloroform sowie Essigäther lösen Cantharidin in reichlicherer Menge als Wasser; verhältnissmässig bedeutende Mengen werden von diesen Lösungsmitteln in der Wärme aufgenommen.

Die Lösung des Cantharidins in alkalihydroxydhaltigem Wasser enthält, wie oben schon angedeutet, das Salz der Cantharidinsäure, aus der sich durch Säurezusatz wiederum freies Cantharidin, nicht Cantharidinsäure, abscheidet.

Der Nachweis des Cantharidins kann leider nicht auf chemische Reaktionen gestützt werden, da charakteristische Reaktionen für diesen Giftstoff so gut wie unbekannt sind. Zur Identifizirung löse man die Substanz in alkalihydroxydhaltigem Wasser auf und prüfe dann Proben dieser nicht zu verdünnt gehaltenen Lösung des cantharidinsauren Alkalis mit Lösungen von: Chlorcalcium, Chlorbaryum, Quecksilberchlorid und Silbernitrat. Es entstehen weisse krystallinische Niederschläge (Dragendorff und Masing). Andere Proben der Lösung des cantharidinsauren Alkalis werden mit Kupfersulfat gemischt, es bildet sich ein grünblauer, körnig-krystallinischer Niederschlag (Dragendorff und Masing). Endlich erzeugt schwefelsaure Kobaltoxydullösung eine blassrothe, in Wasser äusserst schwer lösliche Abscheidung und schwefelsaure Nickeloxydullösung eine solche von grüner Farbe, während Palladiumchlorür anfangs nur eine Trübung hervorruft, nach 24stündiger Einwirkung aber ein Netzwerk hellgelber Krystallnadeln absetzt.

Diese Reaktionserscheinungen können wohl im Stande sein, in fraglichen Fällen auf die Gegenwart von Cantharidin hinzudeuten; als beweisend für diese kann aber nur das physiologische Experiment, beruhend auf der blasenziehenden Wirkung des Cantharidins, angesehen werden. Zu dem Zwecke löst man die Substanz in wenig fetten Oeles auf (dieses vermag Cantharidin in reichlicher Menge zu lösen) und applizirt diese Lösung auf irgend eine reizbare Hautstelle, z. B. auf den Arm, oder auf die Brust. Cantharidin enthaltendes Oel ruft alsbald Röthung und hierauf Blasenbildung hervor.

In Fällen der Praxis, bei denen Verdacht auf die Gegenwart von Cantharidin ausgesprochen ist, oder bei denen man Cantharidin isolirt hat, sei man bestrebt, ganz besondere Sorgfalt auf die eventuelle Gegenwart von zerkleinerten spanischen Fliegen im Untersuchungsobjekt zu geben, da diese weit mehr als das aus ihnen isolirte Cantharidin in Anwendung gezogen werden. Es finden sich dann sehr häufig glänzende Theile der Flügeldecken der spanischen Fliege im Erbrochenen oder im Magen- und Darminhalt vor.

Bemerkt sei noch, dass im menschlichen Körper bei Aufnahme von Cantharidin die Ausscheidung desselben alsbald durch den Harn in Form des cantharidinsauren Salzes beginnt, gleichzeitig erfolgt Ausscheidung durch die Darmdrüsen.

Wenn es sich um die spezielle Fragestellung auf Cantharidin handelt, so dürfte sich folgender von Dragendorff angegebener Gang zur Isolirung dieses Giftstoffes empfehlen:

Die zu untersuchenden Substanzen werden, wenn nöthig, fein zerschnitten und mit Kalilauge (1 Theil Kalihydrat mit 12—15 Theilen Wasser; Blut bedarf etwa das Doppelte an Kalihydrat) so lange erhitzt, bis eine durchaus gleichartige Flüssigkeit entstanden ist. Die Flüssigkeit wird nach dem Erkalten, wenn nöthig, mit Wasser verdünnt und dann mit Chloroform ausgeschüttelt, um Verunreinigungen fortzunehmen. Nachdem das Chloroform abgetrennt worden, wird mit Schwefelsäure übersättigt und sogleich mit etwa dem vierfachen Volum Alkohol von 90 bis 95 % Tr. gemischt. Das Gemisch wird eine Zeitlang im Sieden erhalten, dann heiss filtrirt, das Filtrat möglichst stark erkaltet, noch einmal filtrirt und dann durch Destillation vom Alkohol befreit. Die zurückbleibende wässerige Flüssigkeit wird nun mit Chloroform behandelt, nachdem zuerst die an den Wandungen des Destillationskolbens haftenden Substanzen durch dasselbe aufgenommen worden sind, soweit sie in Chloroform löslich sind. Alle Chloroformauszüge werden verdunstet und der Rückstand untersucht, ob er blasenziehende Wirkung ausübt. (Applikation auf den Arm oder auf die Brust.)

Die nach vorstehender Methode durch Erhitzen mit Kali erhaltene Masse kann man auch der Dialyse unterwerfen, dann das Diffusat mit Schwefelsäure übersättigen und sogleich mit Chloroform ausschütteln.

Selbstverständlich muss man dafür Sorge tragen, dass die Chloroformlösung, die man verdunsten will, nicht durch anhängende Schwefelsäure verunreinigt sei. Wenn die saure wässerige Flüssigkeit nicht sehr sorgfältig entfernt wird, so können grosse Fehler entstehen.

Der Versuch, aus dem isolirten Produkt reines krystallinisches Cantharidin zu gewinnen, wird mitunter erfolglos bleiben.

Santonin ($C_{15}H_{18}O_3$).

Santonin kommt in den Samen von Artemisia maritima und A. gallica vor. Es bildet farblose, glänzende, tafelförmige Krystalle des rhombischen Systems, ist geruchlos und schmeckt in alkoholischer Lösung stark bitter. Beim Erhitzen auf 170° schmilzt es und erstarrt bei langsamem Erkalten krystallinisch, bei raschem amorph; wenige Grade über seinen Schmelzpunkt erhitzt, sublimirt es in weissen nadelförmigen Krystallen. Bei raschem Erhitzen über seinen Schmelzpunkt tritt Zersetzung ein. In kaltem Wasser sehr wenig, etwas besser in heissem Wasser löslich; Alkohol nimmt reichliche Mengen in sich auf, noch besser löst Aether, am reichlichsten aber Chloroform.

Santonin ist als das Anhydrid der Santoninsäure $C_{15}H_{20}O_4$ anzusehen; es löst sich daher in wasserlöslichen Hydroxyden und Carbonaten zu santoninsaurem Salz auf, aus dessen Lösung das Santonin durch Säurezusatz wieder abgeschieden und durch Schütteln mit Aether isolirt werden kann, jedoch nur mit der Bedingung, dass die Mischung vor dem Aetherzusatz einige Zeit sich selbst überlassen wird; bei sofortiger Ausschüttelung mit Aether würde als Verdunstungsrückstand der ätherischen Lösung Santoninsäure, bezüglich ein Gemisch von Santonin und Santoninsäure, resultiren.

Die Ausschüttelung des Santonins aus Flüssigkeiten geschieht am besten aus der sauren Lösung durch Chloroform; aus alkalisch gehaltenen Flüssigkeiten geht es weder in Chloroform, noch in Benzol, Aether oder Amylalkohol über. Bei direkter Fragestellung auf Santonin empfiehlt Dragendorff eine Behandlung des Untersuchungsobjektes ähnlich derjenigen, welche bei Cantharidin beschrieben ist: Mehrstündige Digestion mit durch Natronlauge alkalisch gemachtem Wasser bei 30^{0}, Fällung fremder Substanzen durch 3 Volumtheile Alkohol von 96 $^{0}/_{0}$, Koliren, Abdestilliren des Alkohols, Ausschütteln des wässerigen Rückstandes mit Benzol, welches so kein Santonin aufnimmt, Ansäuern mit Salzsäure nach Abheben des Benzols und Ausschütteln des Santonins aus saurer Lösung mit Benzol oder Chloroform.

Oder man verfährt wie folgt:

Die Substanz wird einige Stunden lang auf dem Dampfbade mit Kalkmilch erwärmt, die Flüssigkeit sodann abkolirt und nach der Filtration mit Benzol ausgeschüttelt. Aus der alsdann getrennten und mit Salzsäure im Ueberschusse versetzten wässerigen Flüssigkeit wird das Santonin durch Benzol oder Chloroform ausgeschüttelt. Bei Blut wird nach der Behandlung mit Kalkmilch eine Alkoholfällung eingeschoben.

Konzentrirte Schwefelsäure löst Santonin anfangs ohne Färbung, beim Stehen an der Luft wird die Lösung gelb bis gelbroth (Trommsdorff). Eine Spur Substanz mit 1 ccm Schwefelsäure und 1 ccm Wasser geschüttelt, die farblose Mischung alsdann erwärmt und nun mit einem Tropfen Eisenchloridlösung versetzt, lässt eine schön violette Färbung entstehen.

Mit Salpetersäure gekocht, entsteht unter gleichzeitiger Abscheidung einer weissen amorphen Substanz eine grüngelbe Flüssigkeit, die mit Alkali tieforangerothe Färbung annimmt (Smith); anhaltende Behandlung mit konzentrirter Salpetersäure führt natürlich zu einer intensiveren Zersetzung des Santonins.

Schmilzt man Aetzalkali und bringt in die geschmolzene Masse Santonin, so färbt sich diese unter Gasentwickelung roth (Baufi, Chiozza).

Aloëtin und Aloïn.

Die Namen Aloëtin und Aloïn bezeichnen Bestandtheile der Aloëarten und stellen chemisch wenig untersuchte Bitterstoffe dar. Diese Produkte vermögen aber einzelne Farbenreaktionen zu geben, welche zum Nachweise der Aloë benutzt werden können.

Zur Isolirung eignet sich für Aloëtin am besten Benzol, für Aloïn Amylalkohol, in welche diese Körper beim Schütteln ihrer sauren wässerigen Lösung übertreten. Die Verdunstungsrückstände zeigen folgende Reaktionen:

Aloëtin giebt mit Ammoniakflüssigkeit, sowie auch mit Alkalilauge eine charakteristische Rothfärbung, welche auch dann eintritt, wenn die wässerige Lösung direkt mit Ammoniak behandelt wird (Smith).

Aloïn färbt sich mit Alkalilauge braun, nimmt aber bei Gegenwart von Aloëtin die erwähnte charakteristische Rothfärbung an. Vanadinschwefelsäure färbt dunkelbraungrün und alkoholhaltige Schwefelsäure beim Erwärmen hellgrün. Die Substanz, in sehr wenig Wasser gelöst, lässt mit Quecksilberoxydulnitratlösung versetzt, eine röthliche Färbung entstehen. Gerbsäure, ausserdem Brom in Bromkaliumlösung rufen Trübungen hervor. Ein Ueberschuss des letzteren Reagenses erzeugt rothviolette Färbung.

Konzentrirte Salpetersäure löst das Aloïn; beim Erwärmen tritt unter Entwickelung von salpetriger Säure Oxydation zu Chrysaminsäure ein. Nimmt man den rothen Verdampfungsrückstand mit Alkohol auf und versetzt diese Flüssigkeit mit alkoholischer Cyankaliumlösung, so entsteht eine violettrothe bald in rosa übergehende Färbung. —

Die Isolirung des Aloëtins und des Aloïns ist bei direkter Fragestellung eine einfache: Das Untersuchungsobjekt wird mittelst Alkohols unter Zusatz von etwas Säure extrahirt und die resultirende Flüssigkeit durch Destillation vom Alkohol befreit. Der Rückstand mit Wasser aufgenommen, giebt an Petroläther Verunreinigungen, an Benzol das Aloëtin und an Amylalkohol das Aloïn ab.

II. Die wichtigsten giftigwirkenden Alkaloide.

Wenn man eine Definition für Alkaloid geben will, so läuft man Gefahr auf Schwierigkeiten zu stossen, indem von vielen Chemikern der Begriff Alkaloid eine Zeit lang für eine ganze Reihe von organischen Basen benutzt wurde, die nach Aufklärung ihrer Konstitution heute theilweise in andere chemische Gruppen eingereiht sind, immerhin aber noch in einigen Lehrbüchern als „Alkaloide" bezeichnet zu werden pflegen. Die richtigste Erklärung für Alkaloid scheint mir diejenige zu sein, welche von König gegeben ist, wonach man unter

Alkaloid diejenigen in den Pflanzen vorkommenden organischen Basen versteht, welche Pyridinderivate sind. Etwas verallgemeinert könnte man sich auch ausdrücken:

Alkaloide sind tertiäre Aminbasen, die als komplizirt zusammengesetzte Pyridin- und Chinolinbasen aufzufassen sind, und man könnte in diese Alkaloidgruppe noch diejenigen Körper aufnehmen, welche natürlich vorkommende Basen sind, deren Beziehungen zum Chinolin oder Pyridin durch die bis jetzt gegebene Konstitution zwar noch nicht vollständig erwiesen ist, bei denen aber keinerlei Beziehung zu anderen chemischen Körperklassen aufgefunden wurde.

Coffeïn, das als Guanidinderivat erkannt wurde, Betain, Muskarin, welche zu den Oxyäthylenbasen in nächster Beziehung stehen, und ähnliche noch heute in einigen Lehrbüchern als „Alkaloide" bezeichnete Körper, sind also im Vorliegenden von den Alkaloiden getrennt.

Unter diesem Gesichtspunkte kann man zwischen sauerstoffhaltigen und sauerstofffreien Alkaloiden unterscheiden. Die ersteren, nur aus Kohlenstoff, Wasserstoff und Stickstoff bestehenden Alkaloide sind in reinem Zustande farblose, bei gewöhnlicher Temperatur flüssige, unzersetzt flüchtige Substanzen, die, wenn längere Zeit dem Einflusse der Luft und des Lichtes ausgesetzt, allmählich eine mehr oder weniger intensive Färbung annehmen. Die sauerstoffhaltigen Alkaloide hingegen bilden farblose, bei gewöhnlicher Temperatur krystallinische Körper.

Die Alkaloide sind in Wasser mit wenigen Ausnahmen mehr oder weniger unlöslich, in Alkohol, Essigäther, Benzol, Chloroform zumeist löslich. Sie bilden mit Säuren Salze, aus deren Lösungen auf Zusatz von fixen oder kohlensauren Alkalien die Alkaloide als Base in Freiheit gesetzt werden. Durch Schütteln der sauren wässerigen Lösung mit Chloroform gehen nur sehr wenige Alkaloide in Chloroform über (z. B. Narcotin, Papaverin), bei gleicher Behandlung mit Aether treten einzelne Alkaloide in nur geringer Menge in diesen über; beides ist bedingt durch das entsprechende Lösungsvermögen der Alkaloidsalze in den genannten Ausschüttelungsflüssigkeiten.

Es giebt eine ganze Anzahl Reaktionserscheinungen, welche den Alkaloiden insgesammt zukommen; man pflegt sie als „allgemeine

Alkaloidreaktionen" zu bezeichnen. Von diesen kommen in der gerichtlich-chemischen Praxis mit Erfolg hauptsächlich folgende in Betracht:

a) Auf Fällung der Alkaloide beruhende Reaktionen.

1. Platinchlorid erzeugt in den Lösungen der meisten Alkaloidsalze krystallinische Abscheidungen in Form von Doppelsalzen, die dem Platinsalmiak analog sind. Diese Verbindungen sind in Wasser nahezu unlöslich.

Zur Anwendung gelangt eine konzentrirte Lösung des Platinchlorids in Wasser; auch die zur Reaktion benutzte Alkaloidsalzlösung sei nicht zu verdünnt. Gegenwart von freier Säure ist zu vermeiden.

Erhitzt man die bei 100° getrocknete Doppelverbindung, so tritt eine Zerstörung derselben ein; als Asche hinterbleibt Platin, dessen Menge je nach Art des ehedem in Wirkung getretenen Alkaloides verschieden ist, bedingt durch das verschiedene Molekulargewicht der Alkaloide.

Man fand so folgenden Prozentgehalt an Platin:

Bei	Strychnin	18,16 %	(Nicholson und Abel),
	Brucin	16,52 „	(Varrentrapp und Will),
	Morphin	19,52 „	(Liebig),
	Narcotin	15,72—15,95 %	(Wertheim),
	Codeïn	19,11 %	(Anderson),
	Papaverin	17,82 „	(Merck),
	Thebaïn	18,71 „	(Anderson),
	Narceïn	14,52 „	(Hesse),
	Nicotin	34,52 „	(Barral),
	Coniin	29,38 „	(Ortigosa)[1].

2. Freies Jod enthaltende Lösungen erzeugen braune, flockige, zumeist allmählich krystallinisch werdende Niederschläge der jodwasserstoffsauren Alkaloidsuperjodidverbindung. Der Niederschlag enthält häufig noch freies nicht in die Alkaloidverbindung eingetretenes Jod umschlossen, das während der Einwirkung des gelösten Jodes auf das Alkoloidsalz durch Bildung von Jodat und Zersetzung dieses mit Jodid, bezüglich Säure, entstanden ist.

---

[1]) Nach Dragendorff, Ermittelung von Giften, 4. Aufl. Seite 157.

Bouchardat's Reagens: 1,0 Jod, 2,0 Jodkalium, 50 ccm Wasser.

Der Niederschlag wird durch Alkohol theilweise zersetzt, bezüglich gelöst. Das beste Lösungsmittel ist Aceton, mit Hülfe dieses kann man das Alkaloid in reinem Zustande zurückgewinnen (siehe Seite 77 und 78).

3. Kaliumwismuthjodid ruft in den wenig freie Schwefelsäure enthaltenden Alkaloidlösungen orangerothe Fällung hervor.

Dragendorff's Reagens: Warme, konzentrirte, wässrige Lösung von Jodkalium wird mit Wismuthjodid gesättigt und die filtrirte Flüssigkeit mit noch soviel konzentrirter Jodkaliumlösung versetzt als bereits benutzt wurde; oder:

Man löse 80 g basisches Wismuthnitrat in 200 ccm reiner Salpetersäure vom spez. Gewicht 1,18; andererseits 277 g Jodkalium in wenig Wasser und giesse die Wismuthlösung langsam und unter Umschütteln in die Jodkaliumlösung, wobei sich der anfangs entstehende braune Niederschlag zur gelbrothen Flüssigkeit löst. Der hierbei gebildete Salpeter wird durch starkes Abkühlen zur Krystallisation gebracht, die Flüssigkeit durch Filtration von den Krystallen getrennt und nun mit Wasser zum Volumen eines Liters verdünnt (Kraut).

4. Kaliumcadmiumjodid giebt in den mit Schwefelsäure schwach angesäuerten Alkaloidlösungen weisse, bald krystallinisch werdende, flockige Niederschläge.

Marmé's Reagens: Bereitung analog derjenigen der Dragendorff'schen Lösung aus:

10 g Cadmiumjodid und 20 g Jodkalium mit 60 ccm Wasser.

5. Kaliumquecksilberjodid erzeugt in den schwach angesäuerten Alkaloidlösungen gelblich weisse, theils amorphe, theils krystallinische Abscheidungen (Planta, Delfs, Cossa, Winkler, Valser, Carpené, Tauret, Mayer).

Mayer's Reagens: 13,546 g Quecksilberchlorid und 49,8 g Jodkalium in Wasser zu einem Liter gelöst.

Die Gegenwart freier Essigsäure, auch die von Alkohol, ist zu vermeiden.

6. Freies Brom enthaltende Lösungen ergeben mit vielen Alkoloidsalzen gelbliche Abscheidungen, die theilweise amorphe, theilweise krystallinische Beschaffenheit zeigen.

Man bedient sich am besten einer Lösung von Brom in Bromkalium enthaltender Flüssigkeit.

Die Reaktion ist nicht so empfindlich und nicht so charakteristisch wie die durch freies Jod hervorgerufene.

7. Pikrinsäure giebt mit den meisten Alkaloiden gelbe, flockige, klein krystallinische Verbindungen, die in Wasser wenig löslich sind (Kemp, Hager).

In Benutzung tritt eine gesättigte Lösung von Pikrinsäure in Wasser.

8. Gerbsäure scheidet die meisten Alkaloide in nicht zu verdünnter wässriger Lösung als gelbliche, amorphe, gerbsaure Verbindungen aus, die theilweise in Wasser unlöslich, theilweise in diesem schwer löslich sind.

In Anwendung tritt eine Lösung von

1 g Gerbsäure in 9 ccm Wasser, der zur besseren Haltbarkeit ca. 1 ccm Alkohol zugesetzt ist.

Der Niederschlag ist in Glycerin oder glycerinhaltigem Wasser als glyceringerbsaure Verbindung löslich (Kippenberger).

Einzelne der gerbsauren Alkaloidverbindungen sind in salzsäurehaltigem Wasser löslich:

Sparteïn, Nicotin, Coniin, Atropin und Morphin,

während andere unter gleichen Bedingungen nahezu unlöslich sind: Colchicin, Papaverin, Narcotin, Aconitin, Delphinin, Brucin, Strychnin, Emetin, Veratrin, Codeïn, Thebain und Narceïn (Kippenberger).

9. Eine Lösung von Phosphormolybdänsäure (Vry) oder eine solche von phosphormolybdänsaurem Natrium in Salpetersäure (Sonnenschein, Trapp) ergiebt in sauren Alkaloidlösungen amorphe, meist gelblich gefärbte Niederschläge, die in verdünnten Mineralsäuren unlöslich sind und die durch Alkalihydroxyd unter Abscheidung der Base zersetzt werden. Die Niederschläge nehmen, wenn längere Zeit mit dem Reagens in Berührung gelassen, häufig Färbungen an, herrührend durch Reduktion der Molybdänsäure zu Molybdänoxyd.

Das Reagens wird in folgender Weise hergestellt:

Eine auf 50 bis 60° erwärmte Natriumphosphat-(Na_2HPO_4)-lösung wird mit soviel einer mit überschüssiger Salpetersäure versetzten Lösung von molybdänsaurem Ammonium gemischt als noch ein Niederschlag (Ammoniumphosphomolybdat) entsteht. Der Niederschlag, von der Flüssigkeit getrennt, wird alsdann mit schwach erwärmter Natriumcarbonatlösung behandelt, die dadurch gewonnene Lösung zur Trockne verdampft und der Ammoniakgehalt des

Rückstandes durch schwaches Glühen verjagt. Man befeuchtet alsdann mit Salpetersäure und glüht nochmals. Das so gewonnene Produkt wird in 10 Theilen Wassers gelöst und nun mit soviel Salpetersäure versetzt bis der anfangs entstandene Niederschlag sich vollkommen gelöst hat.

10. Phosphorwolframsäure giebt in sauren Alkaloidlösungen ähnliche Abscheidungen wie Phosphormolybdänsäure und seine Salze (Scheibler).

Die Bereitung des Reagens geschieht durch Versetzen einer Lösung von wolframsaurem Natrium mit etwas Phosphorsäure oder durch Zerlegung des Barytsalzes mittelst Schwefelsäure.

In Anwendung kann treten sowohl eine Lösung der Phosphorwolframsäure als auch eine solche des Alkalisalzes.

11. Phosphorantimonsäure giebt in sauren Alkaloidlösungen ähnliche Niederschläge wie Phosphormolybdänsäure und seine Salze (Schulze).

12. Goldchlorid ruft in den möglichst neutral gehaltenen Alkaloidsalzlösungen gelbe bis weissliche Niederschläge hervor, die Doppelverbindungen sind, aus denen durch Erhitzen, bezüglich Glühen der getrockneten Substanz die in Wirkung getretene Goldmenge bestimmt und zur Identifizirung der Alkaloide benutzt werden kann.

Die bei 100^0 getrocknete Doppelverbindung hinterlässt an Gold bei

Strychnin 29,15 % (Nicholson und Abel),
Atropin 31,37 „ (Planta),
Veratrin 21,02 „ (Merck)[1].

In Wirkung tritt meist eine wässerige Goldchloridlösung 1 : 30.

13. Quecksilberchlorid giebt mit manchen Alkaloidsalzen weisse, theils amorphe, theils schön krystallisirte Doppelverbindungen, die in reinem Wasser theilweise gänzlich unlöslich, theilweise fast unlöslich, bei einigen Alkaloiden aber auch wasserlöslich sind.

Unlöslich sind die Doppelverbindungen mit Salzen von:

Brucin, Strychnin, Codeïn und Thebaïn;

ziemlich reichlich löslich sind diejenigen mit Salzen von: Veratrin, Narcotin, Atropin und Narceïn.

Gegenwart von Mineralsäure (Salzsäure oder Schwefelsäure) hindert nicht, hingegen ist die Anwesenheit von Essigsäure und die

[1]) Nach Dragendorff, Ermittelung der Gifte. 4. Aufl. Seite 158.

von Alkohol zu vermeiden, da sich einzelne der Alkaloiddoppelverbindungen mit Essigsäure zersetzen und andere in Alkohol reichlich löslich sind.

Auch in einem grossen Ueberschusse von Quecksilberchlorid sind viele der Verbindungen löslich (Kippenberger).

Zu praktischen Versuchen ist eine Lösung von 13,55 Quecksilberchlorid in 1 Liter Wassers am geeignetsten.

14. Eine wässerige Lösung von Natriumsulfantimoniat (Schlippe'sches Salz $Na_3SbS_4 + 9H_2O$) giebt mit Alkaloidsalzen flockige, gelb gefärbte Niederschläge, welche aus Alkaloidsulfid und Antimonsulfid bestehen (Palm).

Ausserdem erzeugen:

Alkalichromat und Alkalibichromat, Ferro- und Ferricyankalium, Nitroprussidnatrium, Sulfocyankalium u. a. m. mit der Alkaloidsalzlösung versetzt, bei vielen unlösliche Verbindungen, entstanden durch Umsetzung. Derartige Reaktionen sind bei der Beschreibung der Einzelcharakteristik der Alkaloide angegeben.

b) Auf Färbungen beruhende Reaktionen.

Charakteristische Färbungen werden mit den Alkaloiden hauptsächlich erzeugt durch:

1. Konzentrirte Schwefelsäure,
2. Konzentrirte Salpetersäure,
3. Konzentrirte Salzsäure,
4. Konzentrirte Schwefelsäure, die etwas Stickstoffoxyd enthält.
5. Salpetersäure enthaltende Schwefelsäure.

Erdmann's Reagens: 10 Tropfen sehr verdünnter Salpetersäure (entnommen einer Mischung von 6 Tropfen konzentrirter Salpetersäure (1,25 spez. Gew.) mit 100 ccm Wasser) mit 20 g reiner konzentrirter Schwefelsäure vermischt.

6. Konzentrirte Schwefelsäure enthaltend pro ccm:

1 mg molybdänsaures Natrium (Fröhde's Reagens),

oder: 1 mg molybdänsaures Ammonium (Buckingham's Reagens).

Beide Lösungen zersetzen sich leicht und müssen daher vor dem Gebrauche stets frisch hergestellt werden.

7. Konzentrirte Schwefelsäure, enthaltend vanadinsaures Ammonium.

Mandelin's Reagens: 1 g vanadinsaures Ammonium in 200 ccm Schwefelsäure gelöst.

Kundrat's Reagens: 1 g vanadinsaures Ammonium in 100 ccm Schwefelsäure gelöst.

8. Schwefelsäure, enthaltend Kaliumpermanganat.

Wenzell's Reagens: 1 g Kaliumpermanganat in 200 ccm Schwefelsäure gelöst.

Flückiger's Reagens: 0,02 Kaliumpermanganat gelöst in 10 ccm Wasser und 30 ccm konzentrirter Schwefelsäure.

9. Schwefelsäure, enthaltend Kaliumbichromat.

Luchini's Reagens: in der Hitze mit Kaliumbichromat gesättigte Schwefelsäure.

Flückiger's Reagens: Eine Lösung von 0,02 Kaliumbichromat in 10 ccm Wasser mit 10 ccm Schwefelsäure vermischt.

10. Konzentrirte Schwefelsäure, enthaltend Formaldehyd.

Eine solche ist von Marquis speziell für einige wichtige Alkaloide in Vorschlag gebracht worden.

Reagens: 2 Tropfen Formaldehydlösung (30 bis 40⁰/oige Lösung = Formalin des Handels) mit 3 ccm konzentrirter Schwefelsäure gemischt. Nach mehrwöchentlicher Aufbewahrung ist erneuter Zusatz von Formaldehyd nöthig.

11. Konzentrirte Schwefelsäure, enthaltend Oxymethylsulfonsäure. Die letztere kann auch durch Methylal, Hexamethylentetramin, Trioxy- und Hexaoxymethylen ersetzt werden.

Auch dieses Reagens ist von Marquis angegeben. Die Bereitung erfolgt analog derjenigen der Formaldehydmischung. Die durch dasselbe erzeugten Farbenerscheinungen sind gleich denen mit formaldehydhaltiger Schwefelsäure bewirkten.

Von denjenigen hier in Betracht kommenden Alkaloiden, welche keine Farbenerscheinungen sowohl mit 10) wie 11) geben, sind hauptsächlich zu nennen:

Aconitin, Brucin, Cocaïn, Colchicin, Delphinin, Emetin, Sparteïn und Strychnin. —

Diese und eine Reihe anderer Reagentien sind in der gerichtlich-chemischen Analyse gebräuchlich; sie erzeugen mit den Alkaloiden verschiedenartige Färbung, welche häufig zur Einzelcharakteristik, wie zur Unterscheidung verschiedenartiger Alkaloide benutzt werden können.

Man benetzt hierzu die auf Alkaloide zu prüfenden Verdunstungsrückstände mit einem bis mehreren Tropfen des Reagens und beobachtet die alsdann erfolgende Färbung. Die Operation wird auf einem kleinen Uhrglase oder in einem kleinen flachen Porzellanschälchen durchgeführt. Die Reaktionen sind bei der Beschreibung der Eigenschaften der Alkaloide je einzeln angegeben.

Es ist zu betonen, dass viele dieser „allgemeinen Alkaloidreagentien“ auch mit Eiweissstoffen und Zersetzungsprodukten dieser unter gleichen Bedingungen wie mit den Alkaloiden und deren Salzen Reaktionserscheinungen ergeben. Man hüte sich deshalb vor Täuschungen und sei bestrebt, derartige die Alkaloidreaktion störende Beimengungen gänzlich zu entfernen, was mit Beachtung der diesbezüglichen, bei der Reinisolirung der Giftstoffe gegebenen Lehren geschehen kann.

Colchicin. ($C_{22}H_{25}NO_6$).

Vorkommen: Neben Colchiceïn in allen Theilen von Colchicum autumnale (Herbstzeitlose); auch in anderen Arten der Gattung Colchicum enthalten, z. B. in C. neapolitanum, C. montanum, C. arenarium, C. alpinum.

Eigenschaften: Gelblich weisse, zumeist amorphe, bitterschmeckende Masse, die mit Wasser behandelt, eine gelb gefärbte Lösung ergiebt. Auch Aethyl- und Amylalkohol sowie Chloroform lösen leicht, Aether und Benzol lösen nur wenig, Petroläther sozusagen gar nicht.

Ausschüttelungsfähig aus saurer Lösung durch Aether, besser und schneller durch Chloroform; auch aus alkalischer Flüssigkeit treten geringe Colchicinmengen in Aether über. Die Lösung in Chloroform hinterlässt beim Verdunsten einen Rückstand, bestehend aus Chloroform-Colchicin $C_{22}H_{25}NO_6 + 2\ CHCl_3$, der durch Behandlung mit warmen Wasserdämpfen in Colchicin und sich verflüchtigendes Chloroform zerlegt werden kann. Kochen mit verdünnten Säuren zerlegt das Colchicin in Methylalkohol und Colchiceïn, desgleichen längere Einwirkung von Barytwasser oder verdünnter Kalilauge in der Wärme.

Gerbsäure, Phosphormolybdänsäure, Jodjodkalium, Kaliumwismuthjodid und Goldchlorid fällen das Colchicin aus seinen Lösungen aus. Die gerbsaure Verbindung ist in salzsäurehaltigem Wasser unlöslich.

Kaliumquecksilberjodid und Pikrinsäure fällen das Colchicin nur aus konzentrirt gehaltenen Lösungen desselben.

Konzentrirte Salpetersäure (1,38—1,4 spec. Gew.) färbt Colchicin zunächst violett; diese Färbung geht allmählich in braunroth über und wird bei Wasserzusatz in hellgelb verwandelt, worauf durch Alkalihydroxydlösung im Ueberschusse eine orangerothe Färbung entsteht (Kubel, Struve).

Befeuchtet man Colchicin mit einigen Tropfen rauchender Salpetersäure, so tritt violette bis indigoblaue Färbung ein. Nach Zufügen von Wasser und Alkalihydroxyd entstehen die gleichen Farbenveränderungen wie vorhergehend angegeben.

Es färbt

konzentrirte Schwefelsäure und }
Erdmann's Reagens } gelb;
Fröhde's Reagens blau.

Die Lösung des Colchicins in rauchender Salzsäure mit wenig Eisenchlorid gekocht, nimmt eine schmutzig-schwarzgrüne Färbung an; beim Schütteln dieser Flüssigkeit mit Chloroform löst dieses einen granatrothen bis gelbbraunen Farbstoff.

Colchicin mit 0,25 g Oxalsäure und 1 ccm Schwefelsäurehydrat im Rohre eine Stunde lang auf 120⁰ erhitzt, lässt eine tiefbraune Lösung entstehen, die durch Wasserzusatz nicht verändert, durch Alkalizusatz aber roth gefärbt wird. Die Lösung scheidet beim Ansäuern mit Essigsäure blassgelbe Flocken ab. Schüttelt man die letzteren mit Chloroform aus und lässt diese Chloroformlösung verdunsten, so hinterbleibt ein gelber Rückstand, der mit Salpetersäure (1,4 spec. Gew.) himbeerrothe Färbung entstehen lässt und auf dem Uhrglase mit Salpeter und dann mit Schwefelsäure vermischt, eine violettrothe Färbung erzeugt. Ptomaïne sollen diese Reaktion nicht geben (Barillot).

Giebt man zur wässerigen Lösung des Colchicins etwas salzsaures Hydroxylamin und sodann Natronlauge in schwachem Ueberschusse, so erscheint die schwach alkalische Lösung orange gefärbt. Die Farbenerscheinung tritt erst nach Verlauf einiger Minuten ein; sie wird beschleunigt durch schwaches Erwärmen (Kippenberger).

Colchicin ist nach Dannenberg's Angaben gegenüber Fäulniss sehr widerstandsfähig.

Unter Einwirkung von aktivem Sauerstoff kann es sich im menschlichen und thierischen Organismus — wie auch ausserhalb desselben — in Oxydicolchicin $(C_{22}H_{25}NO_6)_2O$ verwandeln, welches Produkt durch Schütteln der beim Isolirungsversuch resultirenden sauren wässerigen Lösung mit Chloroform als Verdunstungsrückstand des letzteren resultirt und dieselben Reaktionen wie das Colchicin zeigt.

Colchiceïn. $C_{21}H_{23}NO_6 + \frac{1}{2}H_2O$.

Farblose glänzende Blättchen, die sich gegenüber Agentien dem Colchicin ähnlich verhalten.

Alkaloide der Strychnosarten.

Strychnin, Brucin, Curarin.

Strychnin. $C_{21}H_{22}N_2O_2$.

Vorkommen: In den Samen von Strychnos Ignatii, Str. Nux vomica, und anderen von Strychnosarten abstammenden Drogen, so z. B. in der falschen Augosturarinde, in den Wurzeln von Str. colubrina (sogen. Schlangenholz) und von Str. Tieuté. Fast überall kommt gleichzeitig auch Brucin vor.

Eigenschaften: Weisse, glänzende, prismatische, geruchlose Krystalle oder krystallinisches Pulver von stark bitterem Geschmack. Schmelzpunkt: 265—266°. Wird eine Probe auf dem Platinblech erhitzt, so schmilzt es, verbreitet sich über das Blech hin, verdampft theilweise unzersetzt, verkohlt zum grösseren Theile und verbrennt alsdann ohne Rückstand. In Wasser und Aether ist Strychnin wenig löslich; wasserfreier Alkohol und Petroläther lösen sozusagen gar nicht, Chloroform hingegen löst leicht. Mit Säuren bildet es Salze, die in Wasser und in Alkohol löslich sind, in Aether und in Chloroform nur spurenweise in Lösung treten und in Benzol und in Amylalkohol so gut wie unlöslich sind.

Aetzende und kohlensaure Alkalien scheiden das Strychnin aus seinen Salzlösungen ab; es lässt sich daher durch Schütteln der mit Alkali übersättigten Lösung mittelst Aether oder besser mittelst Chloroform isoliren. Dabei ist die Vorsicht zu beachten, dass die

Ausschüttelungsflüssigkeit sofort nach dem Alkalizusatz in Wirkung tritt, da das Strychnin alsbald krystallinische Beschaffenheit annimmt und sich dann in diesen Ausschüttelungsflüssigkeiten, namentlich speziell in Aether, nur schwierig löst.

Die meisten allgemeinen Alkaloidfällungsreagentien geben mit Strychninsalzlösungen Niederschläge, besonders empfindlich sind: Kaliumwismuthjodid, Phosphorwolframsäure, Phosphormolybdänsäure, Gerbsäure, Kaliumquecksilberjodid, Jodjodkalium und Pikrinsäure; weniger empfindlich sind: Goldchlorid und Platinchlorid.

Konzentrirte Schwefelsäure löst ohne Färbung; giebt man zu dieser Lösung ein Oxydationsmittel, z. B. chromsaures Kalium, Mangansuperoxyd, Bleisuperoxyd, übermangansaures Kalium, rothes Blutlaugensalz, Ceroxyd oder a. m., so entsteht eine prächtig blau-violette Färbung. Die Reaktion gelingt nach Otto am schönsten, wenn man die Lösung des Strychnins in Schwefelsäure auf einem flachen Porzellanschälchen ausbreitet, sodann einen kleinen Krystall Kaliumbichromat zufügt, das Schälchen neigt und die am Bichromat abfliessenden Streifen beobachtet. Auf diese Weise wird ein Ueberschuss an Bichromat, welcher störend wirkt, vermieden.

Statt der Lösung des Strychnins in konzentrirter Schwefelsäure kann auch eine solche in mit wenig Wasser verdünnter Schwefelsäure angewendet werden.

Man kann auch so verfahren, dass man die Bichromatverbindung des Strychnins durch Fällen der wässerigen Strychninsalzlösung mit Kaliumbichromatlösung herstellt, die über dem Niederschlage befindliche Flüssigkeit dekantirt und nun konzentrirte Schwefelsäure zufügt. Bei Gegenwart von nur ganz geringen Mengen Strychninchromat führt man die Reaktion in der Weise durch, dass man einen Tropfen konzentrirter Schwefelsäure aus der Höhe auf die Chromatverbindung fallen lässt; es entsteht dann eine ganze Menge blauvioletter Streifen.

Es ist dieses eine ausserordentlich scharfe Reaktion auf Strychnin. Dieselbe wird aber gestört durch die Gegenwart von Morphin, welches seinerseits desoxydirend wirkt. Durch den allgemeinen Isolirungsgang ist Morphin von Strychnin getrennt (s. dorten); soll die Trennung der beiden Alkaloide aber auf anderem Wege erfolgen, so empfiehlt sich im vorliegenden Falle die Abscheidung des Strychnins mit rothem Blutlaugensalz oder mit chromsaurem Kalium; ersteres fällt ferricyanwasserstoffsaures Strychnin, letzteres chromsaures Strychnin, während Morphin jedesmal in Lösung bleibt. Mit dem noch feuchten Niederschlage kann direkt die Reaktion durch Schwefelsäurezusatz erfolgen. Die Trennung des Strychnins vom Morphin durch die verschiedenartige Ausschüttelung der Lösung ist vorzuziehen, da Morphin mit Chromat, wie auch mit Ferricyankalium zwar keine Niederschläge ergiebt, wohl aber auf diese in geringer, aber deutlicher Menge reduzirend wirkt und dadurch theilweise selbst Veränderung erleidet.

Curarin ergiebt unter analogen Bedingungen eine ähnliche Reaktion wie Strychnin; die Trennung von diesem Alkaloid ist ebenfalls durch den Isolirungsgang gegeben.

Konzentrirte Salpetersäure färbt in der Wärme schwachgelb unter Bildung von Nitrostrychninen.

Löst man Strychnin in ein bis zwei Tropfen verdünnter Salpetersäure, erwärmt die Lösung und setzt wenig gepulvertes Kaliumchlorat hinzu, so entsteht eine intensiv scharlachrothe Färbung, die durch Ammoniak in braun übergeht unter gleichzeitiger Bildung eines braunen Niederschlages. Zur Trockene verdampft, hinterbleibt ein dunkelgrüner Rückstand, der mit Wasser grüne Lösung ergiebt, die sich beim Vermischen mit Alkalihydroxyd orangebraun färbt und die alsdann beim Uebersättigen mit Salpetersäure wieder grün wird (Bloxam).

Erdmann's Reagens und }
Fröhde's Reagens } erzeugen keinerlei Färbung.

Mandelin's Reagens (Vanadinschwefelsäure) färbt violettblau; allmählich roth werdend, namentlich bei Wasserzusatz.

Wie aus vielfachen Versuchen verschiedener Chemiker hervorgeht, vermag Strychnin der Fäulnis lange zu widerstehen.

Brucin $C_{23}H_{26}N_2O_4 + 4H_2O$.

(Caniramin, Vomicin.)

Vorkommen: Ist Begleiter des Strychnins in den letzteres enthaltenden Vegetabilien. In der Rinde von Strychnos ligustrina, sowie in der Blay-Hitam-Rinde, soll nur Brucin und kein Strychnin enthalten sein.

Eigenschaften: Weisses, krystallinisches Pulver, aus monoklinen Säulen bestehend, die etwas über 100° in ihrem Krystallwasser schmelzen; der Schmelzpunkt des wasserfreien Brucins ist bei 178°. Das mit vier Molekülen Wasser krystallisirende Brucin giebt an trockener Luft sehr leicht wechselnde Mengen dieses Krystallwassers ab. Geruch- und farblos, von sehr bitterem Geschmack. Auf dem Platinblech erhitzt, schmilzt es zunächst und verdampft dann theilweise; gleichzeitig zersetzt sich ein anderer Theil, verkohlt und verbrennt alsdann ohne Rückstand.

Brucin ist in Wasser etwas löslicher als Strychnin; Alkohol und Chloroform lösen reichlich, Aether dagegen löst nur sehr wenig. In mineralsäurehaltigem Wasser ist es als Salz leicht löslich. Aus dieser Salzlösung wird durch Alkalien wie durch Ammoniak die Brucinbase in Freiheit gesetzt, welche im Gegensatze zu Strychnin im Ueberschusse von Ammoniakflüssigkeit zunächst löslich ist und sich erst nach längerem Stehen oder einige Minuten langem Schütteln der Flüssigkeit auszuscheiden beginnt.

Die Ausschüttelung des Brucins geschieht am besten mittelst Chloroform aus der mit Alkali übersättigten Lösung.

Von den allgemeinen Alkaloidfällungsreagentien sind besonders empfindlich:

Jodjodkalium, Quecksilberjodidjodkalium, Kaliumwismuthjodid, Phosphormolybdänsäure, Gerbsäure, Goldchlorid und Platinchlorid. Die gerbsaure Verbindung ist in salzsäurehaltigem Wasser unlöslich.

Kaliumchromat bildet gelbes krystallinisches Brucinchromat, das in Wasser wenig löslich, in Alkohol und in Aether sozusagen unlöslich ist.

Konzentrirte Schwefelsäure löst farblos; Zusatz von wenig Salpeter ruft blutrothe Färbung hervor.

Konzentrirte Salpetersäure giebt blutroth gefärbte Lösung, die allmählich orange und dann gelbe Färbung annimmt. Fügt man der gelb gewordenen Lösung einen Tropfen Zinnchlorürlösung (frisch bereitete) hinzu, so nimmt dieselbe eine höchst intensive violette Färbung an.

Die Reaktion tritt um so schärfer ein, je weniger Salpetersäure man angewendet hat. Die Salpetersäure bildet hierbei aus dem Brucin Kakothelin ($C_{21} H_{22} N_4 O_9$) neben Methylnitrit, Oxalsäure und Kohlensäure. Das erstere Produkt erzeugt mit Zinnchlorür die rothviolette Färbung, wobei sich wahrscheinlich ein Doppelsalz bilden wird.

Die Anwendung des Zinnchlorürs lässt sich durch die von farblosem Schwefelammonium mit gleicher Farbenerscheinung ersetzen. —

Brucin in verdünnter Schwefelsäure (1 : 8) gelöst, mit kleinen Mengen sehr verdünnter Kaliumbichromatlösung versetzt, lässt zunächst himbeerrothe Färbung entstehen, die allmählich, besonders beim Erwärmen, in rothorange, später in braunroth übergeht (Dragendorff).

Versetzt man eine Brucinlösung in flacher Porzellanschale mit geringen Mengen einer Lösung von salpetersaurem Quecksilberoxydul, die nur soviel freie Säure enthält, dass sie die für Brucin charakteristische Rothfärbung nicht erzeugt, und erwärmt, so nimmt die anfangs farblose Lösung allmählich Karminfärbung an, die selbst bei vollständigem Eindunsten der Lösung nicht verschwindet. Der rothe Rückstand kann als analytisches Belegstück dienen (Flückiger).

Chlorwasser ruft in Brucinsalzlösungen eine schöne hellrothe Färbung hervor, die allmählich in blutroth übergeht, zuletzt aber gelb wird (Pelletier).

Ueberschuss an Chlorwasser lässt die Färbung verschwinden, die nach Verflüchtigung eines Theiles des Chlors wieder hervortritt. Es bilden sich hierbei Chlorsubstitutionsprodukte des Brucins, die von den analogen Strychninverbindungen getrennt werden können. Unterwirft man das Gemisch dieser beiden Alkaloide der Behandlung mit Chlorwasser, so geht Brucin in Form des leicht löslichen Dichlorbrucins in Lösung, worauf mit dem zurückbleibenden Strychninsalz durch Schwefelsäure und Kaliumbichromat die bekannte violette Färbung erzeugt werden kann, welche mit Gemischen von Strychnin und Brucin nicht so deutlich hervorzurufen ist (Beckurts).

Besser jedoch gelingt die Trennung in Form der ferrocyanwasserstoffsauren Salze. Ferrocyanwasserstoffsaures Brucin ist wasserlöslich; das analoge Strychninsalz unlöslich (siehe Trennungsmethoden Seite 62).

Erdmann's Reagens Fröhde's Reagens	färben zunächst roth, worauf allmählich gelbe Nüancen eintreten.
Mandelin's Reagens Kundrath's Reagens	(Vanadinhaltige Schwefelsäure) rufen gelbrothe bis orange bis blutrothe Färbung hervor.

Curarin. $C_{10}H_{15}N$ (Preyer). $C_{18}H_{35}N$ (Sachs).

Curarin ist der voraussichtlich wichtigste Bestandtheil des unter den Namen Curare und Urari bekannten Pfeilgiftes. Die chemisch wirksamen Bestandtheile dieses extraktförmigen Pfeilgiftes sind noch nicht sämmtlich genau präcisirt, weshalb auch die Zusammensetzung des Curarins noch nicht endgültig festgestellt ist. Es ist anzunehmen, dass zur Bereitung dieses Pfeilgiftes mehrere Strychnosarten benutzt werden, von denen Strychnos toxifera und Strychnos Gubleri zu nennen sind.

Eigenschaften: In reinstem Zustande farblose, vierseitige, sehr hygroskopische Prismen; in gerichtlichen Fällen nur selten in solch' reinem Zustande zu gewinnen. In Wasser und Alkohol leicht, in Chloroform wenig, dagegen in alkoholhaltigem Chloroform reichlich löslich; in Aether und in Petroläther unlöslich.

Die Isolirung des Curarins stösst insofern auf Schwierigkeiten, als die Ausschüttelung dieses Alkaloides mittelst Aether nicht gelingt. Man extrahirt daher die auf Alkaloide anderer Art bereits untersuchte Masse, bezüglich den Verdunstungsrückstand der alkoholischen Extraktion, mit alkoholhaltigem Chloroform oder reinem Alkohol und reinigt das durch Verdunstung dieses Lösungsmittels gewonnene Produkt mit reinem Alkohol (vergl. hierzu den allgemeinen Isolirungsgang Seite 48, 52, 53).

Von den allgemeinen Alkaloidfällungsreagentien sind besonders Pikrinsäure und Goldchlorid empfindlich.

Konzentrirte Schwefelsäure giebt blassviolette Färbung, die nach einiger Zeit schmutzig röthlich und nach etwa fünf Stunden rosenroth wird. Die Reaktion gelingt am sichersten, wenn man die wässerige Lösung des Curarins mit Schwefelsäure versetzt und im Wasserbade eindampft.

Fügt man der Lösung in konzentrirter Schwefelsäure doppeltchromsaures Kalium in kleinen Krystallen hinzu, so erhält man die für Strychnin charakteristischen Reaktionen (siehe dort Seite 106), die bei Curarin sehr beständiger Art sind.

Salpeterhaltige Schwefelsäure löst anfangs violett-bräunlich, später rein violett.

Vanadinhaltige Schwefelsäure färbt violettroth.

Konzentrirte Salpetersäure giebt purpurrothe Lösung (Dragendorff).

Erdmann's Reagens: violett-bräunlich, später violett,

Fröhde's Reagens: von Anfang an violett färbend.

Da fast sämmtliche Farbenreaktionen nicht absolut zuverlässig sind, so ist das physiologische Experiment behufs Nachweis des Curarins unerlässlich. Es verursacht Lähmung in den intramuskulären Endigungen der motorischen Nerven. Die subkutane Injektion bei Fröschen lässt Stillstand der Athembewegungen und aller willkürlichen Bewegungen des Rumpfes und der Glieder eintreten, während die Pulsationen des Herzens, auch die peristaltischen Bewegungen des Darmes und die Reaktionsfähigkeit der Muskeln gegenüber elektrischer Reize fortdauern. Die Pupillen zeigen sich bei mit Curarin infizirten Thieren regelmässig erweitert. —

Aus dem Curare hat man ausser Curarin noch einen anderen Bestandtheil isolirt und dessen Eigenschaften annähernd dargelegt. Es ist dies das

Curin $C_{18}H_{19}NO_3$, ein weisses, krystallinisches Pulver, das indessen ungiftig ist und zum Unterschiede von Curarin durch konzentrirte Schwefelsäure nicht gefärbt wird. Fügt man der Lösung in Schwefelsäure wenig Kaliumbichromat in Substanz hinzu, so tritt Schwarzfärbung ein.

Vanadinhaltige Schwefelsäure löst mit tiefschwarzer, allmählich in blau und dann in hellroth übergehender Farbe.

Atropin. $C_{17}H_{23}NO_3$.

Vorkommen: Neben anderen Alkaloiden (Hyoscyamin, Hyoscin) in Atropa Belladonna (Tollkirsche) und Datura Stramonium (Stechapfel). Es entsteht in den meisten Fällen durch molekulare Umwandlung des Hyoscyamins; nur mehrjährige, frische Belladonnawurzel scheint auch Atropin präformirt neben Hyoscyamin zu enthalten.

Eigenschaften: Locker zusammenhängende, nadelförmige, farb- und geruchlose Krystalle, von bitterem Geschmack. Schmelzpunkt 115—115,5^{0}. Ueber den Schmelzpunkt erhitzt, findet theilweise Sublimation, theilweise aber auch vollständige Zersetzung statt. In kaltem Wasser wenig, in erwärmtem Wasser besser löslich zu einer Flüssigkeit, die alkalische Reaktion besitzt. Alkohol, Chloroform und Amylalkohol lösen reichlich, Aether und Benzol weniger gut, Pretroläther fast gar nicht. In säurehaltigem Wasser als Salz leicht löslich; Ammoniak scheidet die Alkaloidbase aus, die sich im Ueberschusse des Ammoniaks von neuem löst.

Aether vermag der sauren wässerigen Lösung des Atropins beim Schütteln geringe Mengen des Alkaloids zu entziehen. Die Ausschüttelung wird am besten aus schwach alkalischer Flüssigkeit mittelst Chloroform vollzogen. Die Gegenwart einer grösseren Menge von Metallhydroxyden ist zu vermeiden, da das Atropin unter dem Einflusse dieser eine Zersetzung zu Tropin und Tropasäure erleidet, welch' letztere bei längerer Einwirkung des Reagens unter Verlust von einem Molekül Wasser in Atropasäure und Isatropasäure verwandelt wird.

Atropin vermag sich mit heissen Wasserdämpfen in geringer Menge zu verflüchtigen.

Von den allgemeinen Alkaloidfällungsreagentien sind besonders Phosphormolybdänsäure und Jodjodkalium empfindlich. Die gerbsaure Verbindung ist in salzsäurehaltigem Wasser leicht löslich.

Konzentrirte Schwefelsäure:	lösen kalt farblos;
Konzentrirte Salpetersäure:	die schwefelsauren Lö-
Fröhde's Reagens:	sungen werden beim Er-
Erdmann's Reagens:	wärmen braun.

Mandelin's Reagens (Vanadinhaltige Schwefelsäure): färbt roth, dann gelbroth, nach einiger Zeit nur gelb.

Die Marquis'schen Reagentien erzeugen nach einiger Zeit Gelbfärbung.

Wenig Atropin oder Atropinsalz im trockenen Reagenscylinder vorsichtig bis zum Auftreten weisser Nebel erhitzt, lässt einen eigenthümlichen Geruch erkennen, der nach Einigen an Orangeblüthen, nach Anderen an Bittermandelöl oder Schlehenblüthen erinnern soll. Dieser Geruch tritt noch deutlicher auf, wenn man kurz nachdem das Atropin geschmolzen ist und das Gefäss sich mit weissen, wollig sich verdichtenden Nebeln zu füllen beginnt, ca. 1 ccm konzentrirte Schwefelsäure zufügt, bis zur beginnenden Bräunung erwärmt und alsdann mit etwa 2 ccm Wasser verdünnt. Fügt man zu der heissen Mischung etwas Kaliumbichromat, Kaliumpermanganat oder molybdänsaures Ammonium, so ist speziell der Geruch nach Bittermandelöl noch deutlicher wahrzunehmen (Kraut, Gulielmo, Reuss, Pfeiffer). Bei dieser Reaktion tritt eine Spaltung des Atropins in Tropin und Atropasäure ein; der Geruch soll von den Dämpfen der hierbei sich verflüchtenden Atropasäure herrühren.

Löst man in wenig rauchender Salpetersäure, dampft in einem flachen Porzellanschälchen auf dem Wasserbade ein und übergiesst den erkalteten, schwach gelblichen Rückstand mit einigen Tropfen alkoholischer Alkalihydroxydlösung, so tritt eine prachtvoll violette Färbung ein, die allmählich in Kirschroth übergeht (Vitali). Veratrin giebt unter gleichen Bedingungen einen gelben Rückstand, der durch alkoholische Alkalihydroxydlösung orangeroth gefärbt wird (Beckmann). Mit alkoholischer Quecksilberchloridlösung erwärmt, entsteht ein gelber, dann ziegelrother Niederschlag von Quecksilberoxyd (Gerrard, Schweissinger).

Für den Nachweis des Atropins in gerichtlichen Fällen ist das physiologische Experiment von grosser Bedeutung. Selbst in der stark verdünnten wässerigen Lösung rufen Atropin und seine Salze, auf das Auge applizirt, eine lang andauernde Erweiterung der Pupille hervor. Nach Donders tritt diese Pupillenerweiterung noch durch einen Tropfen einer Lösung von 1 Theil Atropin in 130000 Theilen Wassers ein. Nach Feddersen wird die Pupille des Menschenauges noch durch zwei Zehntausendstel Milligramme Atropin erweitert.

Atropin, innerlich eingegeben, wird vom Organismus schnell resorbirt; im Harn findet sich nach Kratter unverändertes Alkaloid wieder, was bei gerichtlich-chemischen Untersuchungen von Wichtigkeit ist.

Atropin soll der Fäulniss lange Zeit zu widerstehen vermögen und daher noch in Monate alten Leichen sich unverändert vorfinden.

Hyoscyamin. $C_{17}H_{23}NO_3$.

Vorkommen: In Hyoscyamus niger (Bilsenkraut), Duboisia myoporoides, Scopolia atropoides, Anisodus luridus, Atropa Belladonna, Datura Stramonium, sowie in ganz geringer Menge in Lactuca virosa und L. sativa.

Eigenschaften: Isomer mit Atropin. Farblose, feine, lange, nadelförmige Krystalle, die bei 108,5^0 schmelzen. In kaltem Wasser schwer, in heissem etwas leichter löslich; die wässerige Lösung reagirt stark alkalisch. Alkohol, Aether und Chloroform lösen leicht.

In seinen Reaktionen unterscheidet es sich von Atropin nur wenig. Die Einwirkung von Alkalien wie die von Säuren führt zu denselben Spaltungsprodukten wie die bei Atropin beobachteten. Desgleichen rufen konzentrirte Schwefelsäure, Salpetersäure, alkoholische Alkalilauge und alkoholische Quecksilberchloridlösung dieselben Farbenerscheinungen hervor wie mit Atropin, und auch das physiologische Experimeut giebt dasselbe Resultat wie Atropin.

Zur Unterscheidung dieser beiden Alkaloide kann jedoch das verschiedenartige Verhalten der Goldchlorid-, wie das der Platinchloriddoppelsalzverbindung, sowie der schon oben angegebene Schmelzpunkt der reinen Base, benutzt werden. Zur Uebersicht seien folgend gleichzeitig die für beide Alkaloide in Betracht kommenden analytischen Zahlen angegeben.

	Hyoscyamin	Atropin
Schmelzpunkt	108,5°	115 — 115,5°
Schmelzpunkt der Goldchlorid-Doppelsalzverbindung	159—160° Die Krystalle vermögen in kochendem Wasser nicht zu schmelzen.	135—137° Die Krystalle schmelzen in kochendem Wasser.
Platinchlorid-Doppelsalzverbindung	Krystallisirt: rhombisch.	Krystallisirt: monoklin.

Aconitin.

Vorkommen: In den verschiedenen Aconitumarten, namentlich in Aconitum Napellus.

Eigenschaften: In reinem Zustande weisse, krystallinische, bitter schmeckende Masse, deren chemische Zusammensetzung noch nicht endgültig festgestellt ist, daher auch der Schmelzpunkt verschieden angegeben wird. (Duquesnel: 140°, Jürgens: 179°, Ehrenberg und Purfürst: 194°, Freund: 197—198°, Dunstan und Jnce: 188,5°, Wright: 183—184°). In Petroläther fast unlöslich, in Wasser wenig löslich, hingegen leicht löslich in Aether, Alkohol, Chloroform, Benzol. In heissem Wasser erweichend und zu einer nach dem Erkalten hart erscheinenden Masse zusammenfliessend. Die wässerige Lösung reagirt alkalisch und zerfällt nach Ehrenberg und Purfürst leicht in Pikraconitin, Napellin und Aconin. Nimmt man die von diesen Autoren angenommene Formel des Aconitins als Ausgangsprodukt, so lässt sich der Zerfall in folgenden Gleichungen wiedergeben:

$$\underset{\text{Aconitin}}{C_{32}H_{43}NO_{11}} + H_2O = \underset{\text{Pikraconitin}}{C_{25}H_{39}NO_{11}} + C_7H_6O_2$$

$$C_{25}H_{39}NO_{11} + H_2O = \underset{\text{Napellin}}{C_{24}H_{37}NO_{10}} + CH_3\,OH$$

$$C_{24}H_{37}NO_{10} + H_2O = \underset{\text{Aconin}}{C_{22}H_{35}NO_9} + C_2H_4O_2$$

Pikraconitin und Aconin sind weit weniger giftig als Aconitin, welch' letzteres als eines der am heftigsten wirkenden Gifte angesehen werden kann.

Die Ausschüttelung kann aus saurer, wie aus alkalischer Flüssigkeit erfolgen. Aus saurer Lösung geht es in Chloroform über, während Aether dieser nur ganz geringe Mengen zu entziehen vermag. Aus alkalischer Lösung sowohl in Chloroform wie in Aether übertretend.

Von den allgemeinen Alkaloidfällungsreagentien reagiren hauptsächlich scharf: Phosphormolybdänsäure, Jodjodkalium, Kaliumwismuthjodid und Quecksilberjodidjodkalium; hingegen rufen Platinchlorid und Pikrinsäure nur in konzentrirten Lösungen quantitative Abscheidung hervor. Die gerbsaure Verbindung ist in salzsäurehaltigem Wasser nahezu unlöslich.

Bei der Isolirungsarbeit beachte man, dass sich das Aconitin sowohl unter dem Einflusse starker Basen (Alkalien), wie unter dem von Mineralsäuren leicht zu zersetzen vermag.

Im Handel kommen deutsche, französische und englische Präparate vor, die sich gegenüber Reagentien theilweise verschieden verhalten.

Konzentrirte Schwefelsäure ergiebt gelblich gefärbte Lösung, die allmählich gelbrothe, dann rothbraune und schliesslich violette Färbung annimmt (Dragendorff).

Konzentrirte Salpetersäure löst farblos,

Erdmann's Reagens } färben anfangs blassgelb, dann deutlich gelb.
Fröhde's Reagens }

Uebergiesst man Aconitin in einem flachen Porzellanschälchen mit 1 bis 2 ccm wässriger Phosphorsäure und verdampft die damit gewonnene Lösung auf dem Wasserbade, so tritt bei einer gewissen Konzentration violette Färbung ein (Herbst).

Nach J. Otto kann man auch in folgender Weise verfahren: Man übergiesst das Alkaloid in einem Schälchen mit 1 bis 2 ccm Phosphorsäure und hält das Schälchen mit der linken Hand über eine sehr kleine Flamme. Durch fortwährendes Bewegen des Schälchens befördert man die Verdampfung. Sobald ein röthlicher oder bräunlicher Anflug oben am Schälchen sich zu zeigen beginnt, hält man dasselbe höher, sodass die Verdampfung langsam fortschreitet, und rührt nun mit einem Stäbchen fortwährend, bis die violette Färbung erscheint.

Der Versuch gelingt auch mit verdünnter Schwefelsäure, doch ist die Anwendung der Phosphorsäure vorzuziehen.

Delphinin und Digitalin geben ähnliche Reaktionen.

Diese Reaktionen pflegen nur dem im Handel befindlichen deutschen Aconitin eigen zu sein, während das reine Aconitin sich Schwefelsäure gegenüber farblos verhält und auch nicht die mit Phosphorsäure in der Wärme erzeugte Reaktion giebt. Ausserdem ist der bittere Geschmack dem reinen Aconitin nicht eigen. Es scheint also in der als deutsches Aconitin bezeichneten Handelsmarke ein als Verunreinigung zu benennender Bestandtheil vorhanden zu sein, für den die oben angeführten Reaktionen spezifisch sind.

Das im Handel befindliche englische Aconitin zeigt die Phosphorsäurereaktion ebenfalls nicht; es unterscheidet sich vom deutschen Aconitin wesentlich dadurch, dass es, mit Alkali geschmolzen: Protocatechusäure ergiebt, während deutsches Aconitin und auch das reine Aconitin unter gleichen Bedingungen Benzoësäure, aber keine Protocatechusäure liefert. Die letztere lässt sich durch die Reaktionsfähigkeit mit Eisenchlorid (blaugrün, bald rein blau, dann allmählich braun werdend) erkennen.

Da in Anbetracht der verschiedenartigen Zusammensetzung und der dadurch bedingten verschiedenartigen Reaktionsfähigkeit der im Handel befindlichen Aconitinsorten, Farbenreaktionen nur von untergeordneter Bedeutung sind, so bildet hier das physiologische Experiment (lähmende Wirkung) eine unentbehrliche Ergänzung zur chemischen Untersuchung.

Aconitin gelangt im Harn und im Speichel unzersetzt zur Ausscheidung.

Delphinin.

Vorkommen: In Delphinium Staphisagria (Stephanskörner) neben anderen Alkaloiden (Staphisagrin, Delphisin, Delphinoïdin).

Eigenschaften: Die im Handel unter dem Namen Delphinin befindlichen Präparate stellen zumeist kein einheitliches Produkt dar, sondern bilden ein Gemenge von amorphen Basen, das einige charakteristische Reaktionserscheinungen zeigt, während diese dem reinen Delphinin nicht zukommen. Die Litteraturangaben über Delphinin variiren. Nach den Einen kommt dem reinen Präparate die chemische Zusammensetzung $C_{22}H_{35}NO_6$ zu, nach Anderen $C_{31}H_{49}NO_7$. Der Schmelzpunkt für ersteres Präparat wird bei 120°, derjenige für letzteres bei 191,8° angegeben.

Das von einer renommirten deutschen Firma bezogene, als „purissimum“ bezeichnete Präparat stellte eine schwach gelblich bis weiss erscheinende amorphe Substanz dar, welche in kaltem Wasser sozusagen unlöslich, in heissem Wasser nur wenig löslich war. In angesäuertem Wasser vollzieht sich die Lösung in der Wärme allmählich. Wässerige Gerbsäurelösung ruft selbst in sehr verdünnten Lösungen des Delphinins einen Niederschlag hervor, der weder in überschüssiger Gerbsäure, noch in Salzsäure oder Schwefelsäure löslich ist, sich aber in Glycerin sehr leicht löst. Mittelst Alkali ist das Delphinin aus allen seinen Lösungen, so auch aus seiner Lösung in Glyceringerbsäure fällbar. Aether, Alkohol, Benzol und Chloroform lösen Delphinin in reichlicher Menge; Chloroform entzieht der sauren Lösung das Alkaloid in einer Menge, welche beim analytischen Gange der Untersuchung auf giftige Alkaloide wohl zu berücksichtigen ist; der Hauptheil des gelösten Delphinins geht aber erst nach Alkalischmachen der Flüssigkeit in jenes über. Aether und auch Benzol entziehen der sauren Delphininlösung kein Alkaloid, was zur Trennung des Delphinins von einer Anzahl anderer Giftstoffe benutzt werden kann.

Phosphormolybdänsäure, Jodjodkalium, Quecksilberjodidjodkalium, Quecksilberchlorid und Kaliumwismuthjodid sind gegenüber Delphinin sehr empfindlich.

Mit konzentrirter Schwefelsäure übergossen, giebt Delphinin eine je nach Menge des angewandten Alkaloids braun bis himbeerroth gefärbte Lösung. Verdünnt man diese mit Wasser, so resultirt eine schwach grün gefärbte, deutlich fluorescirende Lösung.

Die Färbung der Lösung des Delphinins in Schwefelsäure unter Zusatz von wenig Bromwasser, welche in anderen Lehrbüchern mit „violette, allmählich kirsch- oder blutroth werdende Färbung“ bezeichnet und mit der durch Digitalin unter denselben Verhältnissen hervorgerufenen Färbung verglichen wird, scheint mir nicht von Brom herzurühren, sondern lediglich durch die Schwefelsäure bewirkt zu sein, da Menge und Zeitdauer der Einwirkung der Schwefelsäure der Delphininlösung braune bis hellrothe Nüance verleiht.

Fröhde's Reagens löst mit dunkelbrauner, schnell in dunkelroth übergehender Farbe.

Mandelin's Reagens (Vanadinhaltige Schwefelsäure) färbt rothbraun bis braun.

Konzentrirte Phosphorsäure giebt bräunlich-gelbe Lösung mit grüner Fluorescenz.

Auch diese letztgenannten drei Reaktionen kommen nicht dem reinen Delphinin zu, sondern sind hauptsächlich hervorgerufen durch Gegenwart von Delphinoïdin.

Emetin.

Emetin ist der wirksamste Bestandtheil der im Handel vorkommenden Sorten Ipecacuanhawurzeln und findet sich namentlich in der von Cephaëlis Ipecacuanha stammenden Wurzel.

Eigenschaften: Die im Handel befindlichen Sorten Emetin stellen keine einheitliche Substanz dar: die chemische Zusammensetzung wurde angegeben von Reich: $C_{40}H_{30}N_2O_{10}$; Lefort: $C_{60}H_{44}N_2O_{16}$; Wurtz: $C_{28}H_{40}N_2O_5$; Glenard: $C_{15}H_{22}NO_2$; am meisten Anspruch auf Richtigkeit dürfte die von Kunz-Krause als $C_{30}H_{40}N_2O_5$ angegebene besitzen. In reinem Zustande ist das Alkaloid als weisse Blättchen oder als krystallinisches Pulver bekannt. Wasser, Petroläther und Benzol lösen nur spurenweise, Alkohol, Aether, Chloroform, Schwefelkohlenstoff hingegen lösen reichlich. Schmelzpunkt 68°. Die wässerige Lösung zeigt alkalische Reaktion, besitzt bitteren und kratzenden Geschmack und übt eine stark brechenerregende Wirkung aus.

Die Salze sind wasserlöslich. Die Ausschüttelung des Alkaloids wird aus alkalischer Flüssigkeit durch Schütteln mit Amylalkohol, Aether, oder besser mit Chloroform bewirkt.

Die allgemeinen Alkaloidfällungsreagentien sind empfindlich.

Konzentrirte Schwefelsäure: ergiebt farblose Lösung.

Fröhde's Reagens: färbt braun. Mischt man einige Tropfen konzentrirte Salzsäure zu, so tritt Blaufärbung ein (Podwyssotzki).

Diese Reaktion soll leider nicht dem Emetin allein, sondern auch noch anderen Alkaloiden zukommen.

In den Fällen, in denen das Emetin in nicht ganz reinem Zustande isolirt wurde, erhält man nach Dragendorff durch Behandlung mit Fröhde's Reagens eine schön roth gefärbte Lösung, die bald in braungrün umschlägt.

Erdmann's Reagens giebt mit diesem unreinen Präparate grüne, später in gelb übergehende Lösung. —

Beim Nachweise des Emetins in gerichtlichen Fällen sollte jeweilig unbedingt auch das physiologische Experiment angestellt werden. Veratrin theilt mit Emetin die brechenerregende Wirkung, doch ist Unterscheidung wie auch Trennung dieses Alkaloides von Emetin durch das chemische Verhalten gegeben.

Veratrin.

Vorkommen: In den Samen von Veratrum Sabadilla, sowie in der Wurzel von Veratrum album neben einigen anderen, wenig untersuchten Alkaloiden.

Eigenschaften: Das käufliche und in den Apotheken benutzte Präparat ist ein inniges Gemisch von Cevadin (krystallisirtes Veratrin) $C_{32}H_{49}NO_9$ und dem damit isomeren Veratroïdin (wasserlösliches Veratrin).

Es erscheint zumeist als mehr oder weniger rein weisses, nicht selten in kleinen Massen zusammengebackenes Pulver, oder wohl auch als kleine, verwitterte prismatische Krystalle. Der Geschmack ist brennend scharf, doch nicht bitter. Sehr charakteristisch ist die stark Niesen erregende Wirkung auf die Nasenschleimhaut, welche schon mit Spuren seines Staubes eintritt. Schmelzpunkt 150 bis 155^0. Der eine Bestandtheil, das Cevadin, ist wasserunlöslich, der andere, das Veratroïdin, ist wasserlöslich; die Gegenwart des ersteren im Veratroïdin vermindert aber die Löslichkeit dieses Alkaloides ganz wesentlich. Das Handelspräparat ist daher in Wasser nur wenig löslich; Alkohol, Aether und besonders Chloroform lösen hingegen reichlich, weit weniger Amylalkohol. Von säurehaltigem Wasser wird es leicht gelöst und aus dieser Lösung durch Ammoniak oder verdünnte Alkalilösung gefällt; die Fällung kann jedoch nur durch Erhitzen der Flüssigkeit zu einer quantitativen gestaltet werden, da Veratrin in frisch gefälltem Zustande in Wasser nicht unerheblich löslich ist.

Aus saurer Lösung in Aether, Benzol, Chloroform in geringer Menge übergehend; leicht und vollständig jedoch ausschüttelungsfähig aus alkalischer Flüssigkeit durch Aether oder Chloroform.

Die allgemeinen Alkaloidfällungsreagentien sind sehr empfindlich; die gerbsaure Verbindung ist in salzsäurehaltigem Wasser unlöslich.

Mit konzentrirter Schwefelsäure vermengt, tritt zunächst Gelbfärbung ein, welche sehr schnell in orange, dann blutroth übergeht. Das Eintreten dieser dunkelrothen Färbung wird durch Erwärmen beschleunigt.

Auch eine mit etwas Wasser verdünnte Schwefelsäure ruft diese dunkelrothe Färbung hervor, sobald das Gemisch der Einwirkung von Wärme ausgesetzt wird.

Erdmann's Reagens:
Fröhde's Reagens:
sowie die
Marquis'schen Reagentien:
rufen ähnliche Farbenerscheinungen hervor, wie die durch konzentrirte Schwefelsäure bewirkte.

Mandelin's Reagens (Vanadinhaltige Schwefelsäure): färbt gelb; es tritt alsbald Umschlag in orange-, hierauf in blutroth ein, und nach längerer Zeit entsteht Carmoisinrothfärbung.

Konzentrirte Salpetersäure ergiebt Gelbfärbung.

Mit 1 bis 2 ccm rauchender Salzsäure erwärmt, entsteht eine kirschroth gefärbte Lösung (Trapp), welche nach Angabe einiger Chemiker fluoresciren soll.

Vermischt man eine geringe Menge des Alkaloids mit der etwa sechsfachen Menge Rohrzucker und verreibt das Gemisch in einem Porzellanschälchen mit wenigen Tropfen konzentrirter Schwefelsäure, so nimmt die anfänglich schwach gelb gefärbte Mischung vom Rande aus eine charakteristische grasgrüne Färbung an, die allmählich in blau umschlägt. Diese Blaufärbung wird beschleunigt durch Zusatz von ganz wenig Wasser (Weppen).

Laves ersetzt den Zucker durch Furfurol und lässt in folgender Weise arbeiten:

In einem trockenen Reagensglase werden 3—4 Tropfen einer wässerigen 1 %igen Furfurollösung mit 1 ccm konzentrirter Schwefelsäure vermischt und hiervon 3—4 Tropfen auf die zu prüfende Substanz gebracht, so dass letztere am Rande der Flüssigkeit liegt. Ist Veratrin vorhanden, so zieht sich von der Substanz aus allmählich ein dunkler Streif durch die furfurolhaltige Säure, welche nach vorn zu dunkelgrün, am Ausgangspunkt blau bis blauviolett erscheint. Mischt man, so färbt sich die Flüssigkeit dunkelgrün, während nach einiger Zeit, schneller beim Erwärmen, blaue und schliesslich violette Färbung eintritt.

Die bei Atropin angegebene Reaktion nach Vitali: Abdampfen mit rauchender Salpetersäure und Behandlung des gelblichen Rückstandes mit alkoholischer Alkalihydroxydlösung, ruft bei Veratrin violette, dann kirschrothe Färbung hervor (Beckmann).

Cocaïn. $C_{17}H_{21}NO_4$.

Vorkommen: In den Blättern von Erythroxylon Coca neben einer Reihe anderer Alkaloide.

Eigenschaften: Grosse, farblose Prismen des monoklinen Systems. Geschmack bitterlich, die Zungennerven vorübergehend betäubend, fast gefühllos machend. Schmelzpunkt 98°. In Wasser etwas löslich (1 : 700), hingegen in Alkohol, Aether, Chloroform, Essigäther leicht löslich. Es löst sich ferner in säurehaltigem Wasser und bildet meist leicht krystallisirbare Salze, welche auch von Alkohol reichlich aufgenommen werden und den Geschmack der freien Base und ihre eigenthümliche Wirkung auf die Zungennerven in verstärktem Grade zeigen (Niemann, Lossen). Ausschüttelungsfähig aus alkalischer Lösung durch Petroläther, Aether, wie durch Chloroform.

Gegenüber den allgemeinen Alkaloidfällungsreagentien sehr empfindlich.

Konzentrirte Schwefelsäure löst farblos; beim Erhitzen tritt Spaltung zunächst in Benzoylecgonin und Methylalkohol, sodann in Ecgonin, Benzoësäure und Methylalkohol ein (Paul, Einhorn, Calmels, Lossen). Die sich dabei entwickelnde Benzoësäure verdichtet sich an den Gefässwandungen. In der Flüssigkeit zurückbleibende Benzoësäure scheidet sich beim Erkalten ab, besonders nach Zusatz von wenig Wasser.

Man kann die Benzoësäure auch mittelst Aether ausschütteln und im Verdunstungsrückstande dieses Lösungsmittels charakterisiren.

Die Marquis'schen Reagentien geben mit Cocaïn keinerlei Farbenerscheinung.

Etwas Cocaïnsalzlösung mit Chlorwasser und hierauf mit wenigen Tropfen einer 5%igen Palladiumchlorürlösung versetzt, liefert einen schön rothen Niederschlag, der in Alkohol und in Aether unlöslich, in Thiosulfatlösung löslich ist (Geither).

In konzentrirter Cocaïnlösung entsteht bei tropfenweisem Zusatz von Kaliumpermanganatlösung (1 : 100) Abscheidung von Cocaïnpermanganat in Form violetter Blättchen (Giesel).

In mit Salzsänre oder Schwefelsäure angesäuerter Cocaïnlösung entsteht durch Zusatz von Alkalichromatlösung das in glänzenden, orangegelben Blättchen sich ausscheidende Cocaïnchromat.

Das Cocaïn bewirkt lokale Anästhesie, was beim gerichtlichen Nachweise dieses Alkaloides durch das physiologische Experiment konstatirt werden kann. Es wirkt zunächst erregend, dann deprimirend auf die Nervencentra; die reflektorische Thätigkeit des Rückenmarkes wird erhöht und die von hier zum Auge gehenden Sympathikusfasern erfahren eine Reizung (Durdafi).

Opiumalkaloide.

Das Opium, der eingetrocknete Milchsaft von Papaver somniferum, enthält eine grosse Zahl von Alkaloiden, unter denen für gerichtliche Fälle hauptsächlich in Betracht kommen und in diesem Buche zur Besprechung gelangen werden: Morphin, Narcotin, Codeïn, Papaverin, Thebaïn und Narceïn.

Ausser Alkaloiden enthält dieser Milchsaft noch zwei indifferente Verbindungen gelöst, das Meconin und das Meconoiosin, sowie organische Säuren, unter denen die Meconinsäure in der gerichtlichen Analyse eine Rolle zu spielen im Stande ist, und endlich in stetig wechselnden Mengen: Pectinkörper, Eiweisssubstanz, Zuckerarten, Gummi, Fette, Harze, Kautschuk, Mineralsalze u. a. m.

Der Uebersicht halber sei folgend eine Zusammenstellung der wichtigeren Opiumbestandtheile in annähernd prozentualen Verhältnissen gegeben:

Morphin 10—14 %,
Narcotin 4—8,
Papaverin 0,5—1,
Thebaïn 0,3—1,
Narceïn 0,1—0,4,
Codeïn 0,2—0,5,
Paramorphin, Rhoeadin, Meconin } 0,001—0,3,
Meconsäure 5—8,

Fettsubstanz 1—3,
kautschukartige Substanz 3—8,
Harz 2—6,
wasserlösliches Pflanzenextrakt 25—35,
schleimartige Substanz 10—20,
Feuchtigkeit 10—15.

Diese Zahlen unterliegen indessen grossen Schwankungen.

Es sei auch darauf hingewiesen, dass von der Gesammtmenge der im Opium enthaltenden Alkaloide folgende chemisch eingehender untersucht worden sind:

Morphin, Codeïn, Thebaïn, Codamin, Laudanin, Laudanosin, Papaverin, Meconidin, Lanthopin, Papaveramin, Rhoeadin, Narcotin, Narceïn, Guoskopin, Tritopin.

In Fällen, in denen es sich um den **Nachweis des Opiums** handelt, z. B. in solchen, in denen ein oder mehrere im Opium enthaltende Alkaloide aufgefunden wurden und eine Vergiftung mit Opium vermuthet werden kann, ist die Isolirung und Charakterisirung des Meconins und der Meconsäure von grossem Vortheile. Dieselbe möge an dieser Stelle erörtert werden:

Meconin $C_{10}H_{10}O_4$ (das Lacton der Meconinsäure) bildet in reinem Zustande glänzende farblose Nadeln, die bei 102,5° schmelzen und in kaltem Wasser schwer löslich sind, hingegen in heissem Wasser, sowie in Alkohol und in Aether sich leicht zu lösen vermögen. Aetzalkalien lösen es auf zu Salzen der in freiem Zustande nicht bekannten Meconinsäure $C_{10}H_{12}O_5$.

Die Isolirung kann durch Extraktion des Untersuchungsmaterials mittelst schwefelsäurehaltigen Wassers bewirkt werden. Beim Schütteln der sauren wässerigen Lösung mit Benzol geht es in dieses über und giebt sich im Verdunstungsrückstande der Benzollösung zu erkennen durch die Grünfärbung nach der Behandlung mit Schwefelsäure und daraufffolgende Rothfärbung dieser Lösung innerhalb 24 bis 48 Stunden.

Meconsäure (Oxypyrondicarbonsäure $C_6H_4O_7$) krystallisirt in reinem Zustande in farblosen Blättchen, die in kaltem Wasser, sowie in Aether schwer löslich, leichter löslich in heissem Wasser und in Alkohol sind.

Behufs Isolirung extrahirt man das Untersuchungsmaterial mit Alkohol, welcher etwas Salzsäure enthält. Die alkoholische Lösung wird verdunstet und der Rückstand mit Wasser aufgenommen. Diese wässerige Lösung wird filtrirt und alsdann mit überschüssigem Magnesiumoxyd oder Magnesiumcarbonat gekocht. Es entsteht lösliches meconsaures Magnesium. Uebersättigt man diese Lösung mit Salzsäure und mischt ihr alsdann Eisenoxydsalzlösung, z. B. eisenchloridhaltige Flüssigkeit hinzu, so entsteht eine intensiv blutrothe Färbung. Zusatz von Salzsäure oder Erhitzen bringt die Färbung nicht zum Verschwinden — Unterschied von der durch Essigsäure mit Eisenchlorid entstehenden Färbung —, auch nicht Zusatz von Goldchlorid — Unterschied von Rhodanverbindungen —; hingegen heben desoxydirende Mittel die Färbung mehr oder weniger schnell auf. Eisenoxydulsalze geben daher mit Meconsäure keine Färbung.

Diese Reaktion mit Eisenchlorid zeigt auch die Komensäure $C_6H_4O_5$, ein Spaltungsprodukt der Meconsäure, das aus dieser neben Kohlensäure beim Kochen mit Wasser oder Salzsäure resultirt.

Bleiacetat erzeugt mit Lösungen der Meconsäure oder der meconsauren Alkalien einen weissen, in Wasser und in Essigsäure unlöslichen Niederschlag;

Silbernitrat ruft in den Lösungen der meconsauren Alkalien eine weisse, beim Erwärmen sich citronengelb färbende Abscheidung hervor, die in Wasser und in Essigsäure unlöslich, hingegen in verdünnter Salpetersäure löslich ist.

Morphin $C_{17}H_{19}NO_3 + H_2O$.

Kleine, farblose, spiessige Krystalle oder krystallinisches Pulver, ohne Geruch, aber von stark bitterem Geschmack. Beim Erhitzen auf 110° das Krystallwasser verlierend, höher erhitzt bei 230° schmelzend. Bei sehr vorsichtiger Erhitzung lässt sich das Morphin sublimiren; rasch über den Schmelzpunkt erhitzt erfolgt jedoch Zersetzung.

In Wasser etwas löslich (kalt 1:1000, bei 100° 1:400—500); die Lösung reagiert alkalisch. Aether, Benzol, sowie Essigäther lösen das krystallisirte Morphin nicht oder in nur ganz geringen Mengen, vermögen hingegen das amorphe, frisch gefällte Alkaloid in nicht unerheblicher Menge in sich aufzunehmen. Besser lösen Chloroform (1:100) und Amylalkohol. Reichlich löst Alkohol (1:30—40). In säurehaltigem Wasser zu Salzen leicht löslich und hieraus mittelst Ammoniak oder Alkalien fällbar, anfangs in amorphem, alsbald aber krystallinisch werdendem Zustande. Es ist zu beachten, dass Ammoniak wie auch Aetzalkalien und alkalische Erden im Ueberschusse angewendet, die frisch gefällte Morphinbase zu lösen vermögen; aus dieser Lösung ist die Alkaloidbase durch Zusatz von Chlorammonium, wie auch schon durch Kohlensäurezufuhr wieder fällbar.

Was die Ausschüttelung des Morphins aus wässeriger Lösung in gerichtlichen Fällen anbetrifft, so ist hervorzuheben, dass dieses Alkaloid aus alkalischen Lösungen in Aether und in Chloroform nicht oder in nur sehr minimaler Menge überzutreten pflegt; dass aber warmer Amylalkohol der alkalischen, besser noch der ammoniakalischen Lösung sämmtliches Morphin zu entziehen vermag. Das Gleiche gilt für warmes Chloroform, doch sind von diesem Lösungsmittel grössere Quantitäten nöthig als wie von Amylalkohol.

Die Ausschüttelung gelingt aber in der carbonat- oder bicarbonathaltigen Flüssigkeit mit alkoholhaltigem Chloroform (zehn Volumprozente Alkohol enthaltendes Chloroform) schon in der Kälte (Kippenberger). Eliassow hat den Essigäther als Ausschüttelungsflüssigkeit unter Benutzung carbonathaltiger wässeriger Lösung vorgeschlagen, was von Marquis besonders deshalb sehr unterstützt wird, weil Essigäther für Krystallerzeugung sehr geeignete Isolirungsrückstände hinterlassen soll. Dragendorff empfiehlt Amylacetat (damit Trennung von Solanin); der Anwendung stehen aber durch den hohen Siedepunkt dieser Flüssigkeit (138 ^{0}), sowie durch andere ungünstige Nebenumstände (Aufnahme von Verunreinigungen) Schwierigkeiten entgegen (Marquis). Diese Uebelstände treten übrigens auch bei Benutzung von Amylalkohol (Siedepunkt 129—131 ^{0}) ein.

Von den allgemeinen Alkaloidfällungsreagentien sind besonders empfindlich: Phosphormolybdänsäure, Quecksilberjodidjodkalium, Wismuthjodidjodkalium, Jodjodkalium, Goldchlorid und Pikrinsäure. Die jodwasserstoffsaure Superjodidverbindung, sowie auch das pikrinsaure Alkaloid lösen sich in viel ammoniumchloridhaltiger wässeriger Flüssigkeit auf (Kippenberger). Die gerbsaure Verbindung ist in Wasser dann ziemlich leicht löslich, wenn eine Spur Säure zugegen ist; enthält daher die zur Fällung benutzte Gerbsäurelösung Salzsäure oder Schwefelsäure oder gelangt die Gerbsäure in wässeriger Lösung auf Morphinsalz in Wirkung, so entsteht auch in konzentrirten Lösungen keine Fällung. Dieses Verhalten der gerbsauren Morphinverbindung ist auf die leichte hydrolytische Dissociationsfähigkeit dieses Salzes zurückzuführen.

Bei den speziellen auf Farbenerscheinungen beruhenden Reaktionen des Morphins ist zu beachten, dass sich Morphin unter dem Einflusse von Säuren unter gleichzeitiger Abspaltung von Wasser leicht in Apomorphin umzuwandeln vermag und alsdann die diesem eigenen Reaktionen eintreten. Anderseits muss hervorgehoben werden, dass Morphin Reduktionen zu bewirken im Stande ist, da es unter geeigneten Umständen leicht Oxydationsprodukte bildet.

Reine konzentrirte Schwefelsäure giebt farblose Lösung. Erwärmt man diese Lösung längere Zeit auf ca. 100° oder kurze Zeit vorsichtig auf 150° (Oel- oder Glycerinbad), so tritt unter Bildung von Apomorphin alsbald weinrothe Färbung ein. Diese Lösung, nach dem Erkalten mit wenig Salpetersäure (mittelst Glasstabes) oder wenig Salpeter oder einem anderen Oxydationsmittel (Kaliumchlorat, Chlorwasser etc.) versetzt, lässt eine prächtig blaue bis rothviolette, bald blutroth werdende Färbung entstehen, welche ganz allmählich verblasst.

Nach Husemann lasse man die Schwefelsäure 24 Stunden lang in der Kälte auf das Morphin einwirken und setze dann eine Spur Salpetersäure oder eines der anderen oben genannten Oxydationsmittel hinzu. Auch der Zusatz von wenig Eisenchloridlösung erzeugt unter gleichen Bedingungen eine ähnliche Farbenreaktion.

Es tritt bei Gegenwart von $^1/_{50}$ Milligramm Morphin noch blutrothe und bei $^1/_{100}$ Milligramm noch deutliche Rosafärbung ein und erst bei $^5/_{100}$ Milligramm Morphin ist die Grenze der Empfindlichkeit dieser Reaktionserscheinung gegeben.

Verdünnt man die auf die eine oder andere Weise erhaltene Lösung des Alkaloids in Schwefelsäure — eventuell nach dem Erkalten — mit etwas Wasser, so nimmt sie auf Zusatz eines Körnchens Kaliumbichromat eine intensiv röthlichbraune (mahagonibraune) Färbung an (J. Otto).

Mischung mit der vierfachen Menge Rohrzucker und alsdann erfolgende Eintragung in konzentrirte Schwefelsäure lässt Rothfärbung der Flüssigkeit entstehen, die auf Zusatz von Spuren Bromwassers (mittelst Glasstabes zuzugeben) intensiv auftritt (Schneider, Weppen).

Sehr wichtig und charakteristisch für Morphin, aber auch gleichzeitig für Codeïn, ist die folgende von Pellagri angegebene Reaktion:

Löst man wenig Morphin in 1 bis 2 ccm rauchender Salzsäure, der man einige Tropfen konzentrirte Schwefelsäure zugesetzt hat, und dampft alsdann im Oel- oder Glycerinbade bei 100 bis

120^0 ein, so entsteht eine purpurrothe Färbung. Vermischt man den Rückstand von neuem mit wenig Salzsäure, setzt nun Natriumbicarbonat bis zur neutralen oder schwach alkalischen Reaktion hinzu, und vermischt alsdann mit kleinen Mengen einer alkoholischen Jodlösung, so entsteht eine smaragdgrüne Färbung der Flüssigkeit. Es ist nöthig, dass das Jod in nur kleinen Mengen, am besten nach und nach mittelst eines Glasstabes, zugesetzt werde. Schüttelt man die Flüssigkeit kräftig mit Aether durch, so lagert sich dieser in der Ruhe prächtig purpurroth auf.

Die Reaktion ist durch Apomorphinbildung bedingt und verschieden von der von Kippenberger gemachten Beobachtung der Grünfärbung einer Morphinsalzlösung unter folgenden Bedingungen:

Vermischt man die morphinsalzhaltige Flüssigkeit zunächst mit reichlich alkalihydroxydhaltiger Lösung im starken Ueberschusse und fügt alsdann nach und nach wässerige Jodjodkaliumlösung hinzu, so bewirkt der erste Zusatz von Jod nur Gelbfärbung der Flüssigkeit, bei weiterem — möglichst allmählichem — Zusatze der Jodlösung entsteht dann aber eine grasgrüne Färbung der Flüssigkeit, die besonders charakteristisch beim Verdünnen der Lösung mit Wasser hervortritt. Erst bei Gegenwart von viel Jod erfolgt Abscheidung der braunen jodwasserstoffsauren Superjodidverbindung. Die Reaktion ist hervorgerufen durch einen Oxydationsgang, voraussichtlich unter Bildung von Oxydimorphin.

Konzentrirte Salpetersäure färbt Morphin rothgelb; bei Erwärmung treten dunkelbraune Nüancen ein. Die Färbung wird weder durch Zinnchlorür noch durch Schwefelammonium verändert (Unterschied von Brucin).

Erdmann's Reagens ruft braunrothe, alsbald dunkelbraun werdende Lösung hervor.

Die Marquis'schen Reagentien färben Morphin noch in einer Verdünnung von 1 : 1 000 000: zunächst purpurroth, dann rasch violettroth, sehr allmählich violettblau; nach und nach tritt grünlichblaue Färbung und hierauf Verblassung ein. Nach mehrstündiger Einwirkung ist hellbräunliche Färbung vorhanden.

Codeïn und auch Papaverin geben unter gleichen Bedingungen Farbenerscheinungen, welche an die durch Morphin erzeugten erinnern; die Trennung dieses Alkaloides ist jedoch schon durch den Isolirungsgang gegeben.

Sehr charakteristisch sind auch die mit

Fröhde's Reagens erzeugten Erscheinungen. Es tritt zunächst eine schön violette Färbung ein, welche aber leider nicht beständig ist, da sie alsbald in grün, dann braungelb und zuletzt in blassrosa umschlägt. Die Reaktionserscheinung beruht auf der Reduktion des im Fröhde'schen Reagens enthaltenen Molybdats. Ersetzt man das letztere durch Wolframat oder Titanat, so tritt rothviolette bis rothbraune Färbung ein (Flückiger).

Ebenfalls auf Reduktion der als Reagentien benutzten Körper beruhen folgende Erscheinungen des Morphins:

Setzt man einer Lösung von Ferricyankalium und wenig Eisenchlorid in Wasser Morphinsalz hinzu, so tritt in Folge Reduktion eines Theiles des Eisensalzes alsbald Niederschlag von Berlinerblau ein.

Ammoniakalische Silbernitratlösung mit Morphinacetatlösung erwärmt, lässt alsbald Abscheidung von metallischem Silber entstehen; das Filtrat ergiebt mit Salpetersäure blutrothe Färbung, bedingt durch die Gegenwart von Oxydationsprodukten des Morphins (Oxydimorphin) (Horsley).

Streut man in die schwefelsaure Lösung des Morphins etwas basisches Wismuthnitrat, so tritt Reduktion des letzteren unter Braunfärbung ein.

Die reduzirende Wirkung des Morphins ist auch beim Erwärmen mit Chromaten zu beobachten. Sie tritt ferner auf in folgender in der Praxis sehr häufig benutzten Reaktionserscheinung:

Setzt man der Morphinlösung in schwefelsäurehaltigem Wasser Jodsäure in der Form der wässerigen Lösung oder als jodsaures Kalium (jodidfrei!) hinzu, so tritt Reduktion der Jodsäure zu Jod ein, welches sich mit brauner Farbe löst und beim Schütteln mit Chloroform oder Schwefelkohlenstoff in diese Flüssigkeiten übergeht, denselben carmoisinrothe Färbung verleihend. Es ist zu beachten, dass diese Reaktion auch durch andere stickstoffhaltige Körper, wie Harnsäure, Gerbsäure, sowie auch durch einige Proteïnstoffe hervorgerufen werden kann.

Sehr wichtig und charakteristisch ist endlich folgende Reaktion:

Vermischt man eine möglichst neutral gehaltene Morphinsalzlösung mit wenig sehr verdünnter Eisenchloridlösung, so entsteht alsbald Blaufärbung. Die Reduktion ist in neutraler Lösung bedeutend stärker als in angesäuerter Lösung (Schaer). —

Die interessanten, unter Anleitung von Kobert durch Marquis durchgeführten Untersuchungen über die Veränderung des Morphins im thierischen Organismus[1]) lassen erkennen, dass „unverändertes Morphin“ im Blute (und zwar im Serum) nur bis etwa zur fünfzehnten Minute nach der intravenösen Injektion vorkommt und sich ferner vorfindet in der Leber, in den Nieren, im Harn, Magen, Darm, in den Fäces, Lungen und im Speichel; dass es aber nach diesem Zeitpunkte nur als sogenanntes „gepaartes, bezgl. umgewandeltes Morphin“ zu finden ist. Dieses gepaarte Morphin, dessen chemische Konstitution noch nicht festgestellt wurde, ist farblos und amorph und giebt die für reines Morphin angegebenen Reaktionen theilweise gar nicht (z. B. die mit Fröhde's Reagens durch Morphin hervorgerufene Farbenerscheinung), theilweise nur unvollständig. Es muss daher bei der chemischen Charakteristik zunächst zerlegt werden, was durch Säure (Salzsäure), aber auch durch Magnesiumoxyd bewirkt werden kann. Die Verbindung ist löslich in Wasser, angesäuertem Wasser, verdünntem und absolutem Alkohol, ammoniakalischem Essigäther, soll aber nicht aufgenommen werden können durch sauren Aether, sauren Amylalkohol und sauren Essigäther. Die Zersetzung geschieht am praktischsten nach der Aufnahme in Alkohol. Man verdunstet zunächst den Alkohol, nimmt den Rückstand mit einer Mischung von 2 ccm Wasser und 8 ccm Salzsäure auf und verdampft dieses Gemisch auf dem Wasserbade bis zur Trockne. Der schwarze, weiterer Reinigung bedürfende Rückstand enthält unverändertes Morphin. Marquis unterscheidet von diesem „gepaarten Morphin“ noch ein zweites von ihm aufgefundenes Umwandlungsprodukt des Morphins, das „umgewandelte Morphin“ mit gleichen Löslichkeitserscheinungen wie sie dem gepaarten Morphin eigen sind, im Gegensatz zu diesem aber Reaktionsfähigkeit gegenüber Fröhde's Reagens (blau bis grün) und gegenüber Marquis' Reagentien (grün) zeigend. Die Zerlegung dieses Produktes geschieht in derselben Weise wie bei dem gepaarten Morphin.

Trotzdem diese soeben erörterten Untersuchungen Marquis' sich der früher geltenden Ansicht, dass Morphin im Organismus durch seine Oxydationsfähigkeit leicht theilweise Veränderung unter Bildung von „Oxydimorphin“ erleide, gegenüberstehen, erscheint es mir dennoch nicht unmöglich, dass sich dieses Oxydationsprodukt des Morphins unter hierzu geeigneten Verhältnissen — die nicht sehr

[1]) Ed. Marquis: Ueber den Verbleib des Morphins im Organismus der Katze. Kobert: Arbeiten des pharmakolog. Instituts zu Dorpat. XIV. 1896. Separatabdruck.

selten sein dürften — im thierischen bezgl. menschlichen Körper zu bilden vermag, sei es nun neben dem von Marquis aufgefundenen gepaarten und umgewandelten Morphin, sei es — was wahrscheinlicher ist — neben reinem Morphin.

Es mögen daher einzelne Angaben über die Eigenschaften dieses Oxydimorphins, des nächsten Oxydationsproduktes des Morphins, auch hier Aufnahme finden:

Dieses Produkt ist in Wasser, Alkohol, Aether und in Chloroform fast unlöslich; leicht löslich jedoch in alkoholischem Ammoniak. Es ist frei von basischen Eigenschaften. Mit Morphin hat es einige Reaktionserscheinungen gemein, von denen besonders die mit Eisenchlorid (Blaufärbung) und die mit Jodsäure (Jodabscheidung) hervorgehoben werden mögen.

Ist schon durch die oben angegebenen Löslichkeitsverhältnisse ein Unterschied von Morphin gegeben, so lässt es sich von diesem auch durch die von Boedeker umgeänderte Husemann'sche Reaktion unterscheiden. Hierzu erwärme man die salzsaure Verbindung mit wenig Schwefelsäure, wobei man sich praktischer Weise eines Uhrglases bedient. Grünfärbung zeigt Oxydimorphin an, während bei Morphin carminrothe Färbung auftritt, die auf Zusatz von Oxydationsmitteln (Salpetersäure, Salpeter, Kaliumchlorat, Hypochlorit u. a. m.) bei Oxydimorphin in violett, bei Morphin in roth umschlägt. —

Nach den Untersuchungen verschiedener Chemiker, besonders nach den von Orfila, Kunzmann, Nagelvoort und Marquis angestellten Versuchen, vermag sich Morphin unter dem zersetzenden Einflusse von Leichentheilen lange Zeit unverändert zu erhalten.

Narcotin $C_{22}H_{23}NO_7$

Farblose, durchsichtige, perlglänzende, prismatische Krystalle oder glatte Nadeln. Geruch- und geschmacklos. Schmelzpunkt 176^0. Schwache und wenig giftige Base, die gegenüber den bekannteren Indikatoren indifferent ist. In kaltem Wasser nahezu unlöslich; erwärmtes Wasser löst nur wenig; Aether löst etwas besser. Kochender Alkohol, Benzol, namentlich aber Chloroform lösen reichlich. In säurehaltigem Wasser als Salz löslich. Die Salze sind jedoch sehr unbeständig; diejenigen mit schwächeren Säuren werden schon durch viel Wasser zersetzt.

Ausschüttelungsfähig mittelst Chloroform aus saurer wie aus alkalischer Lösung, mittelst Aether nur aus alkalischer Flüssigkeit (beim Schütteln der sauren Lösung mit Aether gehen nur ganz geringe Mengen des Alkaloides in diesen über).

Die allgemeinen Alkaloidfällungsreagentien sind sehr empfindlich.

Konzentrirte Schwefelsäure löst anfangs farblos, die Lösung wird aber nach einigen Minuten gelb, dann röthlich gelb und im Verlaufe von einem bis mehreren Tagen himbeerroth (Dragendorff).

Wird die frisch bereitete Lösung allmählich erhitzt, so färbt sie sich zuerst orangeroth, dann bilden sich vom Rande ausgehende, prächtig blauviolette, bisweilen purpurblaue Streifen und endlich entsteht bei der Temperatur, bei welcher Schwefelsäure verdampft, eine intensiv rothviolette Färbung. Wird das Erhitzen vor dem Eintritte der rothvioletten Färbung unterbrochen, so nimmt die Lösung beim Erkalten langsam eine zarte kirschrothe Färbung an. Bei einem Verhältnisse des Alkaloides zur Schwefelsäure 1 : 2000 treten die blauen Färbungen noch sehr deutlich auf; bei 1 : 4000 zeigt sich anstatt derselben nur ein zartes Carmin (Husemann).

Die durch Schwefelsäure geröthete Lösung wird auf Zusatz von alkoholischer Alkalilauge orange (Arnold).

Erhitzt man mit Wasser befeuchtetes Narcotin mit wenig überschüssiger Schwefelsäure so lange, bis die Masse dick und dunkelgrün geworden ist, verdünnt dann mit Wasser und kocht, so fällt beim Erkalten ein dunkelgrünes Pulver aus, das in kaltem Wasser schwer, in Alkohol leicht löslich ist (Laurent, Gerhardt).

Bringt man in eine Auflösung von Narcotin in konzentrirter Schwefelsäure nach etwa zweistündiger Einwirkung der letzteren einen Tropfen Salpetersäure, so entsteht eine rothe Färbung (Couerbe); war die Lösung auf etwa 150^0 erwärmt, so entsteht durch unterchlorigsaures Salz eine carmoisinrothe, durch Eisenchlorid eine anfangs violette, später kirschroth werdende Färbung (Husemann, Dragendorff).

Erdmann's Reagens verhält sich ähnlich.

Konzentrirte Salpetersäure ruft Gelbfärbung hervor; bei längerer Einwirkung entsteht ein rothes Harz, das beim Kochen mit Alkalilauge Methylamin entwickelt.

Kalte verdünnte Salpetersäure löst das Narcotin langsam ohne Veränderung.

Fröhde's Reagens löst mit blaugrünlicher Farbe, die Lösung wird allmählich rein grün, hierauf röthlich gelb.

Bei Anwendung einer konzentrirteren Lösung von molybdänsaurem Natrium (0,05 zu 1 ccm Säure) geht die grüne Färbung bald in prachtvolles Kirschroth über (Dragendorff).

Mandelin's Reagens (Vanadinhaltige Schwefelsäure) färbt zinnoberroth, dann carminroth.

Die Marquis'schen Reagentien rufen zunächst eine violette, dann rasch gelbgrün werdende Färbung hervor; endlich bleibt eine gelbe Missfarbe bestehen.

Setzt man zur Auflösung des Narcotins in salzsäure- oder schwefelsäurehaltigem Wasser Chlorwasser, so färbt sich die Lösung gelblich, mit einem Stich ins Grüne. Fügt man noch Ammoniakflüssigkeit hinzu, so erhält man eine weit intensiver gefärbte, gelbrothe Flüssigkeit.

Die ferrocyanwasserstoffsaure Verbindung des Narcotins ist in Wasser etwas löslich; das nitroprussidwasserstoffsaure Salz ist in reinem Wasser sozusagen unlöslich, in salzsäure- und essigsäurehaltigem Wasser leicht, in Alkohol und in Aceton sehr leicht löslich.

Die rhodanwasserstoffsaure Verbindung ist in reinem Wasser nur wenig, in säurehaltigem Wasser reichlich löslich.

Diese Lösungsverhältnisse werden bewirkt durch das schwache Spannungsverhältniss zwischen der Narcotinbase und der Säure (Kippenberger).

Codeïn. $C_{18}H_{21}NO_3 + H_2O$.

Reines wasserfreies Codeïn, aus wasserfreiem Aether oder Benzol krystallisirt, erscheint in kleinen farblosen Krystallen, die bei 155° schmelzen und beim Erkalten wieder krystallinisch werden. Das wasserhaltige Codeïn krystallisirt aus wasserhaltigem Aether oder aus Wasser mit einem Molekül Krystallwasser in farblosen, grossen, rhombischen Octaëdern, die zwischen 152—153° schmelzen und an der Luft oberflächlich verwittern. Die Krystalle verlieren bei 100° ihren Wassergehalt. Sie schmelzen schon in kochendem Wasser zu einer öligen Flüssigkeit. Codeïn sublimirt nicht; beim Erhitzen auf dem Platinblech tritt Zersetzung ein. Wasser löst das Alkaloid in ziemlich bedeutender Menge (bei 15° 1 : 80); Alkohol, Aether, Chloroform, Amylalkohol, Schwefelkohlenstoff und Benzol lösen es reichlich, dagegen ist es in Petroläther beinahe unlöslich. In wässeriger Ammoniakflüssigkeit löst es sich ebenso reichlich wie in Wasser, hingegen wird es durch Alkalilauge aus seinen Salzlösungen gefällt; nur bei grossem Ueberschusse des Fällungsmittels bleibt eine ganz geringe Menge des Alkaloides gelöst.

Die wässerige Lösung des Codeïns reagirt stark alkalisch. Es ist ausschüttelungsfähig mittelst Aether, Chloroform, Benzol und Amylalkohol aus alkalischer wie ammoniakalischer wässeriger Flüssigkeit. Amylalkohol entzieht es auch der sauren Lösung in nachweisbarer Menge.

Von den allgemeinen Alkaloidfällungsreagentien sind besonders empfindlich: Phosphormolybdänsäure, Jodjodkalium, Wismuthjodidjodkalium und Quecksilberjodidjodkalium; etwas weniger empfindlich ist Gerbsäure. Fällt man aus der konzentrirt gehaltenen wässerigen Lösung des Alkaloidsalzes mittelst salzsäurehaltiger Gerbsäurelösung, so scheidet sich die gerbsaure Alkaloidverbindung nahezu vollständig ab.

Konzentrirte Schwefelsäure löst Codeïn ohne Färbung; nach längerem Stehen nimmt diese Lösung Blaufärbung an. Beim Erwärmen tritt die Blaufärbung sofort ein, ebenso wenn man der Lösung eine Spur Eisenchloridlösung zufügt (Hesse).

Neuerdings hat Ssergejew beobachtet, dass Codeïn mit reiner Schwefelsäure zwar eine klare, nicht aber farblose Lösung ergebe. Die letztere soll vielmehr rasch violette Farbe mit Stich ins Purpurne annehmen, eine Erscheinung die beim Erhitzen noch deutlicher eintrete und dann selbst bei verdünnten Lösungen benützt werden könne. Beim anhaltenden Kochen der Lösung von Codeïn mit Schwefelsäure soll die Flüssigkeit schliesslich eine olivengrüne Farbe annehmen.

Nach Tamba und Henke löst Schwefelsäure die Halogensalze des Codeïns mit gelber Farbe, während das phosphorsaure, schwefelsaure, salicylsaure und das essigsaure Salz, sowie auch die reine Base bei Anwendung von 0,07 bis 0,1 Codeïn bezüglich Codeïnsalz und 10 ccm Schwefelsäure, zunächst eine Rosafärbung hervorruft, die aber bei gewöhnlicher Temperatur nach ein bis zwei Minuten in farblos umschlägt.

In der auf 150^{0} erwärmten Lösung des Codeïns in Schwefelsäure erzeugt nach dem Erkalten der Zusatz eines Tropfens Salpetersäure eine blutrothe Färbung.

Löst man Codeïn in konzentrirter Schwefelsäure, setzt der Lösung 2 bis 3 Tropfen einer konzentrirten Rohrzuckerlösung hinzu und erwärmt alsdann gelinde, so färbt sich die Flüssigkeit purpurroth (Schneider). Statt der Zuckerlösung kann auch eine stark verdünnte wässerige Furfurolflüssigkeit in Anwendung gezogen werden.

Etwas Codeïn auf dem Uhrglase mit 2 bis 3 Tropfen Natriumhypochloritlösung zerrieben und alsdann mit 4 Tropfen konzentrirter Schwefelsäure vermischt, lässt Blaufärbung entstehen (Raby).

Erdmann's Reagens löst zunächst farblos, beim Erwärmen tritt Blaufärbung ein.

Fröhde's Reagens löst Codeïn mit anfangs schmutziggrüner Farbe, die aber bald prächtig blau und erst nach etwa 24 stündiger Einwirkung blassgelb wird (Dragendorff).

Mandelin's Reagens (Vanadinhaltige Schwefelsäure) färbt grünblau bis blau.

Die Marquis'schen Reagentien rufen in einer Verdünnung des Alkaloides von 1:1000000 zunächst eine dunkel röthlichviolette Färbung hervor, die sich rasch dunkler färbt, dann violettblau und nach mehreren Stunden schmutzig violett wird.

Konzentrirte Salpetersäure löst mit Rothfärbung unter Zersetzung des Alkaloides; beim Verdampfen erhält man ein Harz, das mit Alkalilauge erwärmt, Methylamin abspaltet (Anderson).

Chlorwasser löst farblos; nach Zusatz von Ammoniak entsteht rothbraune bis rothe Färbung.

Zu beachten ist, dass Codeïn mit Morphin einige Reaktionen gemein hat. So tritt — ebenfalls durch Apomorphinbildung bewirkt — die bei Morphin erwähnte Reaktion nach Pellagri, sowie die durch Salpetersäure, Salpeter etc. bewirkte blutrothe Färbung in der Lösung des Morphins in Schwefelsäure auch bei Codeïn ein. Die Trennung beider Alkaloide ist durch den Isolirungsgang gegeben.

Papaverin. $C_{20}H_{21}NO_4$.

Weisse, farb- und geruchlose Krystallnadeln oder Schüppchen, die bei 147° schmelzen. In kaltem Wasser fast unlöslich; in kaltem Alkohol, in Aether und in Benzol schwer löslich, hingegen leicht löslich in Chloroform, Aceton. Auch heisser Alkohol löst reichlich, scheidet beim Erkalten aber den grösseren Theil des gelösten Alkaloides wieder krystallinisch ab. Die Lösungen reagiren gegenüber den gebräuchlicheren Indikatoren nur ausserordentlich schwach alkalisch.

Die Salze des Papaverins sind meistens in Wasser schwer löslich; Alkohol nimmt dieselben leichter auf. Ammoniak und Alkalihydroxyd fällen in der wässerigen Salzlösung die Alkaloidbase als weissen, im Ueberschusse des Fällungsmittels unlöslichen Niederschlag.

Ausschüttelungsfähig mittelst Chloroform aus saurer wie aus alkalischer Flüssigkeit, mittelst Aether wie auch Amylalkohol quantitativ nur aus alkalischer Lösung; es gehen jedoch auch schon aus saurer Lösung beachtenswerthe Mengen des Alkaloides in diese Ausschüttelungsflüssigkeit über.

Die allgemeinen Alkaloidfällungsreagentien sind empfindlich.

Konzentrirte Schwefelsäure soll reines Papaverin farblos lösen; die meisten im Handel vorkommenden Papaverinsorten geben indessen blauviolett bis rein violett gefärbte Lösungen. Diese Färbung tritt auch mit dem reinen Präparate dann auf, wenn man die Mischung mit Schwefelsäure erwärmt.

Vermischt man diese schwefelsaure Lösung mit Wasser, so setzt sich ein harziger, bald krystallinisch werdender Niederschlag aus schwefelsaurem Papaverin bestehend, ab.

Fröhde's Reagens löst in der Kälte mit grüner Farbe, beim Erwärmen nimmt die Lösung rasch Blaufärbung an, färbt sich hierauf violett und geht dann allmählich in kirschroth über.

Mandelin's Reagens (Vanadinhaltige Schwefelsäure) färbt blaugrün und blau.

Die Marquis'schen Reagentien: violettroth, nach mehreren Stunden bordeauxfarben.

Konzentrirte Salpetersäure löst mit dunkelrother Farbe; ähnlich reagirt

Erdmann's Reagens.

Die Lösung in Chlorwasser ist grünlich gefärbt; auf Zusatz von Ammoniak tritt rothbraune, bald schwarzbraun werdende Färbung ein.

Ferricyankalium scheidet in Papaverinlösungen ferricyanwasserstoffsaures Alkaloid als unlösliche Verbindung aus. Die Abscheidung des Alkaloidsalzes ist nach 24 stündiger Einwirkung quantitativ. Indem die Verbindung in Salzsäure durch Dissociation leicht löslich ist, verlangt die Ausführung dieser Art der Alkaloidabscheidung eine mit möglichst wenig Säure bewirkte Alkaloidlösung, gestattet dann aber auch eine Ausschüttelung der reinen Base durch Chloroform in der mit Salzsäure bewirkten wässerigen Lösung des ferricyanwasserstoffsauren Papaverins. Gerbsäure scheidet das Alkaloid auch in dieser Lösung als gerbsaure Verbindung aus (Kippenberger).

Thebaïn. $C_{19}H_{21}NO_3$.

Weisse, glänzende, quadratische Blättchen vom Schmelzpunkt 193°. Geruch- und geschmacklos. In Wasser fast unlöslich, in Aether etwas löslich, reichlich löslich in Alkohol, Chloroform und Benzol. Die Lösungen reagiren alkalisch. Aus den Salzlösungen wird die Alkaloidbase durch Hydroxyde und Carbonate der Alkalien, wie auch durch Ammoniakflüssigkeit abgeschieden; in letzterer ist es in ganz geringer Menge löslich.

Ausschüttelungsfähig aus alkalischer Lösung durch Chloroform wie Aether. Aus saurer Lösung gehen geringe Mengen Thebaïns in Chloroform, nicht aber in Aether über.

Von den allgemeinen Alkaloidfällungsreagentien sind besonders empfindlich: Phosphormolybdänsäure, Wismuthjodidjodkalium, Quecksilberjodidjodkalium und Jodjodkalium.

Konzentrirte Schwefelsäure löst mit blutrother Farbe; die Lösung nimmt allmählich Stich in gelbroth an (Couerbe). Wird die Mischung auf 150° erwärmt, so tritt olivengrüne Färbung auf (Dragendorff).

Erdmann's Reagens: Mandelin's Reagens (vanadinhaltige Schwefelsäure) und Fröhde's Reagens:	verhalten sich ähnlich.

Mit letzterem pflegen etwas hellere Nüancen einzutreten; die Mischung wird allmählich farblos.

Die Marquis'schen Reagentien färben gelbbraun bis braun.

Konzentrirte Salpetersäure löst mit gelber Farbe unter Zersetzung des Alkaloides.

Mit Chlorwasser erwärmt, tritt Rothfärbung ein (Flückiger); löst man ohne Erwärmung und versetzt alsdann mit Ammoniakflüssigkeit, so erfolgt Rothbraunfärbung (Codeïn verhält sich ebenso).

Das saure Tartrat, sowie die salicylsaure Verbindung zeichnen sich beide durch Schwerlöslichkeit in Wasser aus.

Narceïn. $C_{23}H_{29}NO_9 + 2H_2O$.

Farblose, lange, seidenglänzende, nadelförmige Krystalle oder vierseitige rhombische Prismen, die eine voluminöse, leichte Masse bilden. Schmelzpunkt 170—171°. Ueber den Schmelzpunkt erhitzt, sich zersetzend; der Rückstand giebt an Wasser eine Substanz ab, die mit Eisenchlorid blau gefärbt wird (Protocatechusäure?). Geruchlos, sehr stark giftig und von bitterem, hinterher styptischem Geschmack.

Gegenüber den gebräuchlicheren Indikatoren indifferent. In Wasser und in Alkohol wenig löslich, in Petroläther und Benzol nahezu unlöslich. Heisses Wasser und heisser Alkohol lösen reichlich; die gesättigten Lösungen lassen beim Erkalten einen Brei von seidenglänzenden Krystallnadeln entstehen. Auch in Chloroform und in Amylalkohol ist das Alkaloid schwer löslich, leichter löst es sich in diesen, wenn man in der Wärme operirt. Ammoniakflüssigkeit und Alkalilauge lösen es reichlicher auf als reines Wasser. In säurehaltigem Wasser leicht löslich. Die neutralen Salze dissociiren in wässeriger Lösung sehr stark.

Die Ausschüttelung der Alkaloidbase gelingt vermöge der ungünstigen Lösungsverhältnisse nur schwierig. Es gehen beim Schütteln der alkalischen Lösung mit Chloroform oder Aether zwar geringe Mengen des Alkaloides in diese über[1]); auch bei der Ausschüttelung der ammoniakalischen Flüssigkeit mit warmem Chloroform oder warmem Amylalkohol werden der wässerigen Flüssigkeit nicht unerhebliche Mengen der Alkaloidbase entzogen, doch wird die quantitative Isolirung des Alkaloides nach den älteren Methoden fast durchgehends durch Extraktion des trockenen Rückstandes mittelst Alkohols bewirkt.

Nach Kippenberger entzieht alkoholhaltiges Chloroform (10 Volumprozente Alkohol enthaltend) der carbonat- oder bicarbonathaltigen Flüssigkeit das Narceïn (wie auch Morphin) schon in der Kälte.

Von den allgemeinen Alkaloidfällungsreagentien zeichnen sich durch Empfindlichkeit aus: Jodjodkalium, Quecksilberjodidjodkalium und Wismuthjodidjodkalium.

---

1) Auch beim Schütteln der sauren Lösung mittelst Chloroform oder Amylalkohol sollen ganz geringe Mengen des Alkaloides in diese übertreten.

Die gerbsaure Verbindung des Narceïns ist in salzsäurehaltigem Wasser fast unlöslich; ausserdem ist die jodwasserstoffsaure Superjodidverbindung, wie das prikrinsauere Salz in mit Chlorammonium versetzter Flüssigkeit nahezu unlöslich, was unter Benutzung von mit möglichst wenig Wasser bewirkter Alkaloidlösung eine Trennung von Morphium gestattet, das seinerseits gleichzeitig isolirt wird, unter gleichen Bedingungen jedoch löslich ist (Kippenberger, vergl. Seite 65, 66).

Konzentrirte Schwefelsäure löst mit graubrauner Farbe, die beim Erwärmen in blutroth übergeht.

Fröhde's Reagens löst zunächst blaugrün, allmählich tritt dunkelolivengrüne und nach einiger Zeit blutrothe Färbung ein. Beim Erwärmen nimmt die Mischung sofort kirschrothe Färbung an.

Aehnlich verhält sich die Einwirkung von konzentrirter Salpetersäure.

Erdmann's Reagens erzeugt stark gelbe, bald braungelb werdende Färbung, die beim Erwärmen in orange übergeht.

Mandelin's Reagens färbt violett, alsdann orange, und die Marquis'schen Reagentien geben gelbe und allmählich gelbbraune Nüancen.

Jod in wässeriger Lösung (verdünnte Jodlösung anwenden; etwa eine solche in reinem, jodkaliumfreiem Wasser) färbt festes Narceïn blau (Dragendorff, Winkler, Pelletier). Die Reaktion wird am praktischsten in einem kleinen flachen Porzellanschälchen durchgeführt. Gegenwart von Morphin soll diese Reaktion verhindern oder doch beeinträchtigen.

Versetzt man Narceïnsalzlösung mit Zinkjodidjodkaliumlösung, die etwas freies Jod enthält, so bilden sich haarförmige, blaugefärbte Krystalle (Stein).

Narceïn, mit Chlorwasser übergossen und dann mit wenig Ammoniakflüssigkeit versetzt, lässt tiefrothe Färbung entstehen, die weder durch viel Ammoniak, noch durch Erwärmen zum Verschwinden gebracht wird (Vogel).

Coniin. $C_8H_{17}N$.

Vorkommen: In allen Theilen von Conium maculatum (gefleckter Schierling), namentlich im Kraut zur Zeit der Blüthe und in den fast reifen Samen, neben Conhydrin, Pseudoconhydrin und Methylconiin.

Eigenschaften: Oelige, farblose, an der Luft unter Freiwerden von Ammoniak braun werdende Flüssigkeit von stark widerlichem, an Mäuseharn erinnernden, betäubendem Geruch und unangenehmem, scharfem Geschmack. Spezifisches Gewicht 0,850 bei 15°. Siedepunkt: 166°. In der Kälte zu einer bei —2° schmelzenden Masse erstarrend. Mit warmen Wasserdämpfen leicht flüchtig.

In Wasser löst sich Coniin wenig (1 : 100), dagegen vermag es selbst bis zu 25 % an Wasser aufzunehmen. Die wässerige Lösung reagirt stark alkalisch und trübt sich beim Erhitzen. Alkohol, Aether, Aceton und Chloroform lösen reichlich, Schwefelkohlenstoff nur wenig.

Die Salze des Alkaloides sind in Wasser, zum Theil auch in Alkohol leicht löslich, in Aether unlöslich und zeigen nicht den durchdringenden Geruch, welcher der freien Alkaloidbase eigen ist. Aus der Lösung in Chloroform wird das Coniin durch ätherische Oxalsäurelösung als Oxalat vollständig ausgefällt (Chandelon). In Alkohol ist das Oxalat leicht löslich, im Gegensatze zu Ammoniumoxalat, wodurch eine Trennung von Ammoniumsalzen gegeben ist.

Versetzt man die Lösung eines Coniinsalzes mit Alkalilauge, so wird, wenn dieselbe nicht zu verdünnt war, das Coniin in Form von Oeltropfen abgeschieden. Beim Schütteln der alkalischen Flüssigkeit mit Aether, Chloroform, Petroläther, oder Benzol wird es von diesen Lösungsmitteln vollständig aufgenommen und hinterbleibt als öliger Rückstand, wenn man das Lösungsmittel bei gewöhnlicher Temperatur verdunsten lässt.

Von den allgemeinen Alkaloidfällungsreagentien sind am empfindlichsten: Phosphormolybdänsäure, Wismuthjodidjodkalium, Jodjodkalium und Quecksilberjodidjodkalium. Platinchlorid und Goldchlorid, namentlich das erstere, reagiren durch die Löslichkeit der Doppelsalze nur sehr schwach; sie erzeugen in $^1/_{10}$ ccm einer einprozentigen Lösung des Coniins keine Trübung mehr (Unterschied von Nicotin). Die gerbsaure Verbindung ist in salzsäurehaltigem Wasser löslich.

Konzentrirte Schwefelsäure: löst Coniin in der Kälte ohne Färbung; auch auf Zusatz eines Oxydationsmittels bleibt die Lösung ungefärbt. Daher tritt auch mit

konzentrirter Salpetersäure, wie mit Erdmann's Reagens } bei Anwendung reinen Coniins keine Färbung ein.

Konzentrirte Salzsäure, mit Coniin zusammengebracht, liefert in kurzer Zeit ziemlich grosse, nicht zerfliessliche rhombische Krystalle, aus salzsaurem Coniin bestehend, die aus Alkohol umkrystallisirt werden können. Man kann diese Verbindung zum mikrochemischen Nachweise des Coniins benutzen, indem man eine Spur des Alkaloides mit 1 bis 2 Tropfen konzentrirter Salzsäure zusammenbringt und an der Luft eintrocknen lässt. Unmittelbar nach dem Eindunsten kann man unter dem Mikroskope bei 180 bis 250 facher Vergrösserung nadel- oder säulenförmige Krystalle, ineinander gewachsen oder zu Drusen vereint, beobachten, die unter dem Polarisationsmikroskop doppelbrechend sind. An der Luft zersetzen sich diese Krystalle.

Fröhde's Reagens: löst zunächst farblos; später tritt Gelbfärbung ein.

Eine wässerige Lösung des Coniins giebt auf Zusatz von Chlorwasser eine weisse, durch Salzsäurezusatz zum Verschwinden gelangende Trübung.

Die in den meisten Lehrbüchern angegebene Reaktion: Coniin, in Wasser gelöst, giebt mit Jodlösung zunächst schwefelgelbe Trübung unter allmählicher Entfärbung der Flüssigkeit, beruht auf der Bildung von jodwasserstoffsaurem Coniin unter Wasserzersetzung (Bildung von Jodwasserstoffsäure aus Jod und Wasser neben gleichzeitig entstehender Jodsäure). Aus dieser Coniinverbindung bildet sich dann bei mehr Jod braunes jodwasserstoffsaures Coniinsuperjodid. Aehnliche Erscheinungen können mit fast allen Alkaloiden beobachtet werden, wenn diese als Base in Wasser gelöst zur Verwendung gelangen und wenn deren jodwasserstoffsaures Salz durch Dissociation leicht löslich ist (Kippenberger).

Da es an solchen charakteristischen Reaktionen des Coniins mangelt, welche in der gerichtlich-chemischen Analyse bei Gegenwart von nur kleinen Mengen des Alkaloides in Betracht kommen können, so ist auch bei diesem Alkaloid das physiologische Experiment, welches Lähmung der peripherischen Nerven erkennen lässt, unerlässlich.

Nicotin. $C_{10}H_{14}N_2$.

Vorkommen: In allen Theilen, namentlich aber in den Blättern der verschiedenen Arten der Gattung Nicotiana, insbesondere in N. Tabacum, rustica, macrophylla und glutinosa.

Eigenschaften: Oelige, farblose, an der Luft sich bräunende Flüssigkeit, von stark narkotischem Geruch und brennendem Geschmack. Sehr giftig. Spezifisches Gewicht bei 15⁰: 1,027 (*Barral*), 1,0147 (*Landolt*). Siedepunkt 240—245⁰. *Mit warmen Wasserdämpfen leicht flüchtig* (weitaus leichter flüchtig als Coniin).

In *Wasser*, Alkohol, Aether, Amylalkohol, Petroläther und Chloroform sehr leicht löslich. Die Lösungen reagiren alkalisch. Aus der Lösung in Chloroform fällt Zusatz von ätherischer Oxalsäurelösung alles Nicotin als Oxalat aus; letzteres ist in Alkohol löslich, wodurch eine Trennung von den Ammoniumsalzen bewirkt werden kann.

Sehr hygroskopisch. Mit Säuren Salze bildend, die in Wasser und in Alkohol leicht löslich sind (das Acetat ausgenommen); einige zerfliessen an feuchter Luft.

Alkalihydroxyd scheidet das Nicotin aus den Salzlösungen in Form öliger Tropfen ab. Die alkalische Flüssigkeit giebt die Alkaloidbase ab an: Aether, Petroläther, Benzol, Chloroform, wie an Amylalkohol.

Die allgemeinen Alkaloidfällungsreagentien reagieren weitaus empfindlicher als bei Coniin; so entsteht durch Goldchlorid noch in einer Verdünnung des Alkaloides von 1 : 6000, mit Platinchlorid noch in einer solchen von 1 : 5000 eine Trübung.

Die gerbsaure Verbindung ist in salzsäurehaltigem Wasser leicht löslich.

Konzentrirte Schwefelsäure, *Konzentrirte Salpetersäure*, *Erdmann's* Reagens und *Fröhde's* Reagens	geben bei gewöhnlicher Temperatur farblose Lösungen; durch Erwärmen erfolgt Braunfärbung unter Zersetzungen.

Das *salzsaure Salz* krystallisirt nur schwer (im Gegensatze zu Coniin) und oft erst nach einiger Zeit entstehen lange, quadratische, unter dem Mikroskope kreuz- oder dolchförmig erscheinende Massen.

Erhitzt man Nicotin *mässig* mit einigen Tropfen *konzentrirter Salzsäure* (spez. Gewicht 1,12), so färbt sich die Flüssigkeit rothbraun und nimmt auf Zusatz eines Tropfen Salpetersäure (spez. Gewicht 1,3) eine violette Färbung an, welche nach einiger Zeit in orangegelb übergeht.

Wässerige Nicotinlösungen fällen aus wässerigen Lösungen vieler Metallsalze die Hydroxyde dieser Metalle aus; basische Bleiacetatlösung giebt einen weissen, Kupfersulfatlösung einen hellblauen, Zinksulfatlösung einen weissen, gallertartigen Niederschlag.

Die Fähigkeit des Nicotins, sich mit Chlor und Jod direkt zu krystallinischen Verbindungen zu vereinigen, ist zu einem Versuche ausgearbeitet worden, der in gerichtlich-chemischen Fällen häufig mit Vortheil benutzt werden kann: Man löst das Alkaloid in Aether und fügt nun eine ätherische Jodlösung hinzu. Es erfolgt zunächst die Abscheidung eines braunrothen, harzigen Oeles, welches nach einiger Zeit in krystallinischen Zustand übergeht. Aus der überstehenden Flüssigkeit scheiden sich nach längerer Aufbewahrung durchsichtige, rubinrothe Krystallnadeln (jodwasserstoffsaure Superjodidverbindung?) aus, welche im reflektirten Licht dunkelblau gefärbt erscheinen. —

Auch bei diesem Alkaloid ist behufs gerichtlich-chemischen Nachweises das physiologische Eyperiment — lähmende Wirkung speziell auf Gehirn- und Athemmuskeln — sehr wichtig. Frösche nehmen nach der Injektion minimaler Nicotinmengen eine überaus charakteristische Stellung ein, welche man vorher mit reinem Nicotin studiren muss (Kobert).

Sparteïn. $C_{15}H_{26}N_2$.

Vorkommen: In Spartium scoparium (Sarothamnus scoparius).

Eigenschaften: Oelartige, farblose Flüssigkeit von stark bitterem Geschmack. Siedepunkt: nach einigen 287—288^0, nach anderen 311^0 (Bamberger). Mit warmen Wasserdämpfen flüchtig.

In Wasser wenig löslich, demselben aber stark alkalische Reaktion verleihend. In Benzol unlöslich.

Ausschüttelungsfähig aus alkalischer Flüssigkeit durch Aether, wie durch Chloroform.

Die salzsaure Verbindung krystallisirt nur sehr schwierig.

Pikrinsäure, Quecksilberchlorid und freies Jod enthaltende Flüssigkeiten geben in den Salzlösungen Niederschläge. Die gerbsaure Verbindung ist in salzsäurehaltigem Wasser leicht löslich.

Als Identitätsreaktion schlägt Marqué vor: kleine Mengen des Salzes oder wenig der freien Base mit einem Drittel seines Gewichtes

Chromsäure zu mischen und das Ganze in einer Porzellanschale mässig zu erwärmen. Die Masse soll durch Reduktion der Chromsäure alsbald grün werden und sich dabei ein nicht zu verkennender Geruch nach Cicutin entwickeln.

Nach Grandval und Valser tritt bei Mischung des Alkaloides mit Schwefelammoniumlösung Orangefärbung ein.

Im Uebrigen sind charakteristische, für den gerichtlich-chemischen Nachweis verwerthbare Erscheinungen nicht gesammelt und auch das Studium der Eigenschaften dieses Alkaloides ist noch sehr wenig gefördert.

Durch das physiologische Experiment am Frosche ist schwache Curarelähmung der motorischen Nervenendigungen zu beobachten (Kobert).

Bei der Isolirungsarbeit der Alkaloide ist es behufs Orientirung über die Art des Verdunstungsrückstandes zumeist zweckdienlich, mit dem durch Ausschüttelung gewonnenen und einen Giftstoff eventuell enthaltendem Material einige Reaktionen anzustellen, welche einerseits auf Alkaloide im Allgemeinen, andererseits auf einzelne spezielle Alkaloide hinweisen. Hierzu wird umstehende Tabelle zweckentsprechend sein. Man vertheilt eine kleine Menge der isolirten Substanz auf kleine Uhrgläser oder auf kleine Porzellanplatten und prüft mit den in der Tabelle angegebenen Reagentien; es erübrigt alsdann das fragliche Alkaloid durch die im vorstehenden Abschnitte erörterten Spezialreaktionen mit Bestimmtheit zu charakterisiren.

Tabellarische, zum Zwecke der Orientirung über die Art der Ver[d]

welche bei 'Uebungsaufgaben in erster

Alkaloid	Jodjodkalium	Kaliumwismuthjodid	Kaliumquecksilberjodid	Phosphormolybdänsäure	Gerbsäure	Goldchlorid	Platinchlorid	Konzentrirte Schwefelsäure
	fällen noch bei annähernden Verhältnissen der wässerigen Alkaloidsalzverdünnung von 1:							
Colchicin	2500	3300	2000	2000	2500	1000	60	gelb
Strychnin	100000	100000	8000	13000	50000	10000	1000	farblos, alsdann Oxydationsmitte[l] Blaufärbung
Brucin	50000	5000	30000	5000	2000	20000	1000	farblos
Curarin								blassviolett, allmä[h] schmutzig-röthli[ch]
Atropin	8000	4000	4000	4000	120	100		farblos
Aconitin	10000	10000	20000	5000	2000	5000		gelblich, dann gel[b] bis rothbraun
Delphinin	2500	5000	5000	5000		3000		braun bis himbee[r]
Emetin	2500	2500	2500	25000	5000	2000	2000	farblos
Veratrin	5000	4000	5000	5000	5000	1000	800	gelb, schnell ora[nge] dann blutroth
Cocaïn	10000	1000	100000	100000	10	10000	100	farblos
Morphin	9000	3000	5000	3500		100		farblos
Narcotin	9000	5000	8000	4000	3000	2500	1000	farblos, allmählich dann röthlichge[lb]
Codeïn	40000	40000	30000	40000	1000	700	250	zunächst farblos, [all]mählich Blaufärb[ung]
Papaverin	50000	50000	50000	50000	5000	5000	400	reines P.: farbl[os] Handelspräparat: violett
Thebaïn	50000	10000	10000	10000	10000	8000	1000	blutroth, bald gel[b]
Narceïn	50000	50000	10000	40000		5000	400	graubraun, beim [Er]wärmen blutro[th]
Coniin (Lösung von überschüssiger Säure möglichst befreit)	15000	6000	1000	4000	100	100	100	farblos
Nicotin (Lösung von überschüssiger Säure möglichst befreit)	15000	25000	15000	40000	500	6000	5000	farblos

gsrückstände dienende Uebersicht einiger Reaktionen solcher Alkaloide,

ksichtigung zu finden pflegen.

Konzentrirte Salpetersäure	Fröhde's Reagens	Erdmann's Reagens	Vanadinhaltige Schwefelsäure
tt, dann braunroth; it Wasser: gelb	gelb		blaugrün, dann braun
gelb	farblos		violettblau, allmählich roth werdend
troth, allmählich orangegelb	roth, allmählich gelb		gelblich bis orang
purpurroth	violett	violettbräunlich, später violett	violettroth
farblos	farblos		roth, dann gelbroth
farblos	blassgelb, alsdann gelb		
gelblich	dunkelbraun, schnell dunkelroth werdend	bräunlich	rothbraun
	braun	grün, später gelb	
gelb	gelb, schnell orange, dann blutroth		
farblos	farblos		
rothgelb	violett, alsbald grün, dann braungelb, zuletzt blassrosa	braunroth, alsdann dunkelbraun	röthlich, dann blauviolett
lb, bald farblos	blaugrün, allmählich rein grün, dann röthlichgelb	röthlich	zinnoberroth, dann carminroth
gelb bis roth	schmutzig grün, dann blau, hierauf blassgelb	anfangs farblos, beim Erwärmen bläulich	grünblau bis blau
dunkelroth	grün, beim Erwärmen rasch blau, hierauf violett, allmählich kirschroth	grün, blau, dann schnell dunkelroth	blaugrün bis blau
gelb	blutroth, bald gelblich		orangeroth
augrün, allmählich dunkelolivengrün, erwärmt: kirschroth		gelb, dann braungelb; erwärmt orange	violett, dann orange
farblos	farblos, allmählich gelblich	farblos	
farblos	farblos		

Ermittelung der Quantität der im Untersuchungsobjekte vorgefundenen Alkaloide.

Liegt ein Alkaloid in reiner Form zur quantitativen Bestimmung vor, so wird sich die Analyse mit Leichtigkeit dadurch ausführen lassen, dass die Wägung des Alkaloides durch eine titrimetrische Bestimmung mit Säure, am besten unter Anwendung von Hämatoxylin, bei wenigen Alkaloidbasen auch unter der von Phenolphtaleïn, als Indikator kontrollirt wird. Dieses letztere Verfahren, so gute Resultate es auch giebt, wenn das Alkaloid in reiner Form vorliegt und wenn die in Folge hydrolytischer Dissociation und schwacher Basicität bei einzelnen Alkaloiden unter Anwendung des Indikators eventuell hervorgerufene Fehlerquelle durch Kontrolle mit genau abgewogenen Alkaloidmengen — Titration unter analogen Lösungsverhältnissen wie bei den in den Untersuchungsbedingungen vorliegenden — ausgeglichen wird, kann in forensischen Fällen aus dem Grunde nicht immer zur Anwendung gelangen, weil die Vorsicht, mit der der Gerichtschemiker arbeiten soll, die Gegenwart von Alkaloidsalz oder die von Alkali in Folge des Ausschüttelungsverfahrens von vornherein nicht als ausgeschlossen betrachten soll, auch dann nicht, wenn im Allgemeinen eine Beimengung von Säure oder Alkali unwahrscheinlich erscheint, wie dies z. B. bei Anwendung von Chloroform der Fall ist. Man muss vielmehr bestrebt sein, Methoden in Anwendung zu ziehen, welche es gestatten, die Wägung des isolirten Alkaloides durch eine titrimetrische Bestimmung in saurer, eventuell auch neutralisirter Lösung des Alkaloides zu kontrolliren, bezüglich zu ersetzen. Hierzu eignen sich Lösungen von

Quecksilberjodid in Jodkalium,

solche von Jod in Jodkalium,

und bei einzelnen Alkaloiden solche von

Quecksilberchlorid.

Anwendung von Quecksilberjodidjodkaliumlösung.

(Mayer.)

Quecksilberjodidjodkalium erzeugt in den meisten Alkaloidsalzlösungen einen in Wasser unlöslichen Niederschlag, bestehend aus der

Quecksilberjodiddoppelsalzverbindung der allgemeinen Formel Alk. HCl . Hg J_2. Diese Thatsache wurde zuerst von Mayer zur Aufstellung einer Titrationsmethode benutzt und als Titrirflüssigkeit eine Lösung von 13,546 g Quecksilberchlorid und 49,8 g Jodkalium zu einem Liter Wasser empfohlen. Die 13,546 g Quecksilberchlorid entsprechen 126,9 g Jod, woraus sich die Berechnung der Alkaloidmenge leicht ergiebt.

Die Anwendung dieser Methode ist eine häufige. Sie wird in der folgenden Weise durchgeführt: Man löst das Alkaloid in einer bestimmten Menge Wassers unter Anwendung eines geringen Ueberschusses an Schwefelsäure (etwa 1 Theil Alkaloid, 150—200 Theile Flüssigkeit) und lässt zu einem abgemessenen Volumen dieser Lösung die Quecksilberjodidjodkaliumlösung tropfenweise aus der Bürette zufliessen, bis durch weiteren Zusatz der Lösung keine Fällung mehr erzeugt wird. Dementsprechend erfolgt der Zusatz der Quecksilberjodidjodkaliumlösung gegen Ende der Operation sehr vorsichtig. Man überzeugt sich von der Vollständigkeit der Alkaloidabscheidung, bezüglich von einem Ueberschusse des Quecksilberjodidjodkaliums, durch Tüpfelprobe unter Benutzung einer verdünnten Alkaloidsalzlösung, indem man 1—2 Tropfen der geklärten Operationsflüssigkeit auf ein kleines, auf schwarzer Unterlage sich befindendes Uhrgläschen bringt und hier mit einem bis mehreren Tropfen einer schwach sauren Alkaloidlösung (z. B. Brucin, gelöst in salzsäurehaltigem Wasser) versetzt; das Eintreten einer Trübung zeigt den Ueberschuss an Quecksilberjodidjodkalium an.

1 ccm Quecksilberjodidjodkaliumlösung obiger Zusammensetzung entspricht:

		Zu jedem Cubikcentimeter der zur Abscheidung nothwendigen Quecksilberjodidjodkaliumlösung ist noch hinzuzurechnen:
0,0167	Strychnin	
0,0197	Brucin	
0,0195	Atropin	
0,0268	Aconitin	
0,0200	Morphin	
0,02065	Narcotin	
0,00405	Nicotin	
0,00416	Coniin	
0,01375	Physostigmin	——→ 0,000105
0,02960	Veratrin	——→ 0,000068

Anwendung von Jod-Jodkaliumlösung.
(Kippenberger.)

Die Anwendung von Jodlösung auf Grund der Unlöslichkeit der Superjodidverbindung der Alkaloide hat bereits R. Wagner durch Versetzen der Alkaloidlösung mit $^1/_{10}$ Normal-Jodlösung im Ueberschusse und Zurückmessen des überschüssigen Jodes durch $^1/_{10}$ Normal-Natriumthiosulfatlösung empfohlen. Mohr warnt in seinem Lehrbuche der chemischen analytischen Titrirmethode vor der Anwendung dieses Verfahrens, solange der Einfluss der Gegenwart von Säuren, wie auch die Genauigkeit der Methode nicht näher untersucht und mit Zahlenbelegen ergänzt sei. Schweissinger hat dann diese Methode näher geprüft und kommt im Allgemeinen zu dem Schlusse, dass die Gegenwart von Mineralsäure und die von Alkohol die Resultate der Titration nicht beeinflusse, doch sei in dem Umstande, dass sich der Alkaloidsuperjodidniederschlag in Berührung mit Wasser allmählich zersetze, die Ursache zu suchen, welche die Methode in der Hand eines ungewandten Analytikers unbrauchbar mache.

Kippenberger hat die Einwirkung von Jodlösung auf Alkaloidsalze zum Zwecke der titrimetrischen Werthbestimmung der letzteren unter den verschiedenen Bedingungen näher untersucht und den Chemismus der hier auftretenden Verhältnisse klar gelegt. Die hydrolytische Spaltung der Alkaloidsalze in der wässerigen Lösung übt auf den Verbrauch an Jod einen Einfluss aus. Bei der Einwirkung von Jod in Jodkaliumlösung auf die Alkaloidsalze entsteht nämlich die jodwasserstoffsaure Alkaloidsuperjodidverbindung der allgemeinen Zusammensetzung $Alk.HJ.J_2$. Die Reaktion vollzieht sich aber in der Weise, dass die Bildung der jodwasserstoffsauren Alkaloidverbindung (Alk . HJ) nicht nur durch Umsetzung des Alkaloidsalzes mit dem Jodkalium der Jodlösung erfolgt, sondern dass vielmehr auch hier schon das freie Jod der Jodlösung in Wirkung tritt, bedingt einerseits durch die starke Spannung zwischen Alkaloid und der zur Lösung dieses angewendeten Säure gegenüber derjenigen zwischen Alkaloid und Jodwasserstoffsäure, und andererseits durch das Bestreben der Bildung des unlöslichen jodwasserstoffsauren Alkaloidsuperjodids bei Gegenwart von genügend Jod.

In dem Grade des Spannungsverhältnisses zwischen Alkaloidbase und Säure, das zusammenfallen kann mit der hydrolytischen Dissociation der Alkaloidsalze in der wässerigen Lösung, verhalten sich die Alkaloidsalze unter einander verschieden. Die Reaktion, unter welcher alsdann das Jod mit Alkaloid die jodwasserstoffsaure Verbindung und dann das Superjodid derselben zu bilden bestrebt ist, wird nicht ganz glatt verlaufen, sodass sich durch wiederholte gleiche Reaktion mehr Jodsäure (vielleicht auch unterjodige Säure oder bei Gegenwart von Salzsäure Jodmonochlorid) bildet, was eine Umsetzung grösserer Mengen von Jodkalium der Flüssigkeit veranlasst. Es können zwar gegenüber Jodkalium günstigere Verhältnisse für die Bildung der jodwasserstoffsauren Alkaloidverbindung durch Anwendung von Jodmagnesium und Jodbaryum in Folge der leichteren Dissociation der letzteren erzielt werden, doch werden dadurch noch keine wesentlich günstigeren Bedingungen einer glatten Bildung der jodwasserstoffsauren Alkaloidsuperjodidverbindung gegeben. Der Zusatz von Säure beschleunigt die Reaktionsfähigkeit zwischen der wässerigen jodkaliumhaltigen Jodlösung und dem Alkaloidsalz durch schnellere Zersetzung der während des Reaktionsverlaufes gebildeten Jodsäure, wobei sich erweist, dass Bromwasserstoffsäure und Jodwasserstoffsäure gegenüber Salzsäure eine weitaus beschleunigtere Wirkung ausübt. Diese Erscheinung wird durch Wechselwirkung zwischen Bromwasserstoffsäure, bezüglich Jodwasserstoffsäure, und Jodsäure gegenüber der bei Anwendung von Salzsäure eintretenden Wirkung zwischen Jodsäure, bezüglich Jodat, Jodkalium und Salzsäure erklärt. Die Anwendung von Schwefelsäure ergiebt das gleiche Endresultat der Analyse wie bei der von Salzsäure; hingegen tritt alsdann eine gegenüber Salzsäure wesentlich verlangsamte Wirkung in der Zersetzung der während der Reaktion gebildeten Jodsäure, bezüglich des Jodats, mit Jodid ein. Die Gegenwart von überschüssiger Säure bewirkt aber andererseits auch eine Abschwächung der Spannung zwischen der Alkaloidbase und der Säure — vermehrte Dissociation der Alkaloidsalze — und veranlasst dadurch einen Mehrverbrauch an Jod zur Bildung des jodwasserstoffsauren Alkaloides und dann des Superjodids, was im Mehrverbrauch an Jodkalium der Lösung zur Geltung kommt. Diesen letzteren Uebelstand zieht ein Zusatz von Neutralsalzen an Stelle desjenigen von Säuren nicht nach sich, weil durch deren Gegenwart die Löslichkeit und auch die Dissociation der Alkaloidsalze nicht vermehrt, sondern vermindert wird und bei Anwesenheit von viel Bromid oder Jodid der Reaktionsverlauf durch beschleunigte Umsetzung etwa gebildeter Jodsäure begünstigt werden kann.

Es wurde fernerhin erkannt, dass sich die Salze des Strychnins und des Brucins in wässeriger Lösung mit Jodkalium verhältnissmässig leicht zu jodwasserstoffsaurem Alkaloid umsetzen und daher mit Jodlösungen, die eine entsprechend vermehrte Jodkaliummenge enthalten, theoretisch genaue Analysenresultate erzielt werden können. Bei Morphin führt ebenfalls ein vermehrter, hier aber in sehr grossen Mengen bewirkter Jodkaliumzusatz zu günstigen Ergebnissen, dabei tritt aber die unangenehme Erscheinung der unter dem Einflusse von viel Jodkalium durch Jodabspaltung eintretenden leichten Zersetzung des jodwasserstoffsauren Morphinsuperjodids ein, ganz abgesehen davon, dass schon die Nothwendigkeit der Verwendung grosser Mengen Jodkalium einer Verwerthung der Methode in der Praxis hemmend ist. Es erzielt nun aber Bromkalium, ebenfalls in grosser Menge angewendet, bei Morphinsalzlösungen den für das Endresultat der Analyse gleichen Effekt wie das Jodkalium, ohne aber dabei auf die jodwasserstoffsaure Morphinsuperjodidverbindung in irgend einer Weise zersetzend zu wirken. Bei den Atropinsalzen endlich führt die Anwendung von Jodammonium bei gleichzeitiger Verdünnung der Alkaloidsalzlösung unter Einwirkung von Jodlösung in nur geringem Ueberschusse zum angestrebten Ziele.

Es lässt sich schliessen, dass die glatte Bildung der Superjodidverbindung dann stattfinden wird, wenn vorher die jodwasserstoffsaure Alkaloidverbindung möglichst vollständig gebildet worden ist und ausserdem dann das Jod auf diese im Momente des Entstehens derselben einwirkt. Derartige Verhältnisse sind schwer zu schaffen, denn durch Versuche wird gezeigt, dass auch dann, wenn Massenwirkung der Jodsalze oder sogar der Jodwasserstoffsäure als solche vorliegt, und somit scheinbar die besten Bedingungen zur möglichst vollständigen Bildung von jodwasserstoffsaurem Alkaloid und im Anschlusse daran zur Entstehung der Superjodidverbindung gegeben sind, dennoch kein glatter Reaktionsverlauf erfolgt. Es wäre wohl anzunehmen, dass ein mit der an das Alkaloid gebundenen Säure energisch wirkender und zur unlöslichen Verbindung in Reaktion tretender Körper bei gleichzeitiger Zufuhr von Jodwasserstoffsäure ein analytisch verwerthbares Resultat liefere. Zu diesem Zwecke benutztes Jodbaryum führt indessen nur bei Morphin-, annähernd auch bei Chininsalzen zu praktisch verwerthbaren Resultaten; bei beiden Alkaloidsalzen — dem ersteren in erhöhtem Maasse — veranlasst die leichte Dissociationsfähigkeit, verbunden mit der leichten Bildung von Hydrojodiden, zu diesem Erfolge, während bei einzelnen anderen Alkaloidsalzen, z. B. bei Atropinsulfat Jodbaryum mit der an das Alkaloid gebundenen Schwefelsäure nicht schnell genug reagirt. Auch die Anwendung von Jodammonium bei sauren weinsauren Alkaloidlösungen führt zu keinem für die Analyse günstigen Resultate, hingegen zeigen Versuche, dass die Umsetzung der Alkaloide in salzsaurer Lösung mit dem Silbersalz der Jodwasserstoffsäure in einer für die praktischen Verhältnisse brauchbaren, glatten und vollständigen Weise erfolgt. Indem aber frisch gefälltes Jodsilber mit der salzsauren Alkaloidlösung nur langsam reagirt und dadurch der Einwirkung von freiem Jod zur Bildung jodwasserstoffsauren Alkaloides kein wesentlicher Einhalt gegeben sein würde, muss das Jodsilber in einer löslichen Form angewendet werden und als solche erweist sich eine Auflösung des Jodsilbers in jodkaliumhaltiger Flüssigkeit am geeignetesten.

Die für die praktischen Bedürfnisse aufgestellten Thesen sind folgende:

1. Die Alkaloide können in wässeriger Flüssigkeit mit wässeriger jodkaliumhaltiger Jodlösung irgend welcher Konzentration — am besten $^1/_{10}$ oder $^1/_{20}$ Normalstärke — titrimetrisch nur dann mit Sicherheit bestimmt werden, wenn die Jodlösung jeweilig gegen eine analoge, aus abgewogenen Mengen Alkaloid oder Alkaloidsalz hergestellte wässerige Lösung eingestellt ist. Denn es ist nicht zu vergessen, dass die Einwirkung der Jodlösung **nicht** in dem Sinne der Gleichung: $Alk . HCl + KJ + J_2 = Alk . HJ . J_2 + KCl$ verlaufen wird, sondern es tritt eine mehr oder minder grosse Menge des freien Jodes schon zur Bildung von jodwasserstoffsaurem Alkaloid in Wirkung, wodurch ein Verbrauch von mehr Jod als obiger Gleichung entspricht, hervorgerufen wird.

Dagegen zeigen

2. Die Salze der Alkaloide Strychnin und Brucin in der wässerigen Lösung eine derartige Spannung zwischen Säure und Base, dass bei diesen ein vermehrter Zusatz von Jodkalium genügt, um die Umsetzung mit der jodkaliumhaltigen Jodlösung sich im Sinne der obigen Gleichung vollziehen zu lassen, sodass der Verbrauch von zwei Aequivalenten Jod einem Molekül Alkaloid entspricht. Zur Titration dient praktischer Weise eine 6 bis 8 % Jodkalium enthaltende Jodlösung von $^1/_{20}$ Normalstärke.

3. Auch Morphin lässt sich wie unter 2 angegeben titriren, sofern man den Jodkaliumgehalt der Jodlösung noch wesentlich erhöht; es ist aber in jeder Hinsicht vortheilhafter, den Jodkaliumzusatz durch Anwendung von Bromkalium zu ersetzen. Man giebt

der möglichst neutral gehaltenen Morphinsalzlösung Bromkalium in fester Form zu, bis bei dessen Lösung die Abscheidung eines schneeflockigen Niederschlages erfolgt, was sich sehr leicht beobachten lässt. Alsdann wird die Jodlösung zugesetzt und der Ueberschuss des letzteren nach einigem Stehenlassen der Mischung mit Thiosulfat bestimmt.

Chininsalze in wässeriger Lösung mit viel Bromsalz und dann mit Jodlösung in geringem Ueberschusse versetzt, geben ebenfalls genaue Analysenresultate.

Die Wirkung des Bromkalium beruht darauf, dass durch die Massenwirkung desselben zunächst bromwasserstoffsaures Alkaloid neben nur wenig jodwasserstoffsaurem Alkaloid gebildet wird, und dass die durch die Bildung des letzteren gleichzeitig entstehende Jodsäure durch bromwasserstoffsaures Salz, bezüglich durch Bromwasserstoffsäure schneller zersetzt wird als durch Salzsäure oder Schwefelsäure. Das zunächst gebildete bromwasserstoffsaure Alkaloid wird alsdann zu jodwasserstoffsaurem Alkaloid umgesetzt und nun in die Superjodidverbindung verwandelt.

Die Benutzung von Bromsalz kann, wie von selbst folgt, nur bei denjenigen Alkaloiden mit Erfolg geschehen, bei denen die Spannung zwischen Alkaloid und Bromwasserstoffsäure eine möglichst lockere ist.

Die Morphinbestimmung kann auch in der von überschüssiger Säure durch Neutralisation möglichst befreiten Lösung des schwefelsauren Salzes durch Versetzen mit Jodbaryumlösung im Ueberschusse und sofortige Zufuhr von Jodlösung bestimmt werden.

Es wird dabei das Spannungsverhältniss zwischen der Schwefelsäure und dem Alkaloid durch Jodbaryum schneller gelöst, als dasjenige zwischen Alkaloid und Schwefelsäure, bezüglich Salzsäure, durch Jodkalium. Bedingung ist die möglichst vollständige Entfernung freier Säure, damit das freie Jod lediglich zur glatten Bildung der Superjodidverbindung in Wirkung tritt, während bei Gegenwart von Säure wiederum die Spannung zwischen dem Alkaloid und der Jodwasserstoffsäure geschwächt wird und dadurch der Einwirkung von freiem Jod auch zur Bildung von jodwasserstoffsaurem Alkaloid ein grösserer Spielraum geboten ist.

Jodbaryum wird leicht durch Einwirkung von Jodwasserstoffsäure auf Baryumcarbonat erhalten; es resultirt meist eine durch freies Jod schwach braun gefärbte Lösung, die durch vorsichtigen

Zusatz von Barytwasser entfärbt wird. Das dabei entstandene Baryumjodat scheidet sich als fast unlöslich (Löslichkeitsverhältniss 1 : 3000) in Form eines weissen Niederschlages ab.

4. Sämmtliche Alkaloide lassen sich in der Weise genau titriren, dass man dieselben in einer abgemessenen Menge Salzsäure — eventuell auch Schwefelsäure — von bekannter Konzentration löst (möglichst konzentrirt arbeiten), dann mit berechneter Jodsilbermenge und hierauf sofort mit Jodlösung behandelt. Die Titration des überschüssigen Jodes in einem aliquoten Theile des Filtrates kann bereits nach 2—3 Minuten langer gegenseitiger Einwirkung stattfinden, da die Bildung der Superjodidverbindung sofort beendet ist. Zur Ausführung ist nöthig:

Eine Jodsilberlösung, am vortheilhaftesten bereitet durch Auflösen von

1,0 g $AgNO_3$ und 10 g KJ in Wasser zu 20 ccm

und eine wässerige, mit Jodkalium bewirkte Lösung von Jod in bekannter Stärke, etwa $^1/_{20}$ Normal-Lösung.

Für die zuzusetzende Menge Jodsilber ergiebt sich rechnerisch

bei Benutzung von Salzsäure der Faktor 4,7 und
„ „ „ Schwefelsäure „ „ 3,5

Bei Anwendung von Jodsilberlösung obiger Zusammensetzung bedarf es alsdann nur einer Multiplikation der erhaltenen Zahl mit 20 um die Anzahl Kubikcentimeter der zur Reaktion nothwendigen Jodsilberlösung zu erfahren.

Beispiel: 0,1 g Narcotin, gelöst in 10 ccm 0,5585 % Salzsäure enthaltendem Wasser. Vorhandene 0,05585 g HCl $\times$ 4,7 = 0,262495 g AgJ und diese Zahl $\times$ 20 = 5,2 ccm der jodsilberhaltigen Flüssigkeit, als nothwendiger Zusatz, um sämmtliches Narcotinhydrochlorid zu Hydrojodid umzusetzen.

Ein Ueberschuss an Jodsilber ist zu vermeiden; ist derselbe aber doch erfolgt, so lässt sich ein Fehler durch nachträglichen Zusatz von Jodkalium zu der mit der Jodsilberlösung versetzten alkaloidhaltigen Flüssigkeit und Abwarten bis zur Lösung des zunächst entstandenen Niederschlages korrigiren, worauf dann Zusatz der Jodlösung erfolgen kann.

Da sich frisch gefälltes Chlorsilber mit Jodalkali umsetzt zu Jodsilber und Alkalichlorid, so verläuft die beim Vermischen der jodsilberhaltigen Flüssigkeit mit der Alkaloidhydrochloridlösung eintretende Reaktion in folgenden zwei Phasen:

$$AgJ + KJ + Alk . HCl = Alk . HJ + AgCl + KJ$$
$$AgCl + KJ = AgJ + KCl,$$

wobei sich das dann neu gebildete Jodsilber entweder abscheidet, oder, sofern die Flüssigkeit noch genügend Jodkalium gelöst enthält, wieder in Lösung geht. Erst durch den späteren, zum Zweck der titrimetrischen Werthbestimmung erfolgten Zusatz der Jodflüssigkeit tritt eine derartige Verdünnung der Flüssigkeit ein, dass sich ein Theil des ehedem gelösten Jodsilbers als unlöslicher Niederschlag neben der Superjodidverbindung abscheidet.

Die Gegenwart von Neutralsalzen, zum Beispiel Chlorid und Sulfat, vermindert die Reaktionsgeschwindigkeit zwischen Jodsilber und Alkaloidsalz nicht und übt überhaupt auf den Verlauf der Reaktion keinen Einfluss aus. Einerseits würde etwa gebildetes Chlorsilber sofort mit Jodkalium zu Jodsilber und Chlorkalium in Umsetzung treten; andererseits kann eine analoge Umsetzung mit jodwasserstoffsaurem Alkaloid hier nicht stattfinden, weil Chlorsilber als solches unlöslich, mit dem schwer löslichen jodwasserstoffsauren Alkaloid entweder gar nicht oder nur sehr wenig — entsprechend der Löslichkeit des jodwasserstoffsauren Alkaloides in Wasser — reagiren würde und ausserdem das Chlorsilber durch die Gegenwart gelösten Jodkaliums, wie oben angegeben, sofort zu Jodsilber umgesetzt wird und dann Alkalichlorid — entgegengesetzt freier Säure — sich nicht mit jodwasserstoffsaurem Alkaloid umsetzt, weil die Dissociation der ersteren wie diejenige der letzteren Verbindung nur sehr gering ist.

Bei der Ausführung des Verfahrens ist ein grosser Ueberschuss an Jodlösung thunlichst zu vermeiden.

Für die Praxis zu empfehlen wäre hauptsächlich Methode 2, speziell für Brucin und Strychnin bestimmt, sowie Methode 4, brauchbar bei allen Alkaloiden.

Die Art der Durchführung geschieht in folgender Weise:

Das Alkaloid wird in Wasser unter Zusatz von möglichst wenig überschüssiger Säure in einem Verhältnisse gelöst, dass eine 1 % Alkaloid enthaltende Flüssigkeit entsteht. Ein abgemessenes Volumen dieser Lösung, beispielsweise 10 ccm, wird in ein trockenes mit Kautschukzapfen oder Glasstöpsel verschliessbares Kölbchen gebracht und nun je nach Wahl einer der obigen Methoden mit Jodsilberlösung (in den meisten Fällen am zweckdienlichsten), oder einer der anderen vorgeschriebenen Reagentien behandelt, worauf sofort soviel einer mit

Jodkalium bewirkten Jodlösung von $^1/_{20}$ Normalstärke zugegeben wird, bis kein Niederschlag mehr entsteht und die Flüssigkeit deutlich gelb gefärbt ist. Man schüttelt mehrmals gut durch und lässt die Mischung, wohl verschlossen, 5 bis 10 bis 15 Minuten bei Seite stehen, jedenfalls solange, bis die über dem Niederschlage befindliche Flüssigkeitsschicht beginnt sich zu klären. Alsdann wird die Flüssigkeit durch einen kleinen, mit Glaswolle und Asbestfäden versehenen Trichter in eine trockene reine Glashahnbürette filtrirt, wobei man den Trichter während des Filtrirens mit einem Uhrglase bedeckt. Die Trichterfüllung mit Asbest geschieht zweckmässig unter Befeuchten mit 1—2 Tropfen Wasser (bei absolut genauer Arbeit mit der Analysenflüssigkeit), wodurch von vornherein eine bessere Dichte des Asbestes und damit eine Ersparniss des Füllmaterials eintritt. Zweckmässiger Weise wird man die ersten Tropfen des Filtrates in ein Reagensrohr laufen lassen, um sich zu überzeugen, dass die Flüssigkeit klar filtrirt; sollte dann das Filtrat trübe erscheinen, so ist die Asbestfüllung des Trichters nicht fest genug gelegt, oder aber es hat sich noch nicht alles Alkaloid als Superjodid abgeschieden, sodass die Flüssigkeit noch einige Zeit sich selbst überlassen werden muss. Vom Filtrate lässt man nun einen aliquoten Theil — praktischer Weise jedesmal die Hälfte des berechneten Gesammtvolumens der Mischung — aus der Bürette in ein Fläschchen abfliessen, titrirt den Ueberschuss an Jod mit $^1/_{20}$ Normal-Thiosulfatlösung unter Benutzung von Stärke als Indikator zurück und berechnet alsdann auf die angewandte Menge Alkaloid.

Es ist selbstverständlich, dass die Gegenwart von Alkohol in der Titrationsflüssigkeit sorgfältig zu vermeiden ist, da dieser auf die jodwasserstoffsaure Alkaloidsuperjodidverbindung einen lösenden Einfluss ausübt.

Die Einstellung der Jodlösung, wie auch die der Thiosulfatflüssigkeit, geschieht am praktischsten jeweilig vor dem Gebrauche derselben, oder gleichzeitig mit der Alkaloidbestimmung nebenher, durch eine Kaliumbichromatlösung genau bekannter Zusammensetzung. Eine solche wird am vortheilhaftesten in der Stärke der $^1/_{20}$ Normallösung hergestellt durch Auflösen von 2,458 g reinsten, trockenen Kaliumbichromats zu 1 Liter Wasser. Von dieser werden bestimmte Volumina — z. B. 20 ccm — in eine frisch bereitete, jodatfreie Kaliumjodidlösung gebracht; man mischt hierauf verdünnte Schwefelsäure im Ueberschusse zu und ermittelt die alsdann in Freiheit gesetzte Jodmenge durch Titration mit der Thiosulfatlösung unter Benutzung von Stärkelösung als Indikator. Praktischer Weise wird man den Stärkezusatz erst gegen Ende der Titration erfolgen lassen. Die freies Jod nicht mehr enthaltende Flüssigkeit ist durch Chromoxydsalz grün gefärbt.

Hat man auf diese Weise den genauen Titer der Thiosulfatlösung erfahren, so fällt es nicht schwer, alsdann mit Hilfe der letzteren die Jodlösung genau einzustellen.

Der praktische Wink, dass sich die den feuchten Alkaloidsuperjodidniederschlag enthaltenden Gefässe mit Aceton leicht reinigen lassen, wird nicht unwillkommen sein. Mischt man dem Aceton vorher etwas Alkalihydroxydlösung hinzu, so wird dadurch der Bildung lästiger, stechend riechender Oxydationsprodukte vorgebeugt; die Gefässe lassen sich durch Ueberführung des freien Jodes in Jodsalz noch leichter reinigen und die Acetonflüssigkeit kann zum Ausspülen einer Reihe anderer mit dem Niederschlage versehener Gefässe benutzt werden.

Bei der Berechnung der Chininsalze ist zu berücksichtigen, dass normaler Weise Chinin als zweisäurige Base fungirt, somit die Verbindung $C_{20}H_{24}N_2O_2(HJ)_2 . J_4$ entsteht und daher 4 Aequivalente Jod gleich 1 Molekül Chininsalz zu berechnen sind. Im Uebrigen entsprechen bei Ausführung von Methode 2, 3 und 4 je 2 Aequivalente Jod einem Molekül Alkaloidsalz, d. h. also:

1 ccm $^1/_{20}$ N . Jodlösung

= 0,007225 Atropin $C_{17}H_{23}NO_3$
0,007925 Codeïn $C_{18}H_{21}NO_3 + H_2O$
0,010325 Narcotin $C_{22}H_{23}NO_7$
0,011650 Brucin $C_{23}H_{26}N_2O_4 + 4H_2O$
0,008350 Strychnin $C_{21}H_{22}N_2O_2$
0,012475 Narceïn $C_{23}H_{29}NO_9 + 2H_2O$
0,007575 Morphin $C_{17}H_{19}NO_3 + H_2O$
0,007775 Thebaïn $C_{19}H_{21}NO_3$
0,008475 Papaverin $C_{20}H_{21}NO_4$.

Wünscht man aus dem jodwasserstoffsauren Alkaloidsuperjodidniederschlag das Alkaloid oder ein Salz desselben in reinem Zustande zurückzugewinnen, so kann dies quantitativ durch Lösen in Aceton und Weiterbehandlung dieser Lösung nach den Seite 78 gemachten Angaben geschehen. Bei Benutzung der Methode 4 ist dem Alkaloidniederschlag Jodsilber beigemengt. Da dieses in Aceton in ganz geringen Mengen löslich ist, so muss eine Abscheidung des eventuell gelösten Jodsilbers vor der Ausschüttelung der Alkaloidbase erfolgen. Es kann dies in der Weise geschehen, dass man den Niederschlag behufs Lösung des Alkaloides zunächst mit Aceton behandelt, die Lösung dann mit Alkalilösung und hierauf mit Säure versetzt — wie an citirter Stelle angegeben —, nun aber die Flüssigkeit vor der weiteren Behandlung im Wasserbade zur Trockne verdunstet und dann mit saurem Wasser auslaugt. Dadurch bleibt Jodsilber ungelöst, während das Alkaloid als saures Salz in Lösung geht. Sollten unvorhergesehener Weise grössere Mengen Jodalkali zugegen sein, so würde Jodsilber abermals, wenigstens in geringer Menge in Lösung gehen; in diesem Falle führt die Eindunstung der Ausschüttelungsflüssigkeit, Behandlung des Verdunstungsrückstandes mit saurem Wasser und abermalige Ausschüttelung des Alkaloides nach Alkalischmachen der Lösung eine Trennung von Jodalkali, mithin auch von Jodsilber herbei.

Anwendung von Quecksilberchloridlösung.

(Kippenberger.)

Versuche zeigen, dass die Doppelverbindung der Alkaloide oder Alkaloidsalze mit Quecksilberchlorid bei Veratrin, Narcotin, Atropin und Narceïn in Wasser ziemlich reichlich löslich ist, eine Titration mit Quecksilberchloridlösung bei diesen also unmöglich sein wird, dass aber

Brucin, Strychnin, Codeïn und Thebaïn

schnell und leicht Verbindungen geben, welche in Wasser unlöslich sind.

Will man diese Erscheinung zur titrimetrischen Ermittelung der Quantität eines der in Wasser gelösten Alkaloidsalze verwerthen, so verfährt man ganz wie bei der Titration mit Quecksilberjodidjodkaliumlösung. Bei einzelnen Alkaloiden begünstigt Reiben mit Glasstab die Abscheidung sehr; es ist dies besonders bei Strychnin der Fall. Bei Titrationen der Alkaloide ist es zur Erzielung gleichmässiger und genauer Resultate sodann zweckmässig, die Mischung 10 Minuten bei Seite zu stellen, ehe man die Tüpfelprobe mit der Flüssigkeit vornimmt. Bei der letzteren kann man bequem so verfahren, dass man einige Tropfen der geklärten Operationsflüssigkeit auf ein kleines, auf schwarzer Unterlage befindliches Uhrgläschen bringt, und nun mit etwas Jodkaliumlösung vermischt, ehe der Zusatz der Alkaloidsalzlösung zur Beobachtung des Ueberschusses an Quecksilberchlorid erfolgt. Auf diese Weise resultirt bei Gegenwart von überschüssigem Quecksilberchlorid in Lösung Quecksilberjodidjodkalium, das mit dem Alkaloidsalz schneller reagirt als jenes.

1 ccm einer Quecksilberchloridlösung, die 13,55 $HgCl_2$ zu 1 Liter Wasser gelöst enthält, entspricht:

0,02330 Brucin $C_{23}H_{26}N_2O_4 + 4H_2O$
0,01669 Strychnin $C_{21}H_{22}N_2O_2$
0,01585 Codeïn $C_{18}H_{21}NO_3 + H_2O$
0,01555 Thebaïn $C_{19}H_{21}NO_3$.

Die Gegenwart von Mineralsäure hindert bei der Ausführung der Titration nicht, hingegen ist die Anwesenheit von Essigsäure und die von Alkohol zu vermeiden, da sich einzelne der Alkaloiddoppelverbindungen mit Essigsäure zersetzen und andere in Alkohol reichlich löslich sind.

Auch in einem grossen Ueberschusse von Quecksilberchlorid sind viele der Alkaloidsalzdoppelverbindungen löslich; ein solcher wird aber bei der Anwendung der Tüpfelmethode nie vorhanden sein.

Giebt auch die Methode recht brauchbare Resultate, so kann sie der Anwendung des Titrationsverfahrens mit Jod im Allgemeinen doch nicht vorgezogen werden, da sie dieser gegenüber keinen Vortheil, sondern dadurch nur Nachtheil bietet, dass sie sich nur bei einer beschränkten Anzahl der gebräuchlicheren Alkaloide anwenden lässt. Hin und wieder aber dürfte die Anwendung derselben bei besonderen Verhältnisse zweckdienlich sein.

Untersuchung auf metallische Gifte.

Ist die Untersuchung auf Giftstoffe organischer Natur vollständig beendet, so kann zur Analyse auf anorganische Stoffe geschritten werden. Man benutzt hierzu das bei der Untersuchung auf organische Gifte resultirende Gesammtmaterial, also sowohl die extrahirten Massen wie auch die von den Alkaloiden getrennten Extraktionsflüssigkeiten. Auch bei dieser Arbeit geht das Bestreben zunächst darauf hinaus, eventuell vorhandene Giftstoffe dieser Art in eine Form überzuführen, welche die Reinabscheidung und die scharfe Einzelcharakteristik mit Erfolg gestattet. Das wird auf weitaus leichtere Weise erreicht als wenn es sich um die Isolirung organischer Gifte handelt. Man hat hier nur nöthig, die organische Substanz mit der Vorsicht zu zerstören, dass keines der anorganischen Giftstoffe durch diese Arbeit in Folge Verdampfung, bezüglich Verflüchtigung, verloren geht. Die Zerstörung der organischen Substanz ist eine Oxydationsarbeit. Freilich kann man diese Oxydationsarbeit in einzelnen speziellen Fällen ganz oder theilweise unterlassen, so z. B. wenn es sich um die direkte Fragestellung auf Vorhandensein von Arsen handelt. Es ist dann möglich das Arsen durch Destillation in Form des Arsentrichlorids von den organischen Stoffen zu trennen; die Durchführung dieser Methode, wie diejenige analoger Operationen, soll indessen lediglich jeweilig beim Einzelnachweis der Metallgifte beschrieben werden.

Hin und wieder kann ja auch eine Vorprobe mit dem Untersuchungsmaterial nicht ganz zwecklos sein, eine Untersuchung, die auf der metallischen Abscheidung der in Salzform vorliegenden Metallgifte durch ein anderes Metall oder auf der Abscheidung des

Metalles durch den galvanischen Strom beruht. Als Beispiele mögen hier erwähnt werden:

Der Kupfernachweis durch Eintauchen eines blanken Eisenstabes in die schwach angesäuerte Masse;

der Arsennachweis durch Abscheidung mittelst Kupferblech in stark angesäuerter Lösung, und alsdann zu bewirkende Oxydation des Arsens zu arseniger Säure in Glasröhrchen, worauf Beobachtung mit dem Mikroskope erfolgt;

der Quecksilbernachweis durch Abscheidung des Metalles auf Kupferblech und darauf folgende Herstellung einer charakteristischen Quecksilberverbindung.

Auch solche Methoden sind jeweilig beim Einzelnachweise der Metallgifte angegeben. Ich kann indessen der Ausführung derartiger Operationen in der gerichtlich-chemischen Praxis nicht von vornherein das Wort reden; denn in den meisten Fällen handelt es sich doch nur um ganz geringe Mengen des Giftstoffes und dann wird ein exakter untrüglicher Nachweis durch Zerstörung der organischen Substanzen und darauf folgende Abscheidung des Giftstoffes angebracht sein und die damit verknüpfte Arbeit durch das Untrügerische des Resultates belohnt werden. Es ist selbstverständlich, dass diese Ansicht nur Bezug hat auf Untersuchungen, in denen grössere Mengen organischer Masse vorliegen, wie dies z. B. bei der Untersuchung von Leichentheilen oder derjenigen von einigen Nahrungsmitteln, wie Wurst u. a. m. der Fall ist. Betrifft die Untersuchung ein Produkt, das nur wenig organische Substanz einschliesst, so ist die Möglichkeit der Umgehung der Zerstörungsarbeit natürlich begünstigt. Aber auch selbst dann möchte ich die Zerstörung der organischen Substanz für alle Fälle dringend anrathen; man schützt sich dadurch vor Trugschlüssen, die von weitgehender Bedeutung sein können.

Die Arbeit zerfällt auch hier in

a) Isolirung des Giftstoffes,

b) Trennung eventuell vorhandener verschiedenartiger Giftstoffe,

c) Einzelcharakteristik und

d) Ermittelung der Quantität des durch die Reaktionserscheinung charakterisirten Giftstoffes.

Isolirung und Trennung.

Die Methoden der Zerstörung der organischen Substanz behufs Isolirung der anorganischen Gifte können in zwei Gruppen eingetheilt werden, in Methoden, bei denen die Oxydation auf trockenem, und solche, bei denen diese Arbeit auf nassem Wege ausgeführt wird.

Die Methoden der ersteren Art sind veraltet und nur kurze Zeit in Gebrauch gewesen; man wendet sie heute theilweise in Folge der Ungenauigkeit, welche diese von vornherein für das Endresultat der Analyse versprechen müssen, theilweise wegen der Umständlichkeit der Arbeit, welche die Ausführung beansprucht, nicht mehr an. Es seien hier aber dennoch zwei derartige Methoden erwähnt, von denen die erstere ein Beispiel der unbequemen Arbeit, die letztere ein solches der Ungenauigkeit durch Verflüchtigung eines Theiles einzelner metallischen Gifte (hauptsächlich Quecksilber- und Arsenverbindungen) abgiebt.

Die **Methode Verryken** lässt die Massen in kleinen Portionen verbrennen, wobei die entstehenden Verbrennungsgase aufgefangen und sowohl diese, wie die Asche des Verbrennungsrückstandes untersucht werden. Zur Verbrennung bedient man sich weiter Röhren, in denen Platinschiffchen, gefüllt mit dem Untersuchungsmaterial, eingeführt werden und verbindet diese Röhren mit Apparaten, in denen die flüchtigen Produkte aufgefangen werden können. Die Verbrennung soll im Sauerstoffstrome geschehen.

Nach der **Methode Wöhler** und **von Siebold** wird die organische Masse in einer Porzellanschale mit Salpetersäure zu einem dünnen Brei zerrieben und alsdann das Ganze erwärmt. Nachdem die Einwirkung der Salpetersäure beendet ist, wird die Flüssigkeit mit Alkali neutralisirt und das Ganze zur Trockene verdampft. Den Verdampfungsrückstand trägt man nach und nach in schmelzenden Salpeter ein, welcher sich in einem Tiegel befindet. Hierbei wird der Rest der organischen Substanz oxydirt.

Weitaus exakter, und auch in der Ausführung viel bequemer, sind die Methoden der Oxydation der organischen Substanz auf nassem Wege, bei denen nur bei Nichteinhaltung besonderer Vorsichtsmassregeln Verluste durch Verdampfung geringer Mengen — Spuren — solcher Stoffe eintreten können, die unter hierzu geeigneten

Verhältnissen mit Wasser- oder Säuredämpfen flüchtig sein können (z. B. Arsen- und Quecksilberverbindungen).

Nach der **Methode von Danger** und **Flandin** wird die zerkleinerte Substanz mit konzentrirter Schwefelsäure und danach mit Salpetersäure oder Königswasser behandelt. Die Zerstörungs- bezüglich Oxydationsarbeit wird am besten in Retorten ausgeführt, die mit Absorptionsgefässen, versehen mit Alkalihydroxydlösung von entsprechender Verdünnung, verbunden sind und in denen das Destillat aufgefangen werden kann. Diese Vorsichtsmassregel ist unbedingt nothwendig, da sonst ein Verlust an Arsen- und Quecksilberverbindungen unvermeidlich ist. Die Methode ist für die Praxis deshalb nicht zu empfehlen, weil sie späterhin durch praktischere Methoden ersetzt worden ist.

Auch die **Methode** von **Pouchet,** darauf beruhend, dass die organische Masse mit einer breiförmigen Mischung von saurem schwefelsaurem Kalium und rauchender Salpetersäure erwärmt und späterhin nochmals mit konzentrirter Schwefelsäure behandelt wird, ist in der Praxis nur selten in Gebrauch. Dasselbe gilt für

die **Methode Witz,** nach welcher die Oxydationsarbeit mit Kaliumpermanganat und Salzsäure ausgeführt wird.

Am sichersten zum Ziele führend und in der Praxis am meisten in Anwendung ist die

Methode von Fresenius und Babo,

darauf beruhend, dass die Oxydation mit Hilfe von Kaliumchlorat und Salzsäure vollzogen wird.

Man reibt die Substanz mit verdünnter Salzsäure — starke Salzsäure des Handels (spec. Gew. 1,2) mit dem gleichen Volumen Wasser verdünnt — zu einem recht dünnen Brei an, giebt sofort etwas Kaliumchlorat hinzu — auf 100 ccm Salzsäure etwa 2 g Kaliumchlorat — und beginnt im Wasserbade unter zeitweisem Umrühren des Gemenges zu erwärmen. Man kann die Arbeit in offener Porzellanschale durchführen, oder aber auch sich dabei eines Glaskolbens bedienen. Im letzteren Falle gestattet es die Art des Gefässes, die entweichenden Gase und die verdampfende Flüssigkeit aufzufangen, indem man den Hals des Kolbens mit einem Korke verschliesst, in den einerseits eine rechtwinklig gebogene Glasröhre zur Ableitung der erwähnten Produkte mündet[1]), andererseits aber

[1]) Manche verbinden diese Röhre wohl auch mit Absorptionsgefässen, um in diesen die mit den Wasserdämpfen eventuell sich verflüchtigen-

auch durch eine zweite Bohrung ein kleiner Tropftrichter angebracht ist, der mit einer gesättigten konzentrirten Kaliumchloratlösung gefüllt ist und dazu dient dem im Kolben befindlichen dünnen Brei langsam Kaliumchlorat zuzuführen.

Man hat nun hauptsächlich zwei Vorsichtsmassregeln zu beobachten; erstens, dass es in der Flüssigkeit nie an Kaliumchlorat mangelt und zweitens, dass die Masse nicht zu stark eindampft. In beiden Fällen kann bei Nichtbeachtung dieser Verhältnisse Arsen, das sich als Arsensäure, bezüglich arsensaures Salz vorfinden soll, zu arseniger Säure reduzirt und alsdann als Arsentrichlorid verflüchtigt werden. Man muss daher der Masse von Zeit zu Zeit neue Kaliumchloratmengen zuführen, was am besten jeweilig messerspitzenweise geschieht und man muss auch dafür Sorge tragen, dass genügend Flüssigkeit vorhanden ist, was durch erneuten Zusatz von verdünnter Salzsäure oder durch den von Wasser erreicht wird. Die anfangs braun gefärbte Flüssigkeit nimmt rasch immer heller werdende Nüancen an, bis schliesslich eine hellgelb gefärbte Flüssigkeit erhalten wird, in der nur wenig ungelöstes Material zurückgeblieben sein wird und in welcher Fettkügelchen, durch die Wärme geschmolzen, vertheilt sein können. Letztere sammeln sich auch häufig an der Oberfläche der Flüssigkeit an. Sobald sich in der Flüssigkeit mit dem Auge wahrnehmbare organische, unzerstörte Produkte nicht mehr vorfinden, kann die Oxydationsarbeit im Allgemeinen als beendet angesehen werden, und es folgt dann die Entfernung des überschüssigen Chlors, was entweder durch Einleiten eines lebhaften Stromes gasförmiger Kohlensäure in die vorher erkaltete Flüssigkeit oder durch Eindampfen bewirkt wird. Im letzteren Falle bedarf es wieder einzelner Vorsichtsmassregeln. Vor allem ist auf die schon oben erwähnte leichte Flüchtigkeit des Arsens in konzentrirter Salzsäurelösung hinzuweisen; diese wird durch zeitweisen Zusatz von Wasser vermieden. Sodann ist daran zu erinnern, dass beim Eindampfen der Flüssigkeit immer wieder das Auftreten einer dunklen Färbung zu beobachten ist, herrührend von noch unzerstörter, für das Auge vor der Eindampfung kaum sichtbarer organischen Substanz. Es ist daher nöthig, auch bei dieser Eindampfung von Zeit zu Zeit geringe Mengen Kaliumchlorat zuzufügen. Man kann dann auf diese Weise freilich nicht

---

den Metallgifte (Arsen- und Quecksilberverbindungen) zurückzuhalten, eine Vorsichtsmassregel, die indessen bei exakter Oxydationsarbeit und Beachtung der bei dieser nöthigen Vorsichtsmassregeln überflüssig ist.

sämmtliches Chlor aus der Flüssigkeit entfernen, doch beachte man diese kleine Menge gelösten Chlors vorläufig nicht; dieselbe lässt sich späterhin noch entfernen.

Die Operation der Eindampfung hat die Annehmlichkeit der Entfernung eines grossen Theiles überschüssiger Salzsäure für sich.

Alsdann wird das Ganze mit Wasser verdünnt, erkalten gelassen und nun filtrirt. Man wende ein möglichst kleines Filter an, um den Filterrückstand schnell auswaschen zu können.

In dem auf dem Filter befindlichen Rückstande können von hier in Betracht kommenden Substanzen enthalten sein:

Baryumsulfat, Strontiumsulfat, Silbersulfat, Bleisulfat, Chlorblei, Chlorsilber und Fett.

Der Filterinhalt wird nun wiederholt mit salzsäurehaltigem Wasser ausgewaschen, welches soweit erwärmt worden war, dass das Fett auf dem Filter eben schmilzt. Dadurch geht eventuell vorhandenes, in der Kälte ausgeschiedenes Chlorblei in Lösung über. Nach dem Auswaschen wird der Filterinhalt bei Seite gethan und zur späteren Untersuchung aufbewahrt.

Das Filtrat ist zumeist stark sauer; ehe man zu weiteren analytischen Operationen schreitet, entfernt man den grössten Theil der Säure, was in diesem Falle zweckmässig durch eine Lösung von Alkalihydroxyd oder Alkalicarbonat geschehen kann. Man hüte sich hierbei einen Ueberschuss an Alkali zuzusetzen; ist derselbe aber doch erfolgt, so füge man von neuem Säure hinzu und erwärme das Ganze vor jeder weiteren Operation, um der Abscheidung von Metallcarbonaten, bezüglich Metallhydroxyden, vorzubeugen.

Ich warne an dieser Stelle vor dem Gebrauche festen Natriumcarbonates; ich habe bei Praktikanten häufig die Beobachtung gemacht, dass bei Abstumpfung der Säure unter angeblich vorsichtiger Benutzung zerriebenen Alkalicarbonats durch nicht momentan eintretende vollständige Lösung des letzteren ein Ueberschuss an Carbonat angewendet wurde und dadurch natürlich Fehler in Folge Abscheidung von Metallverbindungen eintraten.

Lässt man die so vorbereitete, saure Flüssigkeit vor jeder anderen Operation noch längere Zeit stehen — z. B. über Nacht, um die Arbeit am anderen Tage fortzusetzen — so kann man nicht selten an den Gefässwandungen die Abscheidung einer weissen Substanz wahrnehmen. Es rührt dies von Fett her, das man vortheilhaft durch eine Filtration entfernt, wobei man aber die Vorsicht nicht unterlassen darf, den ausgewaschenen Filtrirrückstand mittelst eines

Glasspatels vom Filter zu entfernen und mit einer Probe desselben im Reagensrohr vorsichtig die Schmelzprobe zu machen (kann auch unter Wasser geschehen), sowie mit einer anderen Probe die Reaktionsfähigkeit gegenüber Schwefelwasserstoff oder Schwefelammonium zu beobachten. Es ist hierbei natürlich ganz speziell auf in Wasser schwer lösliche Bleiverbindung Rücksicht zu nehmen. Letztere lässt sich auch direkt durch Betupfen der festen fettigen Substanz mit Schwefelammoniumlösung erkennen.

Von der Zerstörungsarbeit resultirt also:

1. eine klare Flüssigkeit und
2. ein wasserunlöslicher Rückstand.

Sonnenschein und Jeserich modifiziren die Methode Fresenius und Babo in der Weise, dass sie die Oxydation mittelst Salzsäure und freier Chlorsäure ausführen. Die Masse wird mit der wässerigen Chlorsäure angerührt und schwach erwärmt, worauf dem inzwischen schwammig erscheinenden Brei nach und nach Salzsäure zugesetzt wird, und nunmehr stärkere Erhitzung erfolgen darf. Die Arbeit wird am besten im Glaskolben ausgeführt, der mit Scheidetrichter und Abzugsrohr verbunden ist.

Die Anwendung von freier Chlorsäure hat gegenüber der von Kaliumchlorat nur die Annehmlichkeit, dass der Flüssigkeit nicht so viel Salze, hier also Chlorkalium, zugeführt werden; ein wesentlicher Vortheil wird dadurch aber kaum erreicht, da die Gegenwart des Chlorkaliums bei den späteren Fällungsarbeiten der Metallgifte keinen Einfluss ausübt, indem bei der Fällung jeweilig ein derartiger Ueberschuss an Säure, bezüglich späterhin an Ammoniak, vorwaltet, dass dieser der lösenden Wirkung des Chlorkaliums auf die gefällten Metallgifte, oder im Sinne einer Anzahl Chemiker ausgedrückt: dass derselbe der Bildung von Doppelsalzen mit Chlorkalium entgegenarbeitet. Ausserdem bietet die Anwendung von freier Chlorsäure insofern Unannehmlichkeiten, als sie in reinem Zustande nur schwer zu erhalten ist.

Behandlung der von der Oxydationsarbeit nach Fresenius und Babo resultirenden Flüssigkeit.

In dem sauren Filtrat werden zunächst die in saurer Lösung durch Schwefelwasserstoff abscheidbaren Metallgifte isolirt. Es geschieht dieses in der Weise, dass man die mit Wasser stark verdünnte Flüssigkeit im Glaskolben zunächst auf 60—70^0 erwärmt und sodann bei dieser Temperatur durch einen andauernden langsamen Strom Schwefelwasserstoff sättigt. Das Erwärmen der Flüssigkeit geschieht am sichersten im Wasserbade, um ein Springen des

Glaskolbens zu vermeiden. Das Schwefelwasserstoffgas wird bereitet aus Baryumsulfid[1]) und reiner Salzsäure. Man bedient sich in gerichtlichen Fällen nicht des Eisensulfids, weil dieses kaum absolut frei von Arsen zu erhalten ist und seinen Arsengehalt zum Theil in Form flüchtiger Verbindungen abgiebt, wodurch ein für die allgemeine analytische Arbeit nur selten beachtenswerther, in der gerichtlich-chemischen Analyse aber grosse Bedeutung annehmender Fehler entstehen würde[2]).

Die mit Schwefelwasserstoff gesättigte Flüssigkeit wird, ohne Rücksicht darauf, ob sich ein Niederschlag gebildet hat oder nicht, 24 Stunden lang bei Seite gestellt, nachdem man die Oeffnung der dieselbe enthaltenden Flasche gut verkorkt hat. Nach dieser Zeit hat sich in fast allen Fällen ein Niederschlag gebildet; man filtrirt diesen durch ein möglichst kleines Filter ab und sättigt das Filtrat mit Schwefelwasserstoff unter gleichen Verhältnissen wie vorher. Nach abermaliger 24stündiger Einwirkung wird auch der nunmehr noch gebildete Niederschlag auf demselben Filter gesammelt, das auch den durch die erstmalige Sättigung der Flüssigkeit mit Schwefelwasserstoff erzeugten Niederschlag enthält.

Der Niederschlag kann aus den Sulfiden folgender Metallgifte bestehen:

Quecksilber, Blei, Kupfer, Cadmium, Antimon, Zinn, Arsen,

dem dann stets mehr oder weniger grosse Mengen Schwefel und auch organische Substanz beigemengt sind, welch' letztere in der Flüssigkeit trotz der Oxydationsarbeit noch vorhanden war, durch

---

[1]) Baryumsulfid wird durch Reduktion des Baryumsulfates hergestellt, indem man 100 g reines Baryumsulfat mit ca. 25 g Kohlenpulver und 20 g Natriumchlorid zunächst für sich innig mengt, diese Mischung dann mit wenig Wasser bis zur Bildung einer plastischen Masse verarbeitet, und aus dieser kleinere Würfel abtheilt, die mehrere Stunden lang der schwachen Weissgluthhitze ausgesetzt werden.

[2]) Es sei aber auch an dieser Stelle darauf hingewiesen, dass sich Schwefelwasserstoff, der geringe Mengen Arsen enthält, leicht durch Jod reinigen lässt, in der Weise, dass man das Schwefelwasserstoffgas durch eine etwa 40 cm lange, enge Röhre leitet, welche trockenes, gröblich zerriebenes Jod, zwischen Glaswolle vertheilt, enthält. Vorsichtigerweise lässt man das Gas nach Austritt aus dieser Röhre noch eine zweite, ebenso vorbereitete Röhre passiren, worauf es in eine Waschflasche gelangt, die etwas Wasser enthält.

Eventuell vorhandener Arsenwasserstoff wird hierbei von Jod zu Arsenjodür und Jodwasserstoffsäure umgesetzt, und das in der Waschflüssigkeit befindliche Wasser hält mechanisch mitgerissenes Jod zurück.

die Schwefelwasserstoffeinwirkung theilweise aber mit zur Abscheidung gelangte. Die Schwefelwasserstoffeinwirkung muss eine mindestens 24 Stunden andauernde sein, denn man erinnere sich, dass das Arsen in der Flüssigkeit als Arsensäure, bezüglich arsensaures Salz, enthalten ist und dass durch die Schwefelwasserstoffeinwirkung zunächst eine Reduktion zu arseniger Säure bewirkt wird. Daher das Erwärmen der Flüssigkeit auf 60—70°, wodurch diese Reduktion beschleunigt wird:

$$H_3AsO_4 + H_2S = H_3AsO_3 + H_2O + S,$$

worauf bei weiterer Einwirkung von Schwefelwasserstoff gelbes Arsentrisulfid gefällt wird:

$$2H_3AsO_3 + 3H_2S = As_2S_3 + 6H_2O.$$

Auch die Abscheidung des Quecksilbers, das sich als Chlorid in Lösung befindet, vollzieht sich nicht sofort; durch die Gegenwart des Schwefelwasserstoffs entsteht zunächst eine weisse Doppelverbindung des Chlorids mit Sulfid nach der Gleichung:

$$3HgCl_2 + 2H_2S = HgCl_2 . 2HgS + 4HCl,$$

die bei weiterer Einwirkung eine gelbe Farbe annimmt und erst dann quantitativ in die schwarze Sulfidverbindung übergeht:

$$HgCl_2 . 2HgS + H_2S = 3HgS + 2HCl.$$

Behandlung der durch Schwefelwasserstoff in saurer Flüssigkeit erzeugten Abscheidung.

Der in der sauren Flüssigkeit durch Schwefelwasserstoff bewirkte Niederschlag wird mit Wasser ausgewaschen, das etwas Schwefelwasserstoff enthält, und sodann noch feucht auf dem Filter mit schwach angewärmter gelber Schwefelammoniumlösung behandelt. Die Schwefelammoniumlösung fliesst fast immer in dunkel gefärbtem Zustande ab; es kommt dies daher, weil sich die durch den Schwefelwasserstoff gefällte organische Substanz in Folge des Ammoniakgehalts des Reagens sozusagen ganz auflöst. Man wiederholt das Aufgiessen neuer Mengen erwärmter Schwefelammoniumlösung, bis sich von dem auf dem Filter befindlichen Niederschlage nichts mehr löst. Bei dieser Behandlung gehen in Lösung die Sulfide des Arsens, Antimons und Zinns als Sulfosalze, denen, wie schon erwähnt, fast immer etwas gelöste organische Substanz beigemengt ist; gleichzeitig ist durch diese auch nicht selten etwas

Kupfersulfid mit in Lösung übergetreten[1]). Die Lösung der Sulfide vollzieht sich nach folgenden Gleichungen:

$$As_2S_3 + 3(NH_4)_2S = 2(NH_4)_3AsS_3$$
$$As_2S_3 + 3(NH_4)_2S + 2S = 2(NH_4)_3AsS_4$$
$$Sb_2S_3 + 3(NH_4)_2S = 2(NH_4)_3SbS_3$$
$$Sb_2S_3 + 3(NH_4)_2S + 2S = 2(NH_4)_3SbS_4$$
$$SnS^{2)} + (NH_4)_2S_2 = (NH_4)_2SnS_3$$
$$SnS_2 + (NH_4)_2S = (NH_4)_2SnS_3$$

während Quecksilber, Blei und der grössere Theil des Kupfers als Sulfide auf dem Filter zurückbleiben.

a) Behandlung der durch Schwefelammonium gelösten Sulfide.

Die Schwefelammoniumlösung wird in einer kleinen Porzellanschale im Wasserbade eingedampft und der braune Rückstand mit konzentrirter Salpetersäure betropft. Dadurch tritt Oxydation der organischen Substanz und eventuell vorhandenen Schwefels ein. Man dampft die Säure ab und wiederholt diese Behandlung mit Salpetersäure, bis der Verdampfungsrückstand gelbe bis röthlich-gelbe Farbe angenommen hat. Nun vermischt man ihn unter Anfeuchten durch wenige Tropfen Wassers mit soviel krystallwasserfreien Natriumcarbonats, bis eine stark alkalische Reaktion entsteht und trocknet im Wasserbade abermals ein. Der Rückstand wird verrieben und alsdann messerspitzenweise in schmelzendes Natriumnitrat (nicht Kaliumnitrat!) eingetragen. Um die dem Porzellanschälchen noch anhaftenden Theilchen des Untersuchungsobjektes zu entfernen, reibt man die Wände des Schälchens wiederholt mit wenig wasserfreiem Natriumcarbonat ab. Der Natronsalpeter füllt einen kleineren Porzellantiegel (zumeist genügt ein solcher von 30—50 g Wasserinhalt) bis etwa zur Hälfte und ist durch eine kleine Flamme zum ruhigen, aber auch vollständigen Schmelzen gebracht, ehe die Zugabe des Untersuchungsobjektes erfolgt. Selten wird die Oxydation der organischen Substanz in dem Verdunstungsrückstande der Schwefelammoniumlösung durch die oben beschriebene Behandlung mit Salpetersäure allein schon eine vollständige sein; es ist deshalb bei dem Eintragen des Untersuchungsobjektes in den schmelzenden Natronsal-

1) Auch in reinem Zustande ist Kupfersulfid in Schwefelammoniumflüssigkeit in geringer Menge löslich.

2) Wenn als solches vorhanden.

peter fast immer eine kurze Zeit andauernde Bräunung der Masse zu beobachten, herrührend von organischer Substanz, die nun zur vollständigen Oxydation gelangt. Es empfiehlt sich, den Inhalt des Tiegels nach jedesmaligem Zufügen eines Theiles des Untersuchungsobjektes durch vorsichtiges Umschwenken zu mischen, wobei man den Tiegel mit einer reinen Zange vorsichtig umklammert oder oben am Rande des Tiegels anfasst. Verschwindet die Schwärzung des Tiegelinhaltes nach Zufügen der gesammten Menge des Untersuchungsobjektes auch nach einigem Erwärmen der flüssigen Masse nicht, so lässt dies auf die Gegenwart von Kupfer schliessen. Man stellt nun den Tiegel, der sich auf einem Thondreieck befindet, halb geneigt zur Seite und lässt in dieser Lage erkalten. Dadurch ist der Boden des Tiegels frei und gestattet eine bequemere Auslaugung des Inhaltes.

In der Schmelze können sich befinden:

Arsen: als arsensaures Natrium Na_3AsO_4,
Zinn: als Zinndioxyd SnO_2 und als zinnsaures Natrium Na_2SnO_3,
Antimon: als pyroantimonsaures Natrium $Na_4Sb_2O_7$,
Kupfer: als Kupferoxyd CuO,
während Schwefel oxydirt und theilweise als Schwefeldioxyd entwichen ist, oder als schwefligsaures oder schwefelsaures Salz in der Schmelze vorhanden sein wird.

Man übergiesst die erkaltete Schmelze mit Wasser, erwärmt gelinde und wird dann zumeist eine Loslösung der Schmelze von den Wandungen des Tiegels beobachten. In diesem Falle giebt man den gesammten Tiegelinhalt in eine Porzellanschale, in der man die vollständige Auslaugung der Masse bequem vollenden kann; löst sich die Schmelze von der Tiegelwandung aber nicht ab, so muss die Auslaugung wiederholt mit frischen Wassermengen durchgeführt werden. Sollte hierdurch eine zu starke Verdünnung der Flüssigkeit eintreten, so dampft man auf ein kleineres Volumen ein, ehe jede weitere Operation folgt. Man leitet nun in die Flüssigkeit, ohne Rücksicht auf eventuelle Trübung, Kohlensäure gasförmig ein und mischt ihr hierauf etwa ein halbes Volumen Alkohol hinzu, worauf:

Antimon als pyroantimonsaures Natrium, bezüglich als saures pyroantimonsaures Natrium $Na_2H_2Sb_2O_7$,
sowie Zinn als Zinndioxyd und

Kupfer als Kupferoxyd abgeschieden werden,

Arsen aber als arsensaures Natrium Na_3AsO_4, bezüglich NaH_2AsO_4 oder Na_2HAsO_4, gelöst bleibt.

Hier ergiebt sich auch der Vortheil in der Anwendung von Natronsalpeter gegenüber derjenigen der Kaliverbindung; ersterer lässt wasserunlösliches pyroantimonsaures Natrium entstehen, letztere würde das Kalisalz bilden, das in Wasser nicht ganz unlöslich ist. Der Zusatz von Alkohol bezweckt die vollständige Abscheidung der als unlöslich bezeichneten Verbindungen. Nach einigem Stehen filtrirt man vom Niederschlage ab und wäscht denselben mit einer Mischung gleicher Volumtheile Alkohol und Wasser aus.

Das Filtrat muss zum Einzelnachweise des Arsens in Form der Arsenwasserstoffverbindung zunächst von Salpetersäure befreit werden. Es geschieht dies, indem man den Alkohol zunächst durch Erwärmen im Wasserbade verdampft, alsdann langsam konzentrirte Schwefelsäure zugiebt und weiter erwärmt. Bei vorsichtiger Arbeit kann man die vollständige Entfernung der Salpetersäure unter Benutzung direkter Flamme bewirken. Man erwärme aber so lange mit der Schwefelsäure, bis sämmtliches salpetersaures Salz in schwefelsaures Salz umgewandelt ist und überzeuge sich von der vollständigen Entfernung der Salpetersäure durch Verdünnen einiger Tropfen der Flüssigkeit mit Wasser, Vermischen mit gesättigter Eisenoxydulsulfatlösung und vorsichtiges Unterschichten von konzentrirter Schwefelsäure. Es darf sich an der Berührungsfläche kein brauner Ring bilden, hervorgerufen durch Auflösen von Stickstoffoxyd in der Eisensulfatlösung:

$$6\,FeSO_4 + 3\,H_2SO_4 + 2\,HNO_3 = 3\,Fe_2(SO_4)_3 + 2\,NO + 4\,H_2O.$$

Erst nachdem sämmtliche Salpetersäure entfernt ist, eignet sich die Flüssigkeit zur weiteren Prüfung auf Arsen in Form der Wasserstoffverbindung — z. B. im Marsh'schen Apparat — während die Gegenwart von auch nur geringen Mengen Salpetersäure den Nachweis des Arsens in Form der Wasserstoffverbindung absolut unsicher gestalten würde.

Im Filterrückstand wird nun zunächst eventuell vorhandenes Kupferoxyd entfernt, was sehr leicht durch Benetzen mit verdünnter Salzsäure geschieht. Es tritt dadurch Umwandlung des Kupferoxyds in lösliches Kupferchlorür bezgl. Kupferchlorid, ein, das durch weiteren Wasserzusatz vollständig gelöst und durch Filtration entfernt werden kann. Die so gewonnene Lösung dient zum Einzelnachweise des Kupfers.

Der nunmehr verbleibende Rückstand kann auf zweierlei Art verarbeitet werden:

α) man trocknet, verascht dann vorsichtig und schmilzt im Porzellantiegel mit Cyankalium. Es resultirt alsdann metallisches Antimon und metallisches Zinn, die beide nach Behandlung der Schmelze mit Wasser auf dem Filter gesammelt, ausgewaschen und dann mit erwärmter Salzsäure behandelt werden. Dadurch geht Zinn als Zinnchlorür in Lösung, während Antimon ungelöst bleibt. Letzteres kann durch Königswasser in Lösung gebracht werden und durch Eindunsten und Wiederaufnahme mit Wasser, dem etwas Salzsäure zugefügt ist, von überschüssiger Salpetersäure befreit werden.

Die auf diese Weise resultirenden Lösungen dienen zum Einzelnachweise des Zinns, bezüglich des Antimons.

β) oder man löst in heisser Salzsäure unter Zusatz von etwas Weinsäure und prüft die saure Lösung mit einem Stückchen Zink auf dem Platinblech. Es können sowohl Zinn wie Antimon abgeschieden werden; bei Gegenwart von Antimon entsteht ein dem Platinblech anhaftender schwarzer Fleck, der in Salzsäure und in Natriumthiosulfatlösung unlöslich ist, während sich durch Zinn kein Fleck bildet.

Die abgeschiedenen Metallflocken, mit konzentrirter Salzsäure erwärmt, ergeben Zinn als Zinnchlorür in Lösung. Antimon kann hierauf durch Königswasser gelöst werden.

b) Behandlung der in Schwefelammonium unlöslichen Sulfide.

Es kommen hier in Betracht die Sulfide von: Quecksilber, Blei, Cadmium und Kupfer.

Man kann eine Trennung des Quecksilbers, zum Theil auch die des Bleies, durch Behandlung des Niederschlages mit chlorfreier Salpetersäure vom spezifischen Gewicht 1,18 bewirken; es ist jedoch vortheilhafter, den Niederschlag sammt Filter zunächst mit Königswasser zu behandeln oder ihn mit Salzsäure unter zeitweisem Hinzufügen von wenig Kaliumchlorat zu erwärmen. Es tritt hierbei Lösung ein. Die stark saure Lösung wird unter Wasserzusatz wiederholt eingedampft bis der grössere Theil der überschüssigen Säure, bezüglich des Chlors entfernt ist, worauf der Einzelnachweis der hier in Betracht kommenden metallischen Gifte erfolgen kann. Erst wenn der seltene Fall eintreten sollte, dass gleichzeitig zwei verschiedene Metallgifte dieser Gruppe zugegen sind, bewirkt man eine Trennung, welche nach dem allgemein üblichen Gange der Analyse vollzogen wird.

Behandlung der von der Abscheidung durch Schwefelwasserstoff abfiltrirten sauren Flüssigkeit.

Das Filtrat der sauren mit Schwefelwasserstoff gesättigten Flüssigkeit kann noch einzelne giftige Metallverbindungen enthalten, auf die man, dem allgemein üblichen Gange der Analyse gemäss, zunächst mittelst Schwefelammonium nach vorherigem Übersättigen der Flüssigkeit mit Ammoniak, prüfen würde, um die durch Schwefelwasserstoff in alkalischer Flüssigkeit fällbaren Metallsulfide gleichzeitig mit den durch Ammoniak fällbaren Hydroxyden zu erhalten.

Ein derartiger analytischer Gang ist aber in allen den Fällen, in denen es sichnum die Aufsuchung von Giften in mit vielem organischem Material vermischtem Objekt handelt, nicht vortheilhaft. Wohl hat ja die Zerstörungsarbeit scheinbar fast alle organische Substanz oxydirt; es befinden sich in der Flüssigkeit aber dennoch immer noch organische Substanzen gelöst, wie dies schon bei der Behandlung der sauren Flüssigkeit mit Schwefelwasserstoff beobachtet wurde. Die Erfahrung hat gezeigt, dass, wenn man in solchen Fällen die saure, von der Behandlung mit Schwefelwasserstoff resultirende Flüssigkeit nach Uebersättigen mittelst Ammoniak mit Schwefelammoniumlösung vermischt, oder mit Schwefelwasserstoffgas sättigt, wohl Zink als Sulfid gefällt wird und bei Gegenwart von Phosphorsäure oder Oxalsäure, bezüglich deren Salzen, auch wohl alkalische Erden (unter denen Baryum und Strontium giftiger Natur sind) als Erdalkaliphosphate oder -Oxalate abgeschieden werden, dass aber in den meisten Fällen etwa vorhandenes Chrom — wenigstens zum grösseren Theile — in Lösung bleibt, bedingt durch die Gegenwart organischer Substanz.

Es hat sich daher eingebürgert, die Weiterverarbeitung der von der durch Schwefelwasserstoff bewirkten Abscheidung abfiltrirten sauren Flüssigkeit in folgender Weise zu bewirken:

Die Gesammtmenge der Flüssigkeit wird in der Porzellanschale durch Eindampfen auf dem Wasserbade zunächst zur Trockne gebracht. Der Rückstand, von der Schalenwand abgelöst, wird nach Befeuchten mit wenig Wasser mit der etwa gleichen Menge wasserfreien Natriumcarbonats gemischt und dann nach und nach — in kleineren Portionen — in schmelzenden Salpeter eingetragen.

Die gesammte organische Substanz kommt nunmehr durch Oxydation zur Zerstörung.

Die Schmelze kann enthalten:

Chrom als chromsaures Alkali,
Zink als Alkalizinkat und Zinkoxyd,
Aluminium als Alkalialuminat und Aluminiumoxyd,
Baryum und Strontium in irgend einer Salzform,

Eisenoxyd, salpetrig- und salpetersaures Alkali, Alkalicarbonat und etwas Alkalihydroxyd.

Die erkaltete Schmelze wird mit Wasser ausgelaugt, die wässerige Flüssigkeit erwärmt und nun, ohne Rücksicht auf die ungelöste Substanz, mit reinem Kohlensäuregas gesättigt, wodurch Zink, welches ehedem theilweise als Alkalzinkat gelöst war, nunmehr in Form des basischen Carbonats und Aluminium als Hydroxyd zur vollständigen Abscheidung gelangt, sowie eventuell vorhandenes Alkalihydroxyd in Alkalicarbonat umgewandelt wird. Man leitet durch die Flüssigkeit einige Minuten lang einen Luftstrom, um die überschüssige Kohlensäure zu entfernen und lässt alsdann erkalten.

Die Flüssigkeit kann nunmehr gelöst enthalten:

Chromsaures Alkali, lösliches Baryum- und Strontiumsalz, salpetrig- und salpetersaures Alkali und Alkalicarbonat;

ungelöst bleiben:

unlösliches Baryum- und Strontiumsalz, Zinkcarbonat, bezgl. Zinkoxyd oder Zinkoxydhydrat, Eisenoxyd und Aluminiumhydroxyd.

Man trennt durch Filtration. Das Filtrat wird auf die hier in Betracht kommenden metallischen Gifte: Chrom, Baryum und Strontium geprüft.

Der unlösliche, auf dem Filter restirende Theil wird nach dem Auswaschen direkt auf dem Filter mit Salzsäure behandelt und hierauf mit salzsäurehaltigem Wasser ausgewaschen.

a) Die salzsaure Lösung wird durch Eindampfen von überschüssiger Säure befreit. Der Rückstand mit Wasser verdünnt, wird alsdann mit etwas Chlorammonium versetzt und hierauf mit Ammoniak behandelt; es scheiden sich dadurch ab: eventuell vorhandenes Eisen, Aluminium und Erdalkaliphosphat. Man trennt diese durch Filtration und giebt zur filtrirten Flüssigkeit Schwefelammoniumlösung, oder sättigt mit Schwefelwasserstoffgas. Ist im Untersuchungsobjekte Zink vorhanden gewesen, so gelangt dieses nunmehr als Sulfid zur Abscheidung und kann nach Sammlung auf dem Filter, Trocknen und alsdann erfolgendem Rösten in Oxyd verwandelt werden. Behandlung mit Salzsäure oder Schwefelsäure führt dann eine Lösung herbei, in der das Zink durch andere Reagentien charakterisirt werden kann.

b) Bei der Behandlung mit Salzsäure kann auf dem Filter ungelöst zurückbleiben: Baryum- und Strontiumsulfat, die beide durch Schmelzen mit der etwa vierfachen Menge Alkalicarbonat aufgeschlossen und alsdann durch Wasser von Alkalisulfat und überschüssigem Alkalicarbonat getrennt werden. Behandlung mit Salzsäure führt die beiden Erdalkalicarbonate in Lösung über; man verdampft diese Lösung auf dem Wasserbade zur Trockne und zieht den erkalteten und fein zerriebenen Rückstand mit heissem, absolutem Alkohol aus. Baryumchlorid bleibt hierbei als unlöslich zurück; Strontiumchlorid findet sich in der Lösung. Letztere wird durch Eindampfen von Alkohol befreit, worauf weitere Reaktionen behufs Einzelcharakteristik der beiden auf diese Weise getrennt erhaltenen Rückstände erfolgen kann.

Behandlung des bei der Oxydationsarbeit nach Fresenius und Babo verbleibenden Rückstandes.

Derselbe kann, wie eingangs schon angegeben, die Sulfate von Baryum, Strontium, Blei und Silber, sowie auch Chlorsilber und schwer lösliches Chlorblei enthalten, neben einer mehr oder minder grossen Menge Fett. Die nächste Aufgabe ist die Oxydation des letzteren. Dazu trocknet man den Rückstand mit wasserfreiem Natriumcarbonat, verreibt zu einer pulverigen Masse und trägt diese in kleinen Portionen, nach und nach, in schmelzenden Salpeter ein, jedesmal die vollständige Oxydation der nach dem Eintragen sich zunächst schwärzenden Masse abwartend.

Die Menge des anzuwendenden Salpeters ergiebt sich aus den praktischen Verhältnissen; sie richtet sich nach der Menge des vorhandenen Fettes, bezgl. der bei der Oxydationsarbeit restirenden organischen Substanz.

Die erkaltete Schmelze wird mit Wasser ausgelaugt, die dabei resultirende trübe Flüssigkeit mit reinem Kohlensäuregas gesättigt (um eventuell vorhandenes Alkalihydroxyd in Alkalicarbonat umzuwandeln) und hierauf durch Erwärmen von überschüssiger Kohlensäure befreit. Alsdann erfolgt Filtration. Alle hier in Betracht kommenden Metallgifte bleiben als ungelöst auf dem Filter zurück: theils als Carbonat, theils als Sulfat; Silber eventuell auch in Metallform. Man behandelt den mittelst Wassers ausgewaschenen Rückstand mit schwach erwärmter Salpetersäure, filtrirt von eventuell ungelöstem Rückstand ab und prüft das Filtrat auf: Silber, Blei, Baryum- und Strontiumverbindungen.

Der Rückstand, der Sulfate der alkalischen Erden enthalten kann, wird mit wasserfreiem Natriumcarbonat geschmolzen, von Alkalisulfat und überschüssigem Alkalicarbonat durch Behandeln der Schmelze mit Wasser getrennt und nach Lösen in Säure und Verdünnen dieser sauren Lösung mit Wasser, charakterisirt.

Einzelcharakteristik und quantitative Bestimmung der metallischen Gifte.

A. Durch Oxydation mittelst Kaliumchlorats und Salzsäure in Lösung übergeführte Metallgifte.

1. Durch Schwefelwasserstoff aus saurer Lösung gefällt.

a) in gelber Schwefelammoniumlösung unlöslich: Quecksilber, Blei, Kupfer, Cadmium.

Quecksilber.

Handelt es sich um kleine Mengen Quecksilber, so kommen am besten Methoden zur Anwendung, bei denen das Quecksilber durch ein anderes Metall oder elektrolytisch zunächst abgeschieden und dann charakterisirt wird.

So bewirkt:

metallisches Kupfer (am praktischsten in Blech oder Stabform angewendet) in den Lösungen der Quecksilbersalze Abscheidung von metallischem Quecksilber, das sich am Kupfer als weisser, glänzender Ueberzug festsetzt, der beim Erhitzen wieder verflüchtigt wird.

Bringt man das mit Quecksilber bedeckte Kupfer, nach kurzem Abspülen mit kaltem Wasser und Trocknen zwischen Fliesspapier, in ein Glasröhrchen, das an der einen Seite zugeschmolzen ist und an der anderen Seite nach Einfügen des Kupfers verengt wurde, und erwärmt in schwacher Schieflage des Röhrchens, sodass der engere Theil nach oben ragt, so verflüchtigt sich das Quecksilber und lagert sich in dem engeren Theile des Rohres an, woselbst es als graues Sublimat sichtbar wird, in dem man mit Hilfe der Lupe kleine Kügelchen wahrnehmen kann. Schneidet man das Rohr unterhalb des Sublimats mit einer kantigen Feile ab und reibt den Beschlag mit einem dünnen Glasstäbchen, so vereinigen sich die feinen Kügelchen zu deutlicher wahrnehmbaren grösseren Kügelchen.

Auf diese Weise kann man das Quecksilber direkt nachweisen, sei es, dass das zur Untersuchung dienende Objekt eine Flüssigkeit ist, die nach schwachem Ansäuern sofort verarbeitet werden kann (z. B. mit Wasser verdünnter Harn), sei es, dass das Untersuchungsobjekt eine feste Substanz war und dann mit oder ohne Hilfe von Säuren zunächst in Lösung übergeführt wurde.

Die Abscheidung des Quecksilbers wird auch häufig durch einen mit Platindraht umwickelten Eisendraht bewirkt. Dazu umwindet man einen dünnen blanken Eisenstab mit einem Stück nicht zu dünnen Platindrahtes, übergiesst diese Vorrichtung in einem cylinderförmigen Gefäss (Reagircylinder) mit der zur Untersuchung dienenden, durch Salzsäurezusatz angesäuerten Flüssigkeit und stellt das Ganze während mehrerer Stunden bei Seite. Ist Quecksilber vorhanden, so hat sich dieses alsdann theilweise auf das Eisen, theilweise auf das Platin metallisch niedergeschlagen. Man nimmt die Vorrichtung aus der Flüssigkeit heraus, spült mit Wasser ab, sondert beide Theile von einander und legt dieselben behufs vollständiger Austrocknung eine kurze Weile auf Fliesspapier. Bringt man nun den Eisendraht in eine an dem einen Ende zugeschmolzene Röhre und verengt alsdann den anderen Theil der Röhre, so kann man durch Erwärmen in dem engeren Theile das Sublimat herstellen. Wird andererseits die Platinspirale in einem kleinen, trockenen Reagenscylinder gebracht, auf dessen Boden sich ein kleines Körnchen Jod befindet, und lässt man den Cylinder bedeckt einige Stunden stehen, so erscheint die Spirale bei Quecksilbergegenwart mit einem rothen Ueberzuge von Jodquecksilber. Bringt man die Spirale in eine an dem einen Ende zugeschmolzene Röhre, verengt dann den andern Theil der Röhre durch Ausziehen und erwärmt hierauf, so gelangt das Jodquecksilber in dem engen Theile der Röhre als Sublimat zur Abscheidung, während der Platindraht, frei von jedem Ueberzuge, zurückbleibt.

Die Abscheidung des Quecksilbers kann natürlich auch durch andere Metalle bewirkt werden; so werden öfters empfohlen und angewendet: Golddraht und Zinnstreifen, oder Platindraht und Zinnstreifen, oder endlich Golddraht und Eisendraht. Die Ausführung der Arbeit ist dieselbe wie die soeben beschriebene.

Jannasch sowie Vitali haben diese Methoden der Herstellung der charakterischen Jodidverbindung durch einige praktische Winke ergänzt.

Jannasch lässt die aus dem Untersuchungsobjekte in der üblichen Art erzielte, nicht zu saure Quecksilberlösung mit völlig blanken dünnen Kupferschnitzeln in Berührung bringen, wobei man das diese Substanzen enthaltende Kölbchen ab und zu in lauwarmes Wasser stellt. Man giesst dann die Flüssigkeit ab, spült mit kaltem

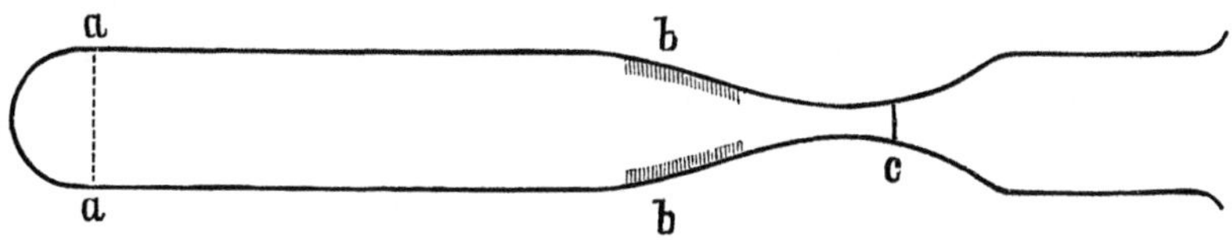

Fig. 3.

Wasser nach, schüttelt den Inhalt auf Fliesspapier und tupft mit solchem vorsichtig alles anhaftende Wasser ab, worauf man das Metall in ein 14—16 cm langes und 18—22 mm breites Probierglas giebt und durch Uebersaugen von Luft trocknet. Dieses Rohr wird jetzt an der einen Seite verengt. Man erhitzt dann vorsichtig über einer zollhohen Flamme, bis die Hauptmenge des sich bildenden Sublimates bei b (siehe Fig. 3) auftritt. Nach dem Erkalten ritzt man das Glas bei a an, sprengt den Boden ab und schiebt nun die Röhre, lose von einem Korkring gehalten, in ein Stehcylinderchen, welches ein erbsengrosses Stück Jod enthält. Sobald sich nach Einwirkung der Joddämpfe ein deutlicher Beschlag von scharlachrothem (in dünnen Schichten gelbem) Quecksilberjodid gebildet hat, schneidet man die Röhre bei a und bei c zur eventuellen Verwendung als Beweisobjekt ab. Die Empfindlichkeitsgrenze liegt bei Anwendung von 0,0005 Quecksilberchlorid.

Bei ganz kleinen Mengen Quecksilbers wird folgende Ausführung empfohlen: Ein Stückchen Kupferblech von 5—7 mm Kantenlänge wird mit der konzentrirt gehaltenen — eventuell durch Eindampfen konzentrirten — schwach angesäuerten Lösung behandelt, dann die

Flüssigkeit abgegossen, das Kupfer wie oben getrocknet, auf ein Objektglas gebracht und neben einem halblinsengrossen Stückchen Jod, bedeckt 5—10 Minuten sich überlassen. Um das Metall herum bildet sich ein deutlicher Beschlag von Quecksilberjodid, welcher unter dem Mikroskope in Form cylindrischer Tafeln und Oktaëder erscheint. 0,00001 Quecksilberchlorid geben noch einen deutlichen Beschlag.

Vitali verfährt wie folgt: Man giesst die das Quecksilbersalz enthaltende Lösung in ein kleines Porzellanschälchen und legt in diese Lösung kleine Stückchen Goldblech und kleine eiserne Nägel. Das Quecksilber setzt sich theilweise auf dem Golde, theilweise auf den Eisennägeln ab. Nach ca. einer Stunde ist alles Quecksilber abgeschieden; man trocknet alsdann die Metallstückchen auf Filtrirpapier, giebt dieselben in ein 6 cm langes und 6 mm weites Probierrohr und erhitzt bis zum schwachen Glühen. Dabei scheidet sich das Quecksilber als grauer Anflug ab. Nun entfernt man Goldblech und Eisennägel, giebt einen Jodkrystall in das Glas und erwärmt. Es erscheint zuerst ein gelber, dann ein in Roth übergehender Ring von Quecksilberjodid. Bei überschüssigem Jod ist der Ring braun, wird aber beim Erwärmen und Einblasen von Luft durch Verdampfen des überschüssigen Jodes gelbroth. Es sollen nach diesem Verfahren noch 0,00001 Quecksilber nachzuweisen sein. Ferner soll sich das auf dem Goldblech oder dem Eisennagel abgesetzte Quecksilber auch nachweisen lassen, indem man die getrockneten Metallstückchen in eine Porzellanschale bringt, dieselbe mit einer kleinen, umgekehrten, mit Goldchloridlösung benetzten Porzellanschale überdeckt und die untere Schale auf dem Wasserbade erwärmt. Bei Gegenwart von Quecksilber erscheint die Innenfläche der oberen Schale in Folge der durch die Quecksilberdämpfe bewirkten Reduktion des Goldes violettblau.

Ein von Ludwig angegebenes Verfahren beruht auf der Bildung eines Kupfer- oder Zinkamalgams und Zersetzung desselben durch Erwärmen, wobei das Quecksilber sublimirt und aufgefangen werden kann. Dazu wird die zur Untersuchung dienende, schwach angesäuerte Lösung mit Zinkstaub oder mit durch Zinkstaub aus Kupfersulfatlösung gefälltem Kupfer bei 50—60° einige Minuten lang geschüttelt, so dass das Metallpulver mit der Flüssigkeit möglichst reichlich in Oberflächenwirkung tritt. Lässt man das Metallpulver zunächst sich absetzen und wiederholt alsdann die Schüttelung noch einigemal, so ist schliesslich alles Quecksilber als Amalgam zur Abscheidung gelangt. Man decantirt, wäscht das Metallpulver mit Wasser aus, trocknet und isolirt das Quecksilber durch Sublimation. Die letztere wird entweder unter den oben beschriebenen Kautelen bewirkt, oder man verfährt in der folgenden Weise: Man schüttet das Metallpulver in eine entsprechend weite, einerseits zugeschmolzene Glasröhre, fügt zunächst lose einen Asbestpfropfen an und schiebt nun eine kurze Schicht grobkörnigen Kupferoxyds ein, an welche sich, wiederum durch einen Asbestpfropfen getrennt, eine kurze Schicht gut ausgetrockneten Zinkstaubes anschliesst. Man verschliesst alsdann mit einem Asbestpfropf, verengt die Röhre an der freien Seite, bewirkt durch Klopfen im Innern der Röhre eine kleine Luftrinne und beginnt nun mit der Erhitzung. Diese wird so bewirkt, dass zunächst der unvermischte Zinkstaub stark erwärmt, aber nicht geschmolzen wird und gleichzeitig das Kupferoxyd in schwache Rothgluth geräth; erst dann beginnt man mit der Erwärmung der Quecksilber enthaltenden Zinkstaubschicht. Das Quecksilber sublimirt und setzt sich in der Capillare fest. Nach Beendigung der Operation sprengt man den Boden der Röhre ab, schiebt ein Stückchen Jod in die Röhre und saugt einen Luftstrom hindurch, welcher das verdampfende Jod mit dem Quecksilber in Berührung bringt und rothes Quecksilberjodid entstehen lässt.

Aus seinen Verbindungen mit Nichtmetallen kann das Quecksilber durch Sublimation isolirt werden. Man mischt hierzu mit der 6—8fachen Menge geglühten Natronkalks oder trockenen Natriumcarbonats, bringt das Ganze in ein an dem einen Ende zugeschmolzenes Röhrchen aus starkem Glase, giebt noch etwas Natronkalk, bezüglich Natriumcarbonat hinzu und erhitzt nun das Rohr zunächst an der Stelle, wo das unvermischte Natriumcarbonat liegt und erst darauf auch dorten, wo das Gemenge liegt. Es verdampft metallisches Quecksilber, das sich im vorderen Theile der Röhre als ein graues Sublimat von feinen Quecksilberkügelchen verdichtet. Dass man diesen vorderen Theil der Röhre vor der Erhitzung des Röhreninhaltes praktischer Weise verengt, ergiebt sich aus dem oben Gesagten.

Es sei auch daran erinnert, dass kleine Mengen Quecksilber in Lufträumen durch Goldblättchen nachgewiesen zu werden pflegen. Die Goldblättchen amalgamiren sich bei längerem Kontakt mit quecksilberhaltiger Luft und nehmen dabei eine silbergraue Farbe an (Faraday). Für qualitative Versuche haben sich als geeigneter erwiesen: Papierstreifen, die mit Silbernitrat, Platinchlorid, Palladiumchlorid, Iridiumchlorid, oder Goldchlorid und einer hygroskopischen Masse, z. B. Chlorcalcium, getränkt sind. Derartig präparirte Streifen färben sich in quecksilberhaltiger Luft bald grau bis dunkelschwarz (Merget).

Handelt es sich um die quantitative Bestimmung, so ist der ersteren Methode der Vorzug zu geben. Man verfährt alsdann wie folgt:

Die auf Quecksilbergehalt zu prüfende Luft passirt zunächst eine kleine, mit Asbestfasern lose gefüllte Röhre, welche Staubtheilchen zurückhält, und gelangt dann in zwei, mit einander in Verbindung stehende, mit Blattgold gefüllte, vor der Operation gut getrocknete und gewogene Glasröhren, in denen die Amalgamation mit dem Quecksilber stattfinden soll. Im Anschlusse an die letzte mit Blattgold gefüllte Röhre befindet sich eine mit etwas verdünnter Salpetersäure versehene Waschflasche, sodann eine solche mit Alkalihydroxydlösung, worauf Verbindung mit einer Gasuhr und endlich mit der Wasserstrahlpumpe erfolgt. Die Salpetersäure hat den Zweck, eventuell nicht absorbirtes Quecksilber zurückzuhalten; es erweist sich aber diese Vorsichtsmassregel in den meisten Fällen als überflüssig. Mit Hilfe der Wasserstrahlpumpe wird ein bestimmtes, durch die Gasuhr gemessenes Volumen der quecksilberhaltigen Luft langsam durch den Apparat gesaugt. Die Menge Quecksilber ergiebt sich aus der Gewichtszunahme der mit Blattgold gefüllten Röhrchen [1]).

Es kommen in der gerichtlich-chemischen Praxis ausserdem hauptsächlich folgende Reaktionen in Betracht:

1. Schwefelwasserstoff und Schwefelammonium fällen aus Oxydulverbindungen: schwarzes Quecksilbersulfid, gemischt mit metallischem Quecksilber:

$$Hg_2(NO_3)_2 + H_2S = HgS + Hg + 2\,HNO_3.$$

Der Niederschlag wird durch Erwärmen mit Salpetersäure theilweise in lösliches Mercurinitrat $Hg(NO_3)_2$, theilweise in die unlösliche Doppelverbindung: $Hg(NO_3)_2 \,.\, 2\,HgS$ übergeführt. Königswasser löst zu Quecksilberchlorid $HgCl_2$.

Aus Oxydverbindungen scheidet sich bei Gegenwart von nur geringen Mengen Schwefelwasserstoff zunächst eine weisse Doppelverbindung des Quecksilberoxydsalzes mit Quecksilbersulfid aus, die

1) Vergl. auch: Hilger und v. Raumer, Forschungsber. über Lebensmittel und ihre Beziehungen zur Hygiene etc. I. (1894) S. 32—37.

sich bei weiterer Einwirkung von Schwefelwasserstoff zunächst gelb, dann orange und schliesslich unter Bildung von Sulfid schwarz färbt:

$$3\,HgCl_2 + 2\,H_2S = HgCl_2 \,.\, 2\,HgS + 4\,HCl$$
$$HgCl_2 \,.\, 2\,HgS + H_2S = 3\,HgS + 2\,HCl$$

(Empfindlichkeit: 1 : 200000.)

Das gebildete Quecksilbersulfid ist in Schwefelammoniumflüssigkeit unlöslich, in einer freies Alkali enthaltenden Lösung von Schwefelkalium als Doppelsalz der Verbindung $HgS \,.\, K_2S$ löslich und aus dieser Lösung durch Ammoniumchlorid wieder fällbar:

$$HgS \,.\, K_2S + 2\,NH_4Cl = HgS + (NH_4)_2S + 2\,KCl$$

Salpetersäure löst das Sulfid nicht auf, wohl aber wirkt Königswasser lösend unter Bildung von Chlorid:

$$3\,HgS + 6\,HCl + 2\,HNO_3 = 3\,HgCl_2 + 2\,NO = 4\,H_2O = 3\,S.$$

2. Zinnchlorür, schweflige Säure, phosphorige Säure reduziren die

Oxydulverbindungen zu metallischem Quecksilber, das sich aus den Lösungen als graues Pulver abscheidet:

$$Hg_2Cl_2 + SnCl_2 = 2\,Hg + SnCl_4$$
$$Hg_2Cl_2 + SO_2 + 2\,H_2O = 2\,Hg + H_2SO_4 + 2\,HCl$$
$$Hg_2Cl_2 + H_3PO_3 + H_2O = 2\,Hg + H_3PO_4 + 2\,HCl.$$

Die Reaktionen werden durch Erwärmen unterstützt. Bei Benutzung von Zinnchlorür wende man stets eine frisch bereitete, klar filtrirte Lösung an.

Oxydverbindungen werden unter gleichen Bedingungen zunächst zu Oxydulverbindungen reduzirt, alsdann erfolgt durch weitere Reduktion Bildung metallischen Quecksilbers, sodass im Niederschlage je nach Mengenverhältnissen der angewendeten Reagentien dann Mischungen vorhanden sein können, wenn die Oxydulverbindung schwer löslich oder unlöslich ist (z. B. Quecksilberchlorür):

$$HgCl_2 + SnCl_2 = Hg_2Cl_2 + SnCl_4$$
$$2\,HgCl_2 + SO_2 + 2\,H_2O = Hg_2Cl_2 + H_2SO_4 + 2\,HCl$$
$$2\,HgCl_2 + H_3PO_3 + H_2O = Hg_2Cl_2 + H_3PO_4 + 2\,HCl$$

(Empfindlichkeit: 1 : 40000.)

3. Alkalihydroxyde fällen:

aus Oxydulverbindungen schwarzes Oxydul, das sehr leicht in Oxyd und metallisches Quecksilber zerfällt:

$$Hg_2(NO_3)_2 + 2\,NaOH = Hg_2O + 2\,NaNO_3 + H_2O$$
$$Hg_2O = Hg + HgO$$

(Empfindlichkeit: 1 : 80000.)

aus Oxydverbindungen: gelbes Oxyd

$$HgCl_2 + 2\,NaOH = HgO + 2\,NaCl + H_2O$$

(Empfindlichkeit: 1 : 6000.)

4. Jodkalium fällt:

aus Oxydulverbindungen grünlichgelbes Jodür, das bei Ueberschuss des Fällungsmittels in metallisches Quecksilber und Quecksilberjodid zerfällt, wobei sich das letztere mit Jodkalium zu einem wasserlöslichen Doppelsalze verbindet:

$$Hg_2(NO_3)_2 + 2\,KJ = Hg_2J_2 + 2\,KNO_3$$
$$Hg_2J_2 + KJ = Hg + HgJ_2 \,.\, KJ.$$

aus Oxydverbindungen: scharlachrothes Jodid, im Ueberschusse des Lösungsmittels löslich:

$$HgCl_2 + 2\,KJ = HgJ_2 + 2\,KCl$$
$$HgJ_2 + 2\,KJ = HgJ_2 \,.\, 2\,KJ$$

(Empfindlichkeit: 1 : 8000.)

5. Salzsäure und in Wasser lösliche Chloride fällen:

aus Oxydulverbindungen weisses Chlorür, das sich auf Zusatz von Ammoniak unter Bildung von Mercuroamidochlorid schwärzt:

$$Hg_2(NO_3)_2 + 2\,HCl = Hg_2Cl_2 + 2\,HNO_3$$
$$Hg_2Cl_2 + 2\,NH_3 = Hg_2ClNH_2 + NH_4Cl.$$

(Empfindlichkeit: 1 : 80000.)

In Oxydverbindungen tritt keine Veränderung ein.

6. Schwefelsäure und in Wasser lösliche Sulfate fällen:

aus Oxydulverbindungen: weisses, wenig lösliches Mercurosulfat:

$$Hg_2(NO_3)_2 + H_2SO_4 = Hg_2SO_4 + 2\,HNO_3.$$

In Oxydverbindungen tritt keine Veränderung ein.

7. Alkalicarbonat fällt:

aus Oxydulverbindungen: zunächst weisses Carbonat, das sich alsbald, besonders beim Erwärmen, in braunschwarzes, basisches Mercurocarbonat verwandelt:

$$Hg_2(NO_3)_2 + Na_2CO_3 = Hg_2CO_3 + 2\,NaNO_3$$
$$Hg_2CO_3 = Hg_2O + CO_2.$$

(Empfindlichkeit: 1 : 7000.)

aus Oxydverbindungen: unter ähnlichen Verhältnissen rothbraunes, basisches Mercuricarbonat.

8. Ammoniak fällt:

aus Oxydulverbindungen: schwarzes Mercuroamidosalz:

$$Hg_2(NO_3)_2 + 2\,NH_3 = Hg_2NH_2NO_3 + NH_4NO_3$$

aus Oxydverbindungen: weisses Mercuriamidosalz:

$$HgCl_2 + 2\,NH_3 = HgClNH_2 + NH_4Cl.$$

9. Alkalichromat fällt:

aus Oxydulverbindungen: rothbraunes Chromat:

$$Hg_2(NO_3)_2 + K_2CrO_4 = Hg_2CrO_4 + 2\,KNO_3$$

aus Oxydverbindungen: rothgelbes Chromat

$$HgCl_2 + K_2CrO_4 = HgCrO_4 + 2\,KCl.$$

Die Ermittelung der Quantität des Quecksilbers wird bei Spuren dieses metallischen Giftes durch Wägen des reinen Quecksilbersublimates bewirkt; hat die Untersuchung aber die Gegenwart von mehr als Spuren ergeben, so kann die Quantität auf gewichtsanalytischem oder elektrolytischem Wege ermittelt werden. Die Bestimmung auf gewichtsanalytischem Wege verdient in der gerichtlich-chemischen Praxis bis auf weiteres den Vorzug.

Sie erfolgt entweder durch Abscheidung als Sulfid oder durch Reduktion zu Chlorür und Wägung dieser Verbindungen. Bei der Fällung als Sulfid ist es nöthig, dass sämmtliches Quecksilber in Form des Oxydsalzes gelöst ist; eventuell vorhandene Oxydulverbindung müsste also vor dem Einleiten des Schwefelwasserstoffs oxydirt werden. Um der Abscheidung von Schwefel möglichst vorzubeugen, ist es zweckmässig, einen Zusatz von Cyankalium zu bewirken. Das gefällte Quecksilbersulfid wird auf einem bei 105° bis zur Gewichtskonstanz getrockneten und gewogenen Filter gesammelt, nacheinander mit schwefelwasserstoffhaltigem Wasser, Alkohol, reinem Schwefelkohlenstoff (um eventuell gleichzeitig abgeschiedenen Schwefel zu lösen) und wiederum Alkohol ausgewaschen, und sodann bis zum konstanten Gewicht getrocknet.

$$100\,HgS = 86{,}2\,Hg.$$

Die Abscheidung als Chlorür erfolgt durch Reduktion mittelst überschüssiger phosphoriger Säure. Nach 12stündiger Einwirkung wird das abgeschiedene Chlorür durch ein bei 105° getrocknetes und gewogenes Filter von der Flüssigkeit getrennt, mit heissem Wasser ausgewaschen und nun bis zum konstanten Gewicht getrocknet.

$$100\ Hg_2Cl_2 = 84{,}90\ Hg.$$

Bei der elektrolytischen Bestimmung kann das Quecksilber an der Kathode vollständig abgeschieden werden aus neutralen Oxyd- und Oxydulsalzlösungen[1]), aus Lösungen mit wenig freier Schwefelsäure[2]) oder Salpetersäure[3]), wie auch aus solchen, die Salzsäure oder Chlornatrium oder Ammonoxalat enthalten[4]). Die Ausscheidung erfolgt am besten bei einer Stromdichte von 0,1 bis 1,0 Amp. und einer Elektrodenspannung von 2,5—5,5 Volt und pflegt alsdann in Form kleiner Tröpfchen zu geschehen; dieselben haften im Allgemeinen fest an der Schalenwand. Aus einigen Lösungen aber, und immer bei grossen Mengen, läuft das Metall zu grossen Tropfen oder Kugeln zusammen, was das Auswaschen erschwert.

In gerichtlichen Fällen ist es des öfteren wichtig, zu wissen, ob im Untersuchungsobjekte Quecksilber als wasserlösliche oder als wasserunlösliche, bezügl. schwer lösliche Verbindung (z. B. als Chlorür — Calomel —) vorhanden ist. In solchen Fällen wird es rathsam sein eine direkte Extraktion des Objektes mittelst warmen Aethers zu bewirken. Dieser führt sowohl Quecksilberchlorid, als -jodid und -cyanid in diesen über. Man extrahirt in mit Rückflusskühler versehenem Kolben auf kochendem Wasserbade. Der Verdunstungsrückstand der filtrirten ätherischen Lösung wird dann weiter untersucht.

Man vergesse aber speziell in den Fällen, in denen es sich um die Untersuchung von Leichentheilen handelt, nicht, dass unter dem Kontakt mit der organischen Substanz und der damit gegebenen Gegenwart chemisch wirksamer Stoffe, eine Reduktion wasserlöslicher Quecksilberoxydverbindungen zu unlöslichen Oxydulverbindungen, z. B. Quecksilberchlorid zu schwerlöslichem Chlorür, stattgefunden

---

1) Luckow, Ztschr. f. analyt. Chem. 19. S. 1. Smith und Knerr, Amer. Chem. Journ. 8. S. 206. Berl. Ber. Ref. 19. S. 708.

2) Clarke, Amer. Journ. of. Chem. Soc. 16. S. 200. Berl. Ber 11. S. 1140. Rüdorff, Zeitschr. f. angew. Chem. 1894. S. 388.

3) Classen und Ludwig, Berl. Ber. 19. S. 324.

4) Classen, Quantitative Analyse durch Elektrolyse.

haben kann und ausserdem, dass die Quecksilberverbindungen im Organismus mit den stickstoffhaltigen Theilen Verbindungen einzugehen pflegen, welche die Löslichkeit verändern.

Blei.

Für die Charakteristik eignen sich in gerichtlichen Fällen am besten folgende Reaktionserscheinungen:

1. Schwefelsäure sowie lösliche Sulfate fällen weisses Sulfat:

$$Pb(NO_3)_2 + H_2SO_4 = PbSO_4 + 2\,HNO_3.$$

Zusatz von Alkohol beschleunigt die Abscheidung und gestaltet dieselbe zu einer quantitativen. Das Sulfat ist löslich in Alkalilauge, sowie in weinsaurem Ammonium bei Gegenwart von Ammoniakflüssigkeit.

(Empfindlichkeit: bei Anwendung von Schwefelsäure 1 : 40000; „ „ „ Sulfaten 1 : 50000.)

2. Schwefelwasserstoff sowie Schwefelammonium bewirken Abscheidung von schwarzem Sulfid:

$$Pb(NO_3)_2 + H_2S = PbS + 2\,HNO_3$$

$$Pb(NO_3)_2 + (NH_4)_2S = PbS + 2\,NH_4NO_3.$$

Der Niederschlag wird von verdünnter Salpetersäure, namentlich beim Erwärmen, als Nitrat unter Abscheidung von Schwefel gelöst:

$$3\,PbS + 8\,HNO_3 = 3\,Pb(NO_3)_2 + 3\,S + 2\,NO + 4\,H_2O.$$

Konzentrirte Salpetersäure oxydirt zu Sulfat:

$$3\,PbS + 8\,HNO_3 = 3\,PbSO_4 + 8\,NO + 4\,H_2O.$$

(Empfindlichkeit: nach den Einen 1 : 100000000, nach Anderen: 1 : 100000.)

3. Alkalichromat und Alkalibichromat fällen gelbes Chromat, unlöslich in Essigsäure, löslich in Alkalilauge:

$$2\,Pb(NO_3)_2 + K_2Cr_2O_7 + H_2O = 2\,PbCrO_4 + 2\,KNO_3 + 2\,HNO_3$$

$$PbCrO_4 + 4\,KOH = Pb(ONa)_2 + K_2CrO_4 + 2\,H_2O.$$

(Empfindlichkeit: 1 : 4000000.)

4. Jodkali fällt gelbes Jodid:

$$Pb(NO_3)_2 + 2\,KJ = PbJ_2 + 2\,KNO_3$$

(Empfindlichkeit: nach den Einen: 1 : 40000, nach Anderen 1 : 10000.)

5. Alkalihydroxyd scheidet weisses Hydroxyd ab, löslich im Ueberschusse des Fällungsmittels als Alkaliplumbit:

$$Pb(NO_3)_2 + 2\,KOH = Pb(OH)_2 + 2\,KNO_3$$

$$Pb(OH)_2 + 2\,KOH = Pb(OK)_2 + 2\,H_2O.$$

6. Ammoniak fällt ebenfalls Hydroxyd; ein Ueberschuss dieses Fällungsmittels löst jedoch nicht.

7. Alkalicarbonat und Ammoniumcarbonat fällen weisses basisches Carbonat.

(Empfindlichkeit: 1 : 20000.)

8. Salzsäure und lösliche Chloride ergeben weisses Chlorid, das in heissem Wasser reichlich löslich, in kaltem Wasser schwer löslich ist.

9. Metallisch wird das Blei aus saurer Lösung durch einen Zinkstab als glänzende, schwammige Masse ausgefällt. Diese Art der Abscheidung ist in gerichtlichen Fällen zumeist wenig empfehlenswerth.

Die Ermittelung der Quantität des Bleies erfolgt gewichtsanalytisch als Sulfat. Man scheidet in wässeriger Lösung durch verdünnte Schwefelsäure ab, setzt Alkohol hinzu und sammelt nach 12stündigem Stehen den gebildeten Niederschlag auf dem Filter. Man wäscht zunächst mit wenig Schwefelsäure enthaltendem Wasser, dann mit Alkohol bis zur vollständigen Verdrängung der Säure aus und trocknet bei ca 100^{0}. Der Niederschlag wird alsdann vom Filter möglichst vollständig losgelöst, in einen ausgeglühten und nach dem Erkalten gewogenen Porzellantiegel gebracht, das Filter am Platindraht über dem Tiegel verbrannt und die Asche zum Tiegelinhalte fallen gelassen, worauf bei abgenommenem Deckel geglüht wird, bis nach dem Erkalten Gewichtskonstanz eintritt.

Der Niederschlag kann vor dem Glühen mit einer Spur Schwefelsäure befeuchtet und diese zunächst vorsichtig verdampft werden, wodurch eventuell in minimaler Menge erfolgte Reduktion korrigirt wird.

$$100\ Pb\,SO_4 = 68{,}32\ Pb.$$

Auf elektrolytischem Wege kann Blei als Metall nicht mit absoluter Sicherheit bestimmt werden, da es sich in der abgeschiedenen Form theilweise zu oxydiren pflegt. Hingegen ist die elektrolytische Bestimmung in Form des Superoxydes genau, verdient aber in der gerichtlich-chemischen Praxis gegenüber der Abscheidung als Sulfat keinerlei Vorzug. Man elektrolysirt aus salpetersaurer Lösung am praktischsten bei einer 60^{0} nicht übersteigenden Temperatur und wählt eine Stromstärke von 1 bis 2 Amp. für 100 qcm; die Spannung beträgt 2,3 bis 2,8 Volt. Das — an der Anode — abgeschiedene Superoxyd ist wasserhaltig und muss bei 180 bis 190° getrocknet werden. Der alsdann verbleibende Rückstand ist wasserfreies Superoxyd.

Kupfer.

Die ausserordentlich leichte Oxydationsfähigkeit der Kupferoxydulsalze zu Oxydsalzen, verbunden mit der Schwerlöslichkeit der ersteren gegenüber den Oxydverbindungen, verursacht, dass die Kupferverbindungen stets durch die Reaktionen nachgewiesen werden, welche zur Erkennung der Oxydsalze dienen. Die Schwerlöslichkeit der Oxydulverbindungen bewirkt auch des öfteren Reaktionserscheinungen, die lediglich auf Reduktion der Oxydsalze nur bis zur Oxydulstufe begründet sind.

Die wichtigsten der in der gerichtlichen Praxis benutzten Reaktionen sind folgende:

1. Schwefelwasserstoff und Schwefelammonium fällen schwarzes Sulfid, das sich an der Luft langsam zu Sulfat oxydirt:

$$CuSO_4 + H_2S = CuS + H_2SO_4$$
$$CuSO_4 + (NH_4)_2S = CuS + (NH_4)_2SO_4.$$

Dasselbe ist in geringer Menge löslich in gelbem Schwefelammonium in Form der Verbindung: $2\,CuS + (NH_4)_2S_5$, leicht löslich in Salpetersäure als Nitrat $Cu(NO_3)_2$, sowie in Cyankaliumlösung als Doppelverbindung der Formel $CuCy_2 + 2\,KCy$.

(Empfindlichkeit: nach den Einen: 1 : 16000000, nach Anderen 1 : 500000 bis 4000000.)

2. Ferrocyankalium fällt rothbraunes, in Salzsäure sehr schwer lösliches Ferrocyanür. Die Abscheidung vollzieht sich am besten in essigsaurer Lösung; eine salzsaure oder schwefelsaure Lösung kann in eine essigsaure umgewandelt werden, indem man mit Natriumacetat versetzt (anstatt zunächst mit Ammoniak und dann mit Essigsäure zu übersättigen):

$$2\,CuSO_4 + K_4FeCy_6 = Cu_2FeCy_6 + 2\,K_2SO_4.$$

Bei ganz kleinen Mengen Kupfers mischt man die Flüssigkeiten zunächst nicht, sondern schichtet sie vorsichtig übereinander und beobachtet die Zonenreaktion, die noch bei Spuren Kupfers sichtbar ist.

(Empfindlichkeit: nach den Einen 1 : 11750000, nach Anderen 1 : 250000.)

3. Ammoniak fällt blaues basisches Salz, im Ueberschusse des Fällungsmittels mit tiefblauer Farbe löslich.

(Empfindlichkeit: 1 : 1000000, nach Anderen: 1 : 25000 bis 100000.)

4. Alkalihydroxyd fällt blaugrünes Hydroxyd, das beim Erhitzen mit überschüssiger Alkalihydroxydlösung in schwarzes Oxyd übergeht:

$$CuSO_4 + 2\,KOH = Cu(OH)_2 + K_2SO_4.$$
$$3\,Cu(OH)_2 = 3\,CuO\,.\,H_2O + 2\,H_2O.$$

Gegenwart nicht flüchtiger organischer Säuren hindert die Abscheidung des Kupferhydroxydes und lässt eine tiefblau gefärbte Lösung entstehen.

5. Alkalicarbonate fällen blaues basisches Salz.

(Empfindlichkeit: 1 : 14000.)

6. Cyankalium fällt zunächst rothes Cyanid, das unter Abgabe von Cyangas leicht in weisses Cyanür übergeht:

$$CuSO_4 + 2\,KCN = CuCy_2 + K_2SO_4$$
$$2\,CuCy_2 = Cu_2Cy_2 + 2\,CN.$$

In überschüssigem Cyankalium entsteht Lösung unter Bildung einer Doppelverbindung der Formel: $Cu_2Cy_2\,.\,2\,KCN$. Aus dieser Lösung fällt Schwefelwasserstoff das Kupfer nicht aus.

7. Jodkali fällt weisses Jodür; gleichzeitig findet Abscheidung von freiem Jod statt:

$$2\,CuSO_4 + 4\,KJ = Cu_2J_2 + J_2 + 2\,K_2SO_4.$$

8. In Metallform lässt sich das Kupfer aus seinen Lösungen durch metallisches Zink oder metallisches Eisen bei Gegenwart von etwas freier Säure abscheiden. Anwesenheit von Salpetersäure ist zu vermeiden, und zwar nur deshalb, weil dadurch leicht eine Schwärzung der Eisenfläche eintritt, welche die Reaktion minder charakteristisch hervortreten lässt. Besonders scharf ist die Reaktion, wenn man eine Portion der zu prüfenden Lösung auf ein Platinblech bringt und in die Flüssigkeit ein Körnchen Zink, oder besser noch ein Stückchen Cadmium legt. Das Kupfer scheidet sich auf dem Platin als rother Fleck oder als schwammige Masse ab.

Die Ermittelung der Quantität des Kupfers geschieht ausserordentlich einfach und dabei absolut exakt auf elektrolytischem Wege, kann aber auch durch die Gewichtsanalyse erfolgen.

Die **Elektrolyse** wird am besten in Lösungen vollzogen, in denen sich ca. 8 % freie Salpetersäure oder 3 % Schwefelsäure befinden und die frei sind von Chloriden. Die Stromverhältnisse sind dann am besten 1 bis 2 Amp. bei 2,2 bis 2,7 Volt und 50—60° für eine Kathodenfläche von 100 qcm. Die Stromdichte kann aber auch ohne Nachtheil für den Niederschlag bis auf 3 Amp. steigen.

Da die Elektrolyse der Kupferverbindungen eine derjenigen Arbeiten ist, welche in der Ausführung der Operationen am einfachsten erscheint und gleichzeitig analytisch absolut sichere Re-

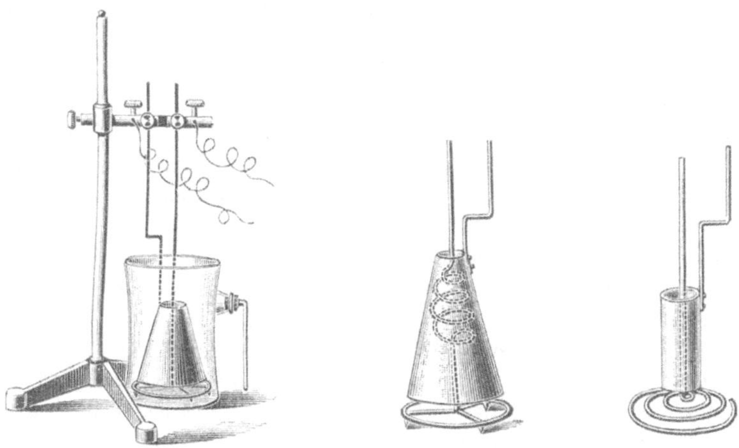

a b c

Fig. 4.

sultate verspricht, so mögen die Details an dieser Stelle etwas genauer präcisirt werden; Analogieverhältnisse können dann leicht auf die elektrolytische Abscheidungsarbeit anderer Metallgifte übertragen werden.

Man versetzt die wässerige Lösung mit ca. 10 % Salpetersäure vom spez. Gewicht 1,2, hängt die an einem Stative befestigte Platinspirale in ein Becherglas, so, dass die äusserste Wandung möglichst genau an die Innenwandung des Glases anschliesst. Darüber hängt man als zweite Elektrode den **gewogenen**, an den Seiten gelochten Platinkonus, auf dem das Kupfer zur Abscheidung gelangt; er soll ca. 5 bis 7 mm vom Boden abstehen.

Die Figur a erläutert die Anordnung des Apparates. An Stelle des dort abgebildeten und in Figur b etwas deutlicher wiedergegebenen Platinkegels kann auch ein in Figur c abgebildeter Platincylinder mit Platinspirale in Wirkung treten; es sind in der Praxis beide Arten von Elektroden in Anwendung[1]).

Man verbindet nun die Spirale mit dem positiven und den Konus mit dem negativen Pol einer galvanischen Batterie und lässt den Strom etwa 12 Stunden lang durchgehen, jedenfalls so lange, bis die Lösung farblos geworden ist und das Kupfer sich als fester glänzender Ueberzug auf der Kathode abgesetzt hat.

Will man prüfen ob die Fällung beendet ist, so füllt man im Becherglase ganz vorsichtig etwas Wasser auf und elektrolysirt noch eine halbe Stunde; der vorher nicht von Flüssigkeit bedeckte Theil der Elektrode darf keinen rothen Anflug zeigen.

Nun verdrängt man, während der Stromkreis geschlossen bleibt, die entkupferte Lösung im Becherglase mittelst Hebervorrichtung vorsichtig durch destillirtes Wasser, bis die ablaufende Flüssigkeit nicht mehr sauer reagirt, öffnet den Stromkreis, nimmt die Elektrode heraus, spült sie mit Wasser, dann mit Alkohol ab, trocknet rasch bei nicht zu hoher Temperatur, lässt erkalten und wägt zurück. Die Gewichtszunahme giebt die Kupfermenge an.

Die gewichtsanalytische Bestimmung geschieht am vortheilhaftesten durch Wägung als Sulfür. Man fällt zunächst als Sulfid in schwach saurer Lösung durch Schwefelwasserstoff, sammelt den Niederschlag auf dem Filter, wäscht mit schwefelwasserstoffhaltigem Wasser aus und trocknet bei 100°. Das getrocknete Sulfid wird vom Filter möglichst vollständig losgelöst und in einen ausgeglühten und nach dem Erkalten gewogenen Rose'schen Tiegel gebracht; alsdann wird die Filterasche — das Filter wird für sich verbrannt — hinzugegeben, das Ganze nun mit reinem Schwefel gemischt und alsdann mit reinem, durch Natronlauge gewaschenen, und über Chlorcalcium getrockneten Wasserstoffgase zunächst in der Kälte — um die Luft zu vertreiben — und sodann in der Wärme, schliesslich bei starker Hitze, behandelt, wodurch Reduktion zu Sulfür stattfindet. Man lässt im Wasserstoffstrom erkalten, wägt und wiederholt die Operation des Glühens im Wasserstoffstrome bis Gewichtskonstanz des erkalteten Tiegels nebst Inhalt eingetreten ist.

$$100\ Cu_2S = 79{,}82\ Cu.$$

[1]) Einige hin und wieder in Benutzung tretende Apparate anderer Konstruktion sind aus Speziallehrbüchern zu ersehen (z. B. Classen, Quantitative Analyse durch Electrolyse. 4. Aufl. S. 95 u. f.).

Cadmium.

1. Schwefelwasserstoff sowie Schwefelammonium fällen gelbes Sulfid:

$$CdSO_4 + H_2S = CdS + H_2SO_4$$
$$CdSO_4 + (NH_4)_2S = CdS + (NH_4)_2SO_4.$$

Das Sulfid ist unlöslich in Schwefelalkalien und in kalten, verdünnten Säuren; jedoch löslich in konzentrirter Salzsäure, in erwärmter Schwefelsäure und in Salpetersäure, ausserdem in Cyankaliumlösung.

(Empfindlichkeit: 1 : 250 000.)

2. Alkalihydroxyd scheidet weisses Hydroxyd ab, unlöslich im Ueberschusse des Fällungsmittels:

$$CdSO_4 + 2\,KOH = Cd(OH)_2 + K_2SO_4.$$

(Empfindlichkeit: 1 : 50 000.)

3. Ammoniak fällt ebenfalls weisses Hydroxyd, das im Ueberschusse von Ammoniak jedoch löslich ist:

$$CdSO_4 + 2\,NH_4OH = Cd(OH)_2 + (NH_4)_2SO_4$$
$$Cd(OH)_2 + 2\,NH_4OH = Cd(ONH_4)_2 + 2\,H_2O.$$

4. Alkalicarbonat und auch Ammoniumcarbonat fällen weisses, basisch kohlensaures Salz. Gegenwart von freiem Ammoniak verhindert die Fällung.

(Empfindlichkeit: 1 : 20 000.)

5. Cyankalium scheidet weisses Cyanür ab:

$$CdSO_4 + 2\,KCy = CdCy_2 + K_2SO_4.$$

Der Niederschlag ist in überschüssiger Cyankaliumlösung unter Bildung eines Doppelsalzes löslich. Aus dieser Lösung fällt Schwefelwasserstoff gelbes Sulfid aus.

6. Aus den Salzlösungen scheidet Zink, auch Magnesium, sowie Kupfer, das Cadmium als graues Pulver metallisch nieder.

Die Ermittelung der Quantität des Cadmiums erfolgt gewichtsanalytisch am vortheilhaftesten in Form des Sulfids. Man fällt durch Schwefelwasserstoff, sammelt den Niederschlag auf einem bei 105^0 getrockneten und nach dem Erkalten gewogenen Filter, wäscht zunächst mit schwefelwasserstoffhaltigem, dann mit salzsäurehaltigem und schliesslich mit reinem Wasser aus, trocknet bei 105^0 und wägt.

Eventuell mitausgefällter überschüssiger Schwefel kann auf dem Filter durch Auswaschen mit reinem Schwefelkohlenstoff entfernt werden.

$$100\ CdS = 77{,}78\ Cd.$$

Die Elektrolyse führt nur selten zu einem für die quantitative Analyse günstigen Resultate, da das Metall eine grosse Neigung hat schwammig auszufallen. Man gebe der gewichtsanalytischen Bestimmung bis auf weiteres den Vorzug.

b) In gelber Schwefelammoniumlösung löslich:

Arsen, Antimon, Zinn, eventuell auch Kupfer, das bereits unter Abtheilung a behandelt worden ist.

Arsen.

Die Schwerlöslichkeit der arsenigen Säure, welche letztere fast immer das zum Zwecke der Vergiftung benutzte Arsenpräparat zu bilden pflegt, bedingt nicht selten den Fall, dass sich im Untersuchungsobjekte eingebettet kleine feste Partikelchen dieser Arsenverbindung vorfinden, die mit der Lupe, hin und wieder auch schon mit dem blossen Auge erkennbar sind und ausgelesen werden können. Mit diesen Partikelchen kann dann der direkte Nachweis des Arsens durchgeführt werden, sei es dass man nach der einen, sei es dass man nach der anderen der weiter unten beschriebenen Methoden arbeite.

Hat man indessen die Oxydationsarbeit des Untersuchungsmaterials ausgeführt und auf diese Weise ein metallisches Gift isolirt, das nach den Bedingungen des Arbeitsganges die Wahrscheinlichkeit der Gegenwart von Arsen darthut (s. S. 169), so stelle man zur Einzelcharakteristik stets zunächst die Wasserstoffverbindung her, in welcher das Arsen exakt und leicht charakterisirt werden kann.

Von vielen Seiten ist der Anstellung von Vorproben auf Arsen das Wort gesprochen worden, welche darauf beruhen, das Arsen aus seinen Lösungen metallisch niederzuschlagen und alsdann durch schnell auszuführende Reaktionserscheinungen zu charakterisiren. Unter den hierzu vorgeschlagenen Methoden hat sich in der Praxis die durch Reinsch gegebene am meisten eingebürgert. Sie besteht darin, dass man die angesäuerte Untersuchungsflüssigkeit oder das mit Säure zu einer breiförmigen Masse vermischte feste Untersuchungsobjekt mit einem Kupferblech in Berührung bringt und alsdann erwärmt, worauf sich das Arsen auf dem Kupfer niederschlägt und nun entweder mikrochemisch nach Ueberführung in arsenige Säure in Form des charakteristischen krystallinischen Sublimats erkannt, oder in irgend einer anderen Weise nachgewiesen werden kann.

Ausser Arsen können aber gleichzeitig Metalle wie Quecksilber, Silber, Cadmium etc. auf dem Kupferbleche zur Abscheidung gelangen, worauf auch bereits Reinsch aufmerksam gemacht hat.

Die Methode ist inzwischen von verschiedener Seite modifizirt, bezüglich in der Art ihrer Ausführung genauer präcisirt worden.

Dinkler lässt die mit dem Kupferblech versehene, stark salzsaure Flüssigkeit zwei Minuten erhitzen, mit der Bedingung, dass sich die Flüssigkeit nicht dunkel färbe. Nach weiteren fünf Minuten wird aus der gelben, keinenfalls braunen Flüssigkeit das Kupferblech herausgenommen und mit Wasser abgewaschen. Bei Gegenwart eines dunklen Beschlages wird das Blech nach vorsichtigem Trocknen in Stückchen zerschnitten und in einem engen Röhrchen vorsichtig erhitzt, worauf sich in Folge Oxydation Arsen als arsenige Säure im kalten Theile des Rohres in Form des charakteristisch krystallinischen Sublimates ansetzt.

Die späterhin von Lewis Howe und Mertins veröffentlichten Angaben präcisiren einzelne Details der Arbeit noch schärfer. Nach diesen versetzt man das Untersuchungsobjekt mit 16%iger Salzsäure, giebt einige dünne, reine Kupferbleche hinzu und erhitzt zum Kochen. Nach etwa 15 minutenlanger Einwirkung werden die Kupferstreifen herausgenommen, abgewaschen, getrocknet, in Röllchen geformt und in 5 cm lange und nicht über 0,5 cm weite Sublimationsröhrchen eingeführt. Hält man nun diese Röhrchen in geneigter Lage 1 oder 2 Sekunden lang in die so klein wie möglich gestellte Flamme eines Bunsenbrenners, so sublimirt arsenige Säure, die sich in Form von glänzenden Oktaëdern im kalten Theile der Röhre festsetzt.

Antimonsalze liefern ebenfalls eine Abscheidung auf dem Kupferblech und ergeben bei höheren Hitzegraden auch ein Sublimat, das jedoch niemals mit dem durch Arsen, bezüglich arsenige Säure, bewirkten verwechselt werden kann.

Arseniate geben den Ueberzug auf dem Kupfer erst nach mehrere Minuten langem Sieden. Bei Gegenwart von viel Arsen operirt man thunlichst mit geringen Mengen des Untersuchungsobjektes.

Bei Gegenwart von Salpetersäure oder Chloraten wird das Kupfer gelöst. Ist zum Lösen einer Arsenverbindung Königswasser oder Kaliumchlorat erforderlich, so verdampft man die Lösung mit Salzsäure zur Trockne und führt die Probe alsdann in der durch Wasser und Salzsäure bewirkten Lösung aus. Dagegen soll die Gegenwart organischer Stoffe ohne Einfluss auf die Arsenprobe sein. (Empfindlichkeit 1 : 250000.)

Das Verfahren nach Reinsch liefert thatsächlich gute Resultate; es kann natürlich nur für diejenigen Fälle empfohlen werden, in denen nicht allzuviel organische Substanz die Kontaktwirkung mit dem Kupferblech stört. Vorzüglich geeignet ist es in den Fällen, in denen man aus dem Untersuchungsmaterial feste Partikelchen isolirt hat, die auf Arsen zu prüfen sind. Indessen ein Ausbleiben der Reaktion (Sublimat) darf nicht als sicherer Beweis der Abwesenheit von Arsen angesehen werden; man wird gut thun, alsdann jeweilig auch noch Operationen durchzuführen, die geeignet sind, mit absoluter Bestimmtheit die Gegenwart oder Abwesenheit dieses metallischen Giftes darzuthun, wie dies z. B. durch die Wasserstoffverbindung desselben und deren Reaktionserscheinungen geschieht.

Feste, aus der Untersuchungsmasse isolirte Partikelchen können auch in direkter Weise mikrochemisch leicht auf Arsen geprüft werden, indem man unter geeigneten Bedingungen Reduktion der Arsenverbindung und Sublimation des Arsens verbindet: Man bringt hierzu in ein etwa 10 cm langes und 0,5—0,8 cm weites, einerseits zur Spitze ausgezogenes, schwerschmelzbares Glasröhrchen zunächst das zu untersuchende Partikelchen, schiebt es durch Klopfen der Glasröhrenwandung so, dass es in die ausgezogene Spitze zu liegen kommt, fügt nunmehr ein Splitterchen ausgeglühte Holzkohle hinzu, und erhitzt zunächst die Kohle bis zum Glühen und setzt hierauf das zu untersuchende Partikelchen dem Einflusse der Wärme aus. Eventuell vorhandenes Arsen gelangt zur Sublimation und setzt sich in dem kälteren Theile des Glasröhrchens als schwärzlichgrauer Beschlag an. War Arsen in der Sauerstoffverbindung vorhanden, so fand durch die Gegenwart der glühenden Kohle Reduktion statt.

Man kann aber auch so verfahren, dass man das isolirte Partikelchen, in dem man Arsen oder eine Arsenverbindung vermuthet, mit der etwa 6fachen Menge eines Gemisches von einem Theil Cyankalium und drei Theilen trockenen Natriumcarbonats mengt, und nun in einem an dem einen Ende zu einer Kugel ausgeblasenen, schwer schmelzbaren Glasröhrchen erwärmt. Hierbei erscheint etwa vorhandenes Arsen ebenfalls als schwarzbraunes Sublimat, bedingt durch die Reduktion eventuell vorhandener Sauerstoffverbindungen durch das Cyankalium:

$$As_2O_3 + 3\,KCN = 2\,As + 3\,KCNO.$$

Auf diese Weise können auch schwefelhaltige Arsenverbindungen nachgewiesen werden; einige Chemiker sublimiren alsdann im Kohlensäurestrom, sich dabei einer einerseits zur offenen Spitze ausgezogenen Glasröhre bedienend, in welche ein kleines Porzellanschiffchen mit der zu prüfenden und mit der genannten Mischung vermengten Substanz geschoben wird. Man erhitzt zunächst den vor dem Schiffchen nach der Spitze zu gelegenen freien Theil der Röhre, nun unter Durchleiten von reinem, trockenem Kohlensäuregas denjenigen Theil, in welchem sich das Schiffchen befindet und wird alsdann das Sublimat in der Verengung oder kurz vor der Verengung der Röhre beobachten können (Fresenius und v. Babo):

$$As_2S_3 + 3\,KCN = 2\,As + 3\,KCNS.$$

Handelt es sich um die direkte Fragestellung auf Arsen in Leichentheilen oder in mit organischem Material vermischten Untersuchungsobjekten, so kann die Trennung des Arsens auch bequem und sicher durch ein Destillationsverfahren bewirkt werden. Dieses gründet sich auf die Thatsache, dass wenn das arsenhaltige Präparat mit einer grossen Menge konzentrirter Salzsäure der Destillation unterworfen wird, das in der Sauerstoffverbindung vorhandene Arsen unter dem Einflusse der Massenwirkung der Salzsäure als Chlorarsen sich verflüchtigt. Im Untersuchungsobjekte eventuell vorhandene Arsensäure bleibt solange intakt, als sie nicht zu arseniger Säure reduzirt wird; das letztere kann geschehen durch Zusatz löslicher Eisenoxydulsalze oder durch schweflige Säure. Jene haben vor dieser den Vorzug, weil man den Ueberschuss an schwefliger Säure vor der Destillation durch vorsichtigen Zusatz von Eisenoxydulsalz oder irgend einem anderen Oxydationsmittel wieder entfernen müsste:

$$H_3AsO_4 + 2\,FeCl_2 + 2\,HCl = 2\,FeCl_3 + H_3AsO_3 + H_2O$$
$$As_2O_3 + 6\,HCl = 2\,AsCl_3 + 3\,H_2O.$$

Schneider und fast gleichzeitig Fyfe haben dies in gerichtlichen Fällen zur Isolirung von Arsen aus Untersuchungsmaterial benützt und ein Verfahren angegeben, das späterhin wiederholt von verschiedenen Chemikern kritisch besprochen worden ist.

Man verfährt wie folgt:

Das feste Untersuchungsmaterial oder die behufs Konzentration unter angemessenen Vorsichtsmassregeln (in alkalischem Zustande) eingedickte Flüssigkeit wird in schwachsaurem Zustande in einer Retorte von passender Grösse oder in einem mit langem Halse versehenen Rundkolben mit kalt gesättigter Eisenoxydulsulfat- oder Eisenchlorürlösung vermischt, das Ganze kurze Zeit sich selbst überlassen, und alsdann konzentrirte, rauchende Salzsäure zugegeben, deren anzuwendende Menge sich je nach der Art des Untersuchungsmaterials richtet; man fügt jedenfalls soviel hinzu, dass bei Gegenwart organischer Massen ein ganz dünner Brei entstanden ist (durch Zusatz der etwa vierfachen Menge Flüssigkeit zu dem festen Material). Der Hals der Retorte oder des Rundkolbens wird in schräger Richtung (mit etwa 45^0) festschliessend mit einem Liebig'schen Kühler versehen, dem ein Rundkolben zur Aufnahme des Destillates vorgelegt ist. Man beginnt nun mit der Erhitzung, welche im Sandbade geschieht, natürlich aber auch im Glycerin- oder Oelbade vollzogen werden kann. Während der Destillation wird für gute Abkühlung des Destillates gesorgt; das in der Vorlage sich sammelnde Destillationsprodukt muss alle Wärme abgegeben haben. Zur Sicherheit ist es gut, in die Vorlage von Anfang an etwas Wasser zu geben. Man destillirt so lange, bis der Retorten-, bezüglich Kolbeninhalt beginnt trocken zu werden, denn die Erfahrung lehrt, dass häufig erst gegen Ende der Operation der grössere Theil des Arsens als Chlorarsen sich verflüchtigt.

Einige arbeiten auch so, dass sie während der Destillation konzentrirte Salzsäure gasförmig in den Destillationsapparat leiten, was durch Erwärmen von konzentrirter Salzsäure separat in einem Kolben und Verbindung dieses Kolbens durch eine gebogene Glasröhre mit der das Untersuchungsobjekt enthaltenden Retorte geschieht.

Es ist selbstverständlich, dass die Salzsäure nicht als solche hinzugegeben zu werden braucht, sondern auch durch eine Mischung von etwa sechs Theilen Natriumchlorid mit fünf Theilen konzentrirter Schwefelsäure (die Schwefelsäure ist dabei mit Absicht im Ueberschusse, um saures Sulfat entstehen zu lassen) ersetzt werden kann.

Ist durch eine einmalige Destillation nicht alles Arsen überdestillirt, so giebt man zu dem erkalteten Retorten- bezüglich Kolbeninhalt nochmals konzentrirte Salzsäure und destillirt von neuem so lange, bis eine separat aufgefangene Probe des Destillates die Arsenreaktion nicht mehr ergiebt.

Das Destillat wird mit Wasser verdünnt, ein Theil der Säure eventuell durch Alkalihydroxyd abgestumpft (ist aber durchaus nicht absolut nöthig) und sodann in der Kälte mit reinem, aus Baryumsulfid und Säure bereitetem Schwefelwasserstoff gesättigt. War Arsen vorhanden, so fällt dies nunmehr als gelbe Schwefelverbindung aus, die alsdann genau zu charakterisiren ist.

In den Fällen, in welchen das Destillat keine durch die Behandlung des Untersuchungsmateriales mit Säure überdestillirte organische Verbindungen enthält, kann dasselbe natürlich auch direkt zum Nachweise des Arsens im Marsh'schen Apparat (s. weiter unten) benutzt werden.

Es ist aber wohl zu beachten, dass dann, wenn das Arsen im Untersuchungsmateriale als Schwefelarsen vorhanden war, im Destillate entweder gar kein Arsen oder nicht die quantitative Menge des Arsens vorhanden sein wird; das Nichteintreten der Arsenreaktion im Destillate nach der Methode Schneider-Fyfe schliesst also die Gegenwart von Arsen im Untersuchungsobjekte durchaus noch nicht aus und es muss in solchen Fällen auch die Untersuchung des im Destillationskolben verbleibenden Rückstandes vorgenommen werden (Oxydationsarbeit).

Auch darauf sei speziell hingewiesen, dass wenn das Untersuchungsmaterial Quecksilber oder grössere Mengen Zinn- oder Antimonverbindungen enthält, sich auch diese genannten metallischen Gifte im Destillate in geringer Menge vorfinden werden.

Zeigt also das Verfahren mancherlei Mängel, so ist es doch geeignet, der Zeitersparniss halber, in den Fällen zur Benutzung empfohlen zu werden, in welchen dringender Verdacht auf Arsenvergiftung vorliegt.

Ausserordentlich empfindlich und bei sachgemässer Ausführung in der Praxis stets zum sicheren Ziele führend, ist die Charakterisirung des Arsens in der Wasserstoffverbindung. Die Bildung des Arsenwasserstoffs beruht auf der Vereinigung beider Elemente beim Zusammentreffen derselben im Momente des Freiwerdens aus Verbindungen.

Von den beliebtesten Arbeitsmethoden ist die im Marsh'schen Apparate, sowie diejenige nach den Angaben von Gutzeit-Flückiger zu nennen.

Zum Versuche nach Marsh (häufig auch als nach Marsh-Berzelius bezeichnet) dient ein Apparat, zusammengesetzt aus einer mit zwei oder drei Oeffnungen versehenen Woulf'schen Flasche, einer zur Zuführung der Untersuchungsflüssigkeit dienenden

Trichterröhre, einer etwa 35 cm langen und 1,5 cm weiten, zu einem Drittel mit festem Kalihydroxyd und zu zwei Drittel mit getrocknetem und granulirtem Chlorcalcium gefüllten Trockenröhre, welche aber auch durch ein U-Rohr entsprechender Grösse ersetzt werden kann, sowie einer 5—7 mm weiten und im Glase etwa 1,5 mm dicken, schwer schmelzbaren, gut ausgetrockneten Reduktionsröhre, die an einer, oder besser an zwei verschiedenen Stellen verengt und an dem Ende zu einer, nach oben gerichteten Spitze ausgezogen ist. Praktischerweise ist vor der Trockenröhre in irgend einer Form eine kleine Kugelröhre angebracht, in welcher der grösste Theil etwa mitgerissener Wassermengen zur Verdichtung gelangt. Auch die Verbindung der Woulf'schen Flasche mit einem als Heber dienenden Abflussrohre ist zu empfehlen, da dadurch bei unvorsichtiger Arbeit einem durch stürmische Gasentwicklung hervorgerufenen Ueberspritzen des flüssigen Flascheninhaltes, das bis zum Emporsteigen der Flüssigkeit sich steigern kann, vorgebeugt wird; die durch die Hebervorrichtung der Flasche entnommene Flüssigkeit kann dann zum Inhalte des Entwicklungsgefässes in angemessener Weise zurückgegeben werden.

Umstehende Abbildung (Fig. 5) dürfte die Beschreibung der Zusammenstellung des Apparates ergänzen[1]).

In der Woulf'schen Flasche werden kleine Stückchen Zink mit verdünnter Schwefelsäure (ein Theil konzentrirte Säure mit vier Theilen Wasser vermischt und nach dem Erkalten der Mischung verwandt) in Berührung gebracht und der sich nun bildende Wasserstoff zunächst zur Austreibung aller Luft aus dem Apparate benutzt.

Bei langsamer Wasserstoffentwickelung lasse man sich nicht zu einem Zusatze von Platinchlorid verleiten. Dieses würde mit einem Theile eventuell vorhandenen Arsens Platinarsen bilden, so dass durch dieses bis zu 50 Prozent Arsen dem Nachweise zu entgehen vermögen (Bernstein, Mayrhofer). Wohl aber kann man das Zink behufs besserer Reaktionsfähigkeit mit der Säure vor der Benutzung platiniren oder versilbern, d. h. mit einem schwachen Ueberzuge von metallischem Platin oder Silber versehen — durch

---

1) Fischer hat ein zu derartiger Apparatenvorrichtung sehr praktisches Stativ konstruiren lassen. Dasselbe ist im Berichte über die Jahresthätigkeit 1890/91 des chemischen Untersuchungsamtes der Stadt Breslau Seite 58 beschrieben und von der Firma Thomas & Seegel in Breslau zu beziehen.

Einwirkung von verdünnten sauren Lösungen dieser Salze auf das Zinkmetall — und wird dadurch eine beschleunigte Gasentwickelung erreichen[1]). Wendet man ein behufs Reinigung mit Chlormagnesium geschmolzenes Zink[2]) an, so hat man von vornherein ein Metall, das — durch den Magnesiumgehalt bedingt — mit der verdünnten Schwefelsäure in völlig genügend schneller Weise in Wirkung tritt[3]).

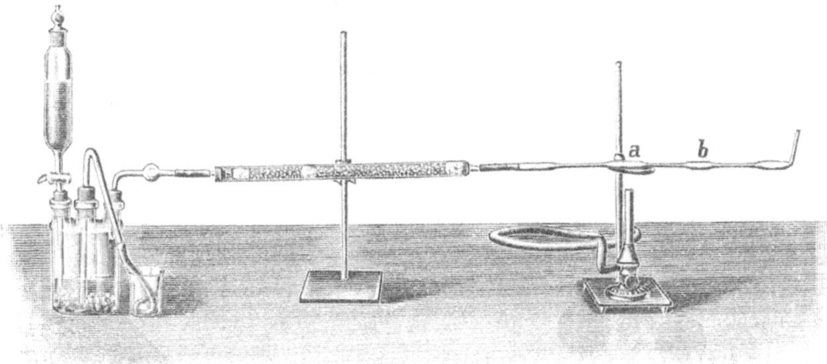

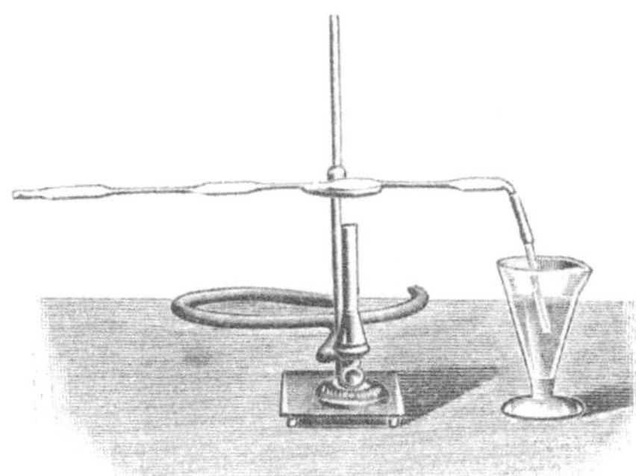

Fig. 5.

Sobald der Wasserstoff alle Luft aus dem Apparate verdrängt hat, prüfe man stets zunächst, ob die angewandten Reagentien wie auch die benutzten Apparate vollständig arsenfrei sind, und auch keinerlei andere Verunreinigungen einschliessen, die bei dem späteren Arsennachweise im Untersuchungsmaterial störend wirken können. Dazu erhitzt man nun die Reduktionsröhre an der Stelle a oder b kurz vor der beginnenden Verengung ungefähr eine halbe Stunde lang bis zur Roth-

1) Nach Thiele soll auch platinirtes Zink die Empfindlichkeit des Arsennachweises vermindern können.

2) Schmilzt man Zink mit Chlormagnesium, so wird eventuell vorhandenes Arsen verflüchtigt; es tritt hier die durch die Schmelzung in Freiheit gesetzte Salzsäure des Magnesiumsalzes in Wirkung.

3) Eine heftige Wasserstoffentwickelung ist übrigens auf alle Fälle zu vermeiden, da sonst leicht Spuren von Arsen dem Nachweise entgehen können.

gluth und beobachtet, ob im verengten Theile der Röhre ein Anflug irgend welcher Art entsteht.

Manche Glassorten geben an sich schon durch Erhitzen Beschläge, die zwar nicht die charakteristische schwarzbraune Färbung des Arsens zeigen, immerhin aber Veranlassung zu Trugschlüssen abgeben können. Angenommen die Reagentien und Apparate haben sich als absolut rein erwiesen, so kann nun die Prüfung des in flüssiger Form vorliegenden Untersuchungsobjektes erfolgen. Ich erinnere daran, dass bei der Oxydationsarbeit des mit organischem Material versehenen Untersuchungsobjektes eine Flüssigkeit resultirte, die eventuell vorhandenes Arsen in Sulfate, sowie freie Schwefelsäure enthaltender Flüssigkeit gelöst enthielt (S. 169 u. 170). Man giebt diese eventuell noch mit Wasser zu verdünnende[1]) Lösung zunächst nur portionsweise zum Inhalte der Wasserstoffentwickelungsflasche; gleichzeitig verbindet man die Spitze der Reduktionsröhre durch ein Stückchen Kautschukschlauch mit einer engen Glasröhre, die in ein Gefäss taucht, welches ganz verdünnte Silbernitratlösung enthält (vergl. Fig. 5). Nach kurzer Zeit beginnt man mit der Erhitzung der Reduktionsröhre bei a, eventuell auch gleichzeitig bei b. Ist Arsen vorhanden, so zersetzt sich der Arsenwasserstoff unter dem Einflusse der Wärme nach der Gleichung:

$$2\,AsH_3 = 2\,As + 3\,H_2$$

und es entsteht in der Verengung ein schwarzbrauner Beschlag (Empfindlichkeit: 1 : 200000); gleichzeitig wird diejenige an dieser Stelle nicht zur Zersetzung gelangende Menge Arsenwasserstoff am Ausgange der Röhre durch die vorgelegte Silbernitratlösung erkannt, indem sich hierselbst metallisches Silber als schwarze Masse ausscheidet, während Arsen als arsenige Säure in Lösung übergeht:

$$AsH_3 + 6\,AgNO_3 + 3\,H_2O = As(OH)_3 + 6\,Ag + 6\,HNO_3.$$

---

1) Nach Angaben von Kühn und Sänger soll ein Theil des Arsenwasserstoffs durch Kalihydroxyd — welches sich in der Trockenröhre befindet und zur Trennung von etwa beigemengtem Antimonwasserstoff dient (siehe später) — dann zersetzt werden können, wenn der Arsenwasserstoff in konzentrirtem Zustande vorliegt. Die langsame Zersetzung der Arsenverbindung — bewirkt durch Zugabe von mit genügenden Mengen Wassers verdünnter Untersuchungsflüssigkeit —, verbunden mit der Gegenwart von viel überschüssigem Wasserstoff — entstanden durch Wechselwirkung zwischen der Schwefelsäure und dem Zink — lässt einen Fehler nach dieser Richtung hin völlig vermeiden.

Praktischer Weise wird man in gerichtlichen Fällen eine zweite Reduktionsröhre zur Hand haben und diese nunmehr dem Apparate an Stelle der mit Arsenbeschlag bereits versehenen Röhre anfügen, um einerseits mit den Beschlägen der einen Röhre weitere Reaktionen vornehmen zu können und andererseits ein unverändertes Corpus delicti in Händen zu behalten.

Nachdem man an beiden Verengungen der Röhre durch Erhitzung einen deutlichen Beschlag von metallischem Arsen bewirkt hat, nehme man die an der Spitze der Reduktionsröhre mit der Silbernitratlösung in Verbindung stehende Glasröhre nebst Gummischlauchstück ab, entzünde den mit der Arsenverbindung geschwängerten Wasserstoff und halte in den Kegel der Flamme einen kalten Porzellantiegeldeckel oder die Wandung eines kalten Porzellanschälchens. Es entstehen an diesem dann schwarze Beschläge von Arsen, hervorgerufen durch die an der Luft in der Hitze erfolgte Zersetzung der Arsenwasserstoffverbindung:

$$AsH_3 + 3O = 2As + 3H_2O.$$

Bei der Abscheidung der Arsenflecke auf den Porzellanplatten beachte man den Wink, diese letzteren nicht zu lange Zeit in der Flamme verweilen zu lassen, da sonst durch zu starke Erhitzung eine Verdampfung des Arsens stattfinden kann.

Die Erzeugung des Arsenwasserstoffs gelingt unter diesen Bedingungen nur dann, wenn die zur Untersuchung verwendete Lösung weder Salpetersäure, noch freies Chlor, Chlorsäure oder andere oxydirende Körper enthält. Auch die Gegenwart einzelner Metalle, wie Quecksilber, soll die Bildung des Arsenwasserstoffs verhindern können [1]).

Bei der Untersuchung der erhaltenen Beschläge, sowohl der in der Reduktionsröhre, wie der auf den Porzellanplatten erhaltenen, hat man spezielle Rücksicht auf Unterschiedsmerkmale gegenüber A n t i m o n zu nehmen, w e l c h e s u n t e r ähn-

---

[1]) In Fällen, in denen sich schwefelhaltige Produkte in der Untersuchungsflüssigkeit vorfinden, lässt sich sehr häufig die Bildung eines gelben Beschlages beobachten, der sich natürlich so gebildet hat, dass das aus dem Arsenwasserstoff im Momente der Zerlegung freigewordene Arsen von gleichzeitig vorhandenem Schwefelwasserstoff in Schwefelarsen verwandelt wird. Die Gegenwart von Schwefel ist aber zu vermeiden, da sonst natürlich Unregelmässigkeiten eintreten können, welche den exakten Nachweis des Arsens illusorisch machen.

lichen Bedingungen ebenfalls Metallabscheidungen giebt, die aber von den durch die Arsenwasserstoffverbindung erzeugten wohl zu unterscheiden sind.

Leitet man über den Metallbeschlag in der Röhre unter schwachem Erwärmen Schwefelwasserstoff, so färbt sich die Arsenabscheidung gelb unter Bildung von Arsensulfür:

$$2\,As + 3\,H_2S = As_2S_3 + 3\,H_2$$

während Antimon unter gleichen Bedingungen durch Bildung der analogen Schwefelverbindung Orangefärbung annimmt.

Bei diesem Versuche beachte man die Vorsicht, dass das Arsen nicht durch zu starke Erwärmung verflüchtigt werde; ich empfehle Anfängern stets die Reduktionsröhre zunächst bei gewöhnlicher Temperatur mit Schwefelwasserstoffgas zu füllen, dann die Spitze der Röhre zuzuschmelzen und hierauf — immer noch in Verbindung mit dem das Schwefelwasserstoffgas liefernden Apparate — den Beschlag schwach zu erwärmen. Die in der Röhre befindliche Menge Schwefelwasserstoffgas genügt meist zur Bildung der Schwefelverbindung; eine Verflüchtigung aber ist auch bei zu starker Erwärmung ausgeschlossen, da sich das Arsen nach Entfernung der Flamme an einer anderen Stelle der Röhre wieder absetzen würde.

Die auf den Porzellanplatten befindlichen Abscheidungen charakterisiren sich wie folgt:

Die Abscheidung von

Arsen:	Antimon:
erfolgt aus bläulich-weiss gefärbter Flamme, ist glänzend, schwarzbraun und giebt beim Erhitzen Knoblauchgeruch.	findet aus grünlich-weiss gefärbter Flamme statt als schwarzer Fleck mit silberweissem Anflug, der beim Erhitzen schwieriger flüchtig ist als Arsen und keinen Geruch abgiebt.
Mit einer Lösung von unterchlorigsaurem Salz (z. B. Natriumhypochlorit[1]) betupft, entsteht unter Bildung von arseniger Säure, bezgl. arsenigsaurem Salz, Lösung. Bei Ueberschuss an unterchlorigsaurem Salz kann auch Oxydation zu Arsensäure, bezgl. arsensaurem Salze, erfolgen.	Giebt mit unterchlorigsaurer Salzlösung zunächst keine Auflösung; erst nach ca. 24 stündiger Einwirkung beginnen Veränderungen einzutreten.

[1]) Frei von Chlor und freier unterchloriger Säure durch Anreiben von Chlorkalk mit Sodalösung und Filtriren der Flüssigkeit herzustellen.

Löst man den Fleck in wenig Salpetersäure vom spez. Gewicht 1,3 und fügt

a) zu einem Theile dieser Lösung einige Tropfen Schwefelwasserstoffwasser, so tritt unter Sulfidbildung:

Gelbfärbung	Orangefärbung

ein.

b) Versetzt man einen anderen Theil der Lösung mit 1 bis 2 Tropfen Silbernitratlösung, neutralisirt vorsichtig mit Ammoniak, was eventuell durch Einblasen von Ammoniakdampf vollzogen wird [1]), so entsteht:

gelbe oder röthliche Abscheidung von arsenigsaurem bezgl. arsensaurem Silber,	während Silbernitrat auf Antimonlösung nicht reagirt.

Hat man im Marsh'schen Versuche Trockenröhren gebraucht, die wie oben angegeben, theilweise mit Kalihydroxyd gefüllt sind, so hält dieses übrigens den dem Wasserstoff eventuell beigemischten Antimonwasserstoff — und ausserdem auch sich etwa bildenden Schwefelwasserstoff — zurück; es sei ferner daran erinnert, dass schon durch den Isolirungsgang der Metallgifte eine Trennung von Antimon bewirkt wurde [2]).

---

[1]) Es kann dies bequem so geschehen, dass man das Standgefäss von Ammoniakflüssigkeit nimmt und nach Abnehmen des Stöpsels unter Umschwenken des Inhaltes das verdunstende Ammoniakgas in die Flüssigkeit bläst.

[2]) Neuerdings macht Fricke darauf aufmerksam, dass beim Versuche im Marsh'schen Apparate in der Reduktionsröhre des öfteren geringe schwärzliche Beschläge entstehen, die aus dem Kohlenstoffgehalt der angewandten Reagentien — z. B. dem des Zinks — stammen. Die sich entwickelnden Kohlenwasserstoffe sollen in der glühenden Reduktionsröhre in Kohlenstoff und Wasserstoff gespalten werden. Der genannte Autor schlägt daher eine Kontrolle durch nochmalige Abscheidung des Arsens in einem Theile der für die Untersuchung im Marsh'schen Apparate vorbereiteten Flüssigkeit vor.

Ich selbst kann die Beobachtung der Abscheidung eines schwärzlichen, eventuell durch Kohlenstoff (?) bewirkten Beschlages aus verschiedenen Fällen der Praxis bestätigen, lasse es aber dahingestellt sein, ob der Kohlenstoff aus den angewandten Reagentien stammte oder von dem Auge unsichtbaren kleinen Staubpartikelchen herrührte, die sich in der Reduktionsröhre schon vor dem Gebrauche derselben befunden haben mögen. In solchen Fällen hat mir die Kontrolle durch Einlegen des jeweilig mit dem Beschlag versehenen, abgeschnittenen Theiles der Röhre in Salpetersäure und Prüfen

Der Versuch nach der Methode von Gutzeit-Flückiger lässt sich bequem im Reagensrohre ausführen: er beruht auf der Bildung der gelben Doppelverbindung von Arsensilber und Silbernitrat, wenn Arsenwasserstoff auf eine konzentrirte Silbernitratlösung einwirkt:

$$6\,AgNO_3 + AsH_3 = AsAg_3 \,.\, 3\,AgNO_3 + 3\,HNO_3.$$

Man entwickelt Wasserstoff aus Zink und verdünnter Schwefelsäure, fügt dann die zu prüfende Lösung hinzu (eventuell theilweise), schiebt in den Hals des Reagensrohres etwas Watte, welche die während der Reaktion etwa in die Höhe geschleuderten Tröpfchen zurückhalten soll, und bedeckt die Oeffnung des Rohres mit einem Filtrirpapierstückchen, das einen Tropfen konzentrirte Silbernitratlösung (1 :1) enthält. Man beobachte ob eine Färbung dieses Tropfens eintritt. (Empfindlichkeit: 1 : 1 000 000.)

Dass auch hier eine Prüfung der angewendeten Reagentien und des Glasapparates auf Reinheit vorangehen muss, ist selbstverständlich.

Man beobachte aber fernerhin, dass keine Schwefelverbindungen in dem Untersuchungsobjekte vorhanden seien, da diese eine Erzeugung von Schwefelwasserstoff bewirken und dadurch schwarzes Silbersulfid entstehen lassen würden. Lässt sich die Gegenwart solcher Schwefelverbindungen nicht gänzlich umgehen, so fügt man dem Inhalte des Reagensrohres einige Tropfen einer Lösung von Jod in jodkaliumhaltiger Flüssigkeit [1]) bei, das die Zerstörung des gebildeten Schwefelwasserstoffs bewirkt:

$$H_2S + 2J = 2HJ + S.$$

---

der salpetersauren Lösung einerseits mit Schwefelwasserstoff nach vorheriger Verdünnung der Lösung mit Wasser, und andererseits mit Silbernitrat und alsdann folgende Neutralisation mit Ammoniakflüssigkeit direkten Aufschluss über die Gegenwart oder Abwesenheit von Arsen gegeben. Auch trat in den Fällen, in denen der jeweilig in nur ganz geringer Menge vorliegende Beschlag mit Salpetersäure behandelt wurde, nur dann leicht und vollständig eine Lösung ein, wenn er thatsächlich aus Arsen bestand, während der sich späterhin als nicht von Arsen herrührend erwiesene Beschlag in der Salpetersäure so gut wie unlöslich blieb (vielleicht entging derselbe durch oberflächliche Verschmelzung mit dem Glase der oxydirenden Einwirkung der Salpetersäure). Aehnliche Lösungsverhältnisse wie mit Salpetersäure traten bei meinen Versuchen jeweilig auch bei der Behandlung der fraglichen Abscheidungen mit unterchlorigsaurer Salzlösung ein.

[1]) Nicht festes Jod, da in diesem Falle leicht Unannehmlichkeiten eintreten können durch Einwirkung des in Folge der Gasentwickelung mechanisch mitgerissenen Joddampfes auf Silbernitrat.

War die Silbernitratlösung nicht vollständig konzentrirt, so kann leicht der Fall eintreten, dass sich die gebildete Doppelverbindung sofort zu metallischem Silber und arseniger Säure zersetzt:

$$AsAg_3 . 3 AgNO_3 + 3 H_2O = 6 Ag + As(OH)_3 + 3 HNO_3$$

dabei eine schwarze, nicht aber gelbe Färbung erzeugend.

Auch Quecksilberchlorid erleidet durch Arsenwasserstoff unter Gelbfärbung eine Veränderung und ist auch zum Nachweise des Arsens in analoger Weise wie Silbernitrat benutzt worden. Die dabei auftretende Reaktionserscheinung ist noch nicht völlig aufgeklärt. Der Anwendung von Silbernitrat dürfte der Vorzug einzuräumen sein, schon deshalb, weil dieses gegenüber Arsenwasserstoff weitaus empfindlicher reagirt als jenes.

Phosphorwasserstoff verhält sich dem Arsenwasserstoff ähnlich; Antimonwasserstoff färbt dunkelbraunroth bis schwarz.

Man kann die Einwirkung auf Silbernitrat mit der Prüfung im Marsh'schen Apparate verbinden, indem man die Reduktionsröhre vor dem zur Spitze ausgezogenen Endtheil durchfeilt, etwas grobgepulvertes Silbernitrat, zwischen Glaswolle vertheilt, einschiebt und dann durch ein kleines Gummischlauchstück wieder mit der Spitze verbindet. Bei Gegenwart von Arsen tritt Gelbfärbung des Silbernitrats ein.

Die in der gerichtlich-chemischen Praxis in Betracht kommenden wichtigsten Reaktionserscheinungen der Arsenverbindungen sind im Obigen und bei Erörterung der Isolirungsarbeit schon angegeben und formulirt; es möge hier nur noch erinnert werden

an die Fällung des Arsens als weisses arsenigsaures Calcium: $Ca_3(AsO_3)_2$ oder als weisses arsensaures Calcium: $Ca_3(AsO_4)_2$ (Empfindlichkeit 1 : 4000),

an die Abscheidung der arsensauren Verbindungen durch Magnesiamischung als: Ammoniummagnesiumarseniat $NH_4MgAsO_4 . 6 H_2O$,

an die rothbraune Farbe des arsensauren Silber: Ag_3AsO_4 im Gegensatz zur gelben Farbe des analogen arsenigsauren Salzes: Ag_3AsO_3, beide löslich in Ammoniakflüssigkeit, sowie endlich

an die Reduktion von Sauerstoffverbindungen des Arsens durch eine konzentrirte Lösung von Zinnchlorür in rauchender Salzsäure (Bettendorf's Reagens; Sol. Stanni chlorati des Arzneibuches für das deutsche Reich).

Bei Benutzung dieser letzteren Reaktion vermische man im Reagensrohre etwa gleiche Volume möglichst konzentrirt gehaltene Untersuchungsflüssigkeit und Zinnchlorürlösung, erwärme und beobachte, ob schwarze Abscheidung stattfindet. Der Vorgang charakterisirt sich durch folgende Gleichung:

$$As_2O_3 + 3\,SnCl_2 + 6\,HCl = 2\,As + 3\,SnCl_4 + 3\,H_2O.$$

Die Reduktion der arsenigen Säure findet schon in der Kälte statt, während diejenige der Arsensäure erst beim Erhitzen erfolgt.

Die gegenseitige Einwirkung muss, um bei kleinen Mengen Arsens zum sicheren Ziele zu führen, eine mindestens einstündige in der Kälte, oder eine halbstündige in der Wärme sein.

Ist Schwefelsäure zugegen, so lasse man die Einwirkung nur in der Kälte vor sich gehen, da sonst Schwefelwasserstoff und dadurch braunes Zinnsulfür gebildet werden kann. Es ergiebt sich von selbst, dass die zu untersuchende Flüssigkeit frei sein muss von oxydirenden Körpern (z. B. Salpetersäure).

(Empfindlichkeit 1 : 1 000 000.)

Zur Ermittelung der Quantität des Arsens wendet man je nach der ungefähren Menge des vorgefundenen Arsens die eine oder die andere der bekannteren Methoden an. Die Erfahrung lehrt, dass Arsen in Leichentheilen entweder in grossen oder in nur ganz kleinen Mengen vorgefunden wird, bedingt durch die scharfe Giftigkeit und die schnelle Resorption der Arsenverbindungen einerseits, sowie durch die zumeist eintretende mechanische Magenentleerung durch Erbrechen anderseits.

Sind nur ganz geringe Mengen Arsens vorhanden, so zerlegt man die Wasserstoffverbindung des Arsens durch verdünnte Silbernitratlösung, welche, in geeigneter Weise dem Arsenwasserstoffentwickelungsapparate vorgelegt, die Menge des gebildeten und alsdann in der Silbernitratlösung zur Zersetzung gelangten Arsenwasserstoffs durch vor und nach der Operation zu erfolgende Titration der Silbernitratlösung anzeigt.

Man verfährt in folgender Weise:

Die Bildung des Arsenwasserstoffs kann in dem zum qualitativen Nachweise dienenden Marsh'schen Apparate bewirkt werden, wobei aber die oben vorgeschriebene Reduktionsröhre natürlich durch eine andere — und zwar praktischer Weise kleinere — Glasröhre gewöhnlicher Konstruktion ersetzt zu werden pflegt. An diese reiht sich, durch ein Stückchen Gummischlauch verbunden, eine durch ein System von mehreren Kugeln erweiterte Peligotröhre, an welche eine kleine Gaswaschvorrichtung angeschmolzen oder angefügt ist. Diese letztere enthält etwas alkalische Bleilösung, die zur Bindung eventuell sich bildenden Schwefelwasserstoffs dienen soll (Fletscher, Mayrhofer).

Beistehende Figur 6 lässt die Konstruktion einer derartigen Absorptionsröhre erkennen.

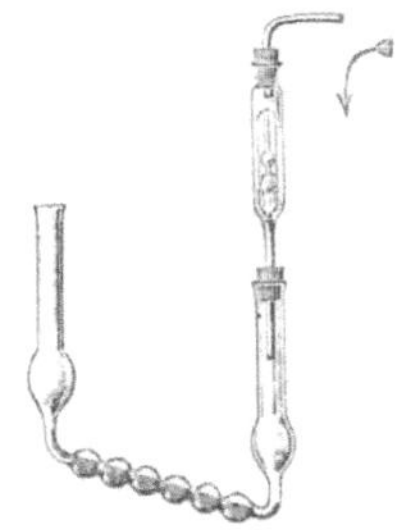

Fig. 6.

Die Kugeln der modifizirten Peligotröhre sind mit einer abgemessenen Menge titrirter Silbernitratlösung (etwa solche von $^1/_{100}$ N. Stärke) beschickt. Zur Sicherheit legt man noch eine zweite in gleicher Weise gefüllte Kugelröhre vor.

Man beginnt mit der Entwickelung des Wasserstoffs unter portionsweiser Zugabe der arsenhaltigen Lösung. Der sich bildende Arsenwasserstoff wird bei Eintritt in die Silbernitratlösung in oben erörtertem Sinne zersetzt. Kann man annehmen, dass alles in der Untersuchungsflüssigkeit enthaltene Arsen zersetzt ist, und die Gesammtmenge des Arsenwasserstoffs in die Silbernitratlösung übergetreten ist, so prüfe man mit einer in Reserve gehaltenen frischen Silbernitratlösung, ob in der That alles Arsen übergeführt ist, anderenfalls die Zersetzung noch weiter durchgeführt werden muss.

Zur Sicherheit kann man alsdann das in der Entwickelungsflasche enthaltene Gas — das aus reinem Wasserstoff bestehen sollte — in der Weise durch die Silbernitratlösung treiben, dass man das Entwickelungsgefäss unter Verbindung mit den Gasabsorptionsapparaten, langsam mit Wasser füllt.

Hierauf filtrirt man die in beiden Röhren enthaltene Silbernitratlösung durch ein kleines Asbestfilterchen in einen Kolben, wäscht mit Wasser aus und titrirt das unzersetzte Silbernitrat mit $^1/_{100}$ N. Rhodanammoniumlösung unter Anwendung von Eisenammoniakalaunlösung als Indikator.

Das Eintreten eines Ueberschusses an Rhodanammoniumlösung wird durch das Auftreten einer lichtbraunen bis rosarothen Färbung der Flüssigkeit, verursacht durch Bildung von Sulfocyaneisen, angezeigt.

Die Differenz zeigt die Menge zersetzten Silbernitrats an, aus der sich die Arsenmenge berechnen lässt:

1 ccm $^1/_{100}$ N. Silbernitratlösung = 0,000125 Arsen.

Die modifizirten Peligotröhren, welche zur Aufnahme der Silbernitratlösung dienen, können natürlich auch durch Peligotröhren gewöhnlicher Konstruktion ersetzt werden; ersteren ist jedoch in Anbetracht der durch die Konstruktion bewirkten günstigeren Bedingungen für die Absorption sämmtlichen Arsenwasserstoffs der Vorzug zu geben.

Bei exakter Durchführung kann man mit dieser Methode die kleinsten Arsenmengen quantitativ mit Sicherheit ermitteln.

Einzelne verfahren auch so, dass sie sämmtliches Arsen in der Reduktionsröhre zersetzen und dann die Menge des Arsens durch Vergleiche mit anderen Versuchen, in denen man von abgewogenen Mengen Arsens ausging, abschätzen, oder, indem sie die trockene Reduktionsröhre vor und nach der Zersetzung des Arsenwasserstoffs wägen.

Ich kann diesen beiden Methoden nicht das Wort reden, da die erstere von vornherein das Ungewisse bietet und die letztere, obgleich speziell von amerikanischer Seite warm empfohlen, durch die direkte Erhitzung des Glases und die damit verbundene Möglichkeit einer Gewichtsveränderung desselben, leicht zu Trugschlüssen Veranlassung geben kann.

Handelt es sich um grössere Mengen Arsens, so wird die gewichtsanalytische Bestimmung durch Wägen als Sulfür am vortheilhaftesten sein. Man fällt in angesäuerter Lösung durch Schwefelwasserstoff, sammelt den Niederschlag auf getrocknetem und gewogenem Filter, wäscht nach einander mit Wasser, Alkohol, reinem Schwefelkohlenstoff, dann wiederum mit Alkohol aus und trocknet bei 105° bis zur Gewichtskonstanz.

Liegt das Arsen, theilweise oder vollständig, in Form der Arsensäure oder deren Salz vor, oder will man von vornherein besondere Vorsichtsmassregeln obwalten lassen, so empfiehlt es sich, den durch Schwefelwasserstoff bewirkten und alsdann auf einem kleinen Filter gesammelten Niederschlag zunächst durch Behandlung mit Ammoniakflüssigkeit vom grösseren Theile des nicht in die Verbindung eingetretenen aber mit ausgefällten Schwefels zu trennen, im Filtrate das Arsensulfür durch Säurezusatz wieder abzuscheiden und auf dem Filter alsdann in oben angegebener Weise auszuwaschen und hierauf zu trocknen.

$$100\ As_2S_3 = 60{,}98\ As.$$

Die Bestimmung des Arsens durch Fällung als Ammoniummagnesiumarseniat $NH_4MgAsO_4 . 6H_2O$ und Ueberführung dieser Verbindung durch Erhitzen in das wägbare Pyroarseniat $Mg_2As_2O_7$ ist nicht so genau wie diejenige als Schwefelarsen.

Der quantitativen Abscheidung des Arsens auf elektrolytischem Wege stehen derartige Schwierigkeiten entgegen, dass man in der gerichtlich-chemischen Praxis von einer solchen Bestimmung des Arsens vorläufig überhaupt Abstand zu nehmen haben wird.

Der in der Praxis häufig eintretende Fall, Gewebestücke oder Tapeten auf die Gegenwart von Arsen zu prüfen, lässt sich in den meisten Fällen leicht in der Weise erledigen, dass die in kleine Stücke zerschnittenen Untersuchungsobjekte mit reiner konzentrirter Salzsäure eine bis mehrere Stunden lang in der Kälte extrahirt werden. Die abfiltrirte Flüssigkeit, mit Wasser verdünnt, kann dann direkt zur Herstellung der Wasserstoffverbindung eventuell vorhandenen Arsens dienen, sei es, dass man diese im Apparate nach Marsh herstellt und charakterisirt, sei es, dass man nach der Methode Gutzeit-Flückiger oder irgend einer anderen Methode arbeitet. Natürlich ist dabei jedesmal vorausgesetzt, dass die so vorbereitete Untersuchungsflüssigkeit frei sei von salpetriger Säure, Salpetersäure und deren Salzen. Sind diese vorhanden, so bedarf es zunächst einer Oxydation der arsenigen Säure — mittelst rauchender Salpetersäure oder mittelst Kaliumchlorats — worauf Eindampfung unter Zusatz von konzentrirter Schwefelsäure und damit auch Zerstörung der Stickstoffverbindungen erfolgt.

Liegen andere Untersuchungsobjekte mit der Fragestellung auf Arsengehalt vor, die nur ein verhältnissmässig geringes Volumen organischer Substanz aufweisen, wie z. B. Zuckerwaaren, Gelées, Fruchtsäfte etc., so kann die Vorbereitung zur Herstellung der Wasserstoffverbindung des Arsens zumeist derart vereinfacht werden, dass nur eine direkte Oxydation der Masse mit Salpetersäure, oder mit Salzsäure und Kaliumchlorat wie im allgemeinen Untersuchungsverfahren, erfolgt, die bald eine derartige Umwandlung des Untersuchungsmaterials entstehen lässt, dass Wasserzusatz eine Lösung herbeiführt. In dieser erfolgt die Entfernung der Salpetersäure durch Zusatz von konzentrirter Schwefelsäure und Erwärmen der Flüssigkeit, worauf eine Lösung resultirt, die nach Zusatz von Wasser für den weiteren direkten Nachweis des Arsens geeignet ist.

Antimon.

In der gerichtlich-chemischen Praxis kommen zum Nachweise des Antimons eine Reihe spezieller Reaktionserscheinungen in Betracht, unter denen diejenigen der Wasserstoffverbindung besonderes Interesse erregen, weil sich diese Verbindung unter analogen Bedingungen wie Arsenwasserstoff zu bilden vermag, und auch unter fast genau denselben Bedingungen unter dem Einflusse der Hitze in ihre Komponenten zerlegt werden kann, indessen sich im Uebrigen scharf von jenem unterscheidet.

1. Der zum Nachweise des Antimons in der Wasserstoffverbindung dienende Apparat ist äusserlich genau so zusammengesetzt wie der zur Herstellung der Arsenverbindung beschriebene; die Füllung der Trockenröhre besteht aber nur aus Calciumchlorid, weil Kalihydroxyd, wie schon erörtert, den Antimonwasserstoff zerlegt. Die Durchführung der Arbeit ist alsdann genau so wie bei der analogen Arsenverbindung. Man entwickelt Wasserstoff aus Zink und verdünnter Schwefelsäure, prüft zunächst die in Anwendung gezogenen Chemikalien, sowie die benutzten Apparate auf absolute Abwesenheit von Antimon und sonstiger hier störender Verunreinigungen, fügt dann portionsweise die zu untersuchende, von oxydirenden Körpern befreite Untersuchungsflüssigkeit hinzu und erhitzt die Reduktionsröhre in der Nähe der Verengungen. Ist Antimon vorhanden, so tritt — bei etwas niedrigerer Temperatur als dies bei Arsenwasserstoff der Fall zu sein pflegt — Zerlegung des Antimonwasserstoffs unter Abscheidung metallischen Antimons in Form eines schwarzen Spiegels ein, der durch sehr starkes Erhitzen zu kleinen, mit der Lupe erkennbaren Kügelchen zusammenzuschmelzen vermag.

$$2\,SbH_3 = 2\,Sb + 3\,H_2.$$

Die dem Apparate in genau derselben Weise wie beim analogen Arsennachweis vorgelegte, stark verdünnte salpetersaure oder schwefelsaure Silberlösung (solche von ca. $^1/_{100}$ N. Stärke) wird durch in diese Flüssigkeit gelangenden Antimonwasserstoff unter schwarzer Abscheidung zerlegt, welche indessen aus Antimon und Silber (nicht aus Silber allein, wie bei der Zersetzung durch Arsenwasserstoff) besteht:

$$SbH_3 + 3\,AgNO_3 = \underbrace{Sb + 3\,Ag}_{Ag_3Sb} + 3\,HNO_3$$

$$2\,SbH_3 + 3\,Ag_2SO_4 = \underbrace{2\,Sb + 6\,Ag}_{2\,Ag_3Sb} + 3\,H_2SO_4$$

Eventuell gleichzeitig vorhandener Arsenwasserstoff lässt alles Arsen als arsenige Säure in Lösung übertreten, die in der filtrirten Flüssigkeit, nach Abscheidung des Silbers als Chlorsilber, nachgewiesen werden kann, während die schwarze Abscheidung, nach Decantiren der Flüssigkeit und Auswaschen, durch warme Weinsäurelösung zerlegt zu werden pflegt, wodurch eine Lösung des Antimons erzielt wird.

Angezündet brennt der Antimonwasserstoff mit bläulich-grünlicher Flamme, dabei weisses Antimonoxyd bildend:

$$2\,SbH_3 + 6\,O = Sb_2O_3 + 3\,H_2O.$$

Drückt man das Flämmchen durch ein Porzellanschälchen oder den Deckel eines Porzellantiegels, bezüglich durch eine kleine Porzellanplatte herab, so setzt sich metallisches Antimon auf diese ab in Gestalt eines tiefschwarzen, matten Anflugs:

$$2\,SbH_3 + 3\,O = 2\,Sb + 3\,H_2O.$$

Diese Abscheidung ähnelt dem durch Arsen unter gleichen Verhältnissen hervorgebrachten Fleck, unterscheidet sich jedoch von diesem durch eine Reihe von Reaktionen. Diese letzteren sind bei der Charakterisirung der Arsenflecke eingehend erörtert worden.

Es wird aber in vielen Fällen gar nicht nöthig sein, zur Charakterisirung des nach dem Gange der Isolirungsarbeit als Antimon vermutheten metallischen Giftes die Wasserstoffverbindung herzustellen, da das Antimon durch einige andere Reaktionen ebenso leicht als scharf erkannt werden kann.

Unter diesen ist für die gerichtlich-chemische Praxis hauptsächlich zu empfehlen:

2. Die Einwirkung von Zink oder Magnesium oder Zinn auf die schwach salzsaure Lösung des Antimons; es scheidet sich dabei Antimon als schwarzes Pulver ab:

$$2\,SbCl_3 + 3\,Zn = 2\,Sb + 3\,ZnCl_2.$$

Diese Reaktion wird am praktischsten in Kontakt mit Platin durchgeführt, indem man einige Tropfen der Antimonlösung auf Platinblech — Tiegeldeckel — bringt und ein Körnchen eines der oben genannten Metalle hinzufügt. Ist Antimon vorhanden, so scheidet sich dieses auf dem Platinblech als fest anhaftender schwarzer Fleck ab, der in Salzsäure unlöslich ist, sich jedoch darin auflöst sobald Zusatz eines Oxydationsmittels, wie Salpetersäure oder eine geringe Menge Jod — ein Tropfen Jodtinktur — erfolgt. (Empfindlichkeit 1 : 25000.)

Zinn, dessen eventuelle gleichzeitige Gegenwart nach Art des Isolirungsganges hauptsächlich in Betracht käme, giebt in Berührung mit Zink unter gleichen Versuchsbedingungen eine graue, aber auf dem Platinblech nicht anhaftende und bei der Behandlung mit warmer Salzsäure lösliche metallische Abscheidung.

3. Die Einwirkung des Schwefelwasserstoffs kann ebenfalls zur Einzelcharakteristik herangezogen werden, wenngleich daran erinnert werden muss, dass die Isolirung eventuell vorhandenen Antimons gerade durch Fällung mit Schwefelwasserstoff und weiterer Behandlung des erhaltenen Niederschlags, bewirkt wurde.

Aus Antimonoxydsalzlösungen fällt Schwefelwasserstoff orangerothes Sulfür, aus Antimonsäurelösungen orangerothes Sulfid:

$$2\,SbCl_3 + 3\,H_2S = Sb_2S_3 + 6\,HCl$$
$$2\,SbCl_5 + 5\,H_2S = Sb_2S_5 + 10HCl$$

(Empfindlichkeit: 1 : 50000.)

Durch starkes Erhitzen bis zum Schmelzen geht das Sulfür in eine schwarze krystallinische Modifikation über.

Sowohl Sulfür wie Sulfid sind in Ammoniumcarbonat, und in kalten verdünnten Säuren unlöslich;

jedoch löslich:

in erwärmter Salzsäure unter Bildung von Trichlorid:

$$Sb_2S_3 + 6\,HCl = 2\,SbCl_3 + 3\,H_2S$$
$$Sb_2S_5 + 6\,HCl = 2\,SbCl_3 + 3\,H_2S + S_2$$

ferner in Einfach-Schwefelalkalien unter Bildung von sulfantimonigsaurem, bezüglich sulfantimonsaurem Salz:

$$Sb_2S_3 + 3\,(NH_4)_2S = 2\,(NH_4)_3SbS_3$$
$$Sb_2S_5 + 3\,(NH_4)_2S = 2\,(NH_4)_3SbS_4$$

in Mehrfach-Schwefelalkalien als sulfantimonsaures Salz:

$$Sb_2S_3 + 3\,(NH_4)_2S + S_2 = 2\,(NH_4)_3SbS_4.$$

Aus der Lösung der sulfantimonigsauren Salze scheidet überschüssige Salzsäure Antimonsulfür ab, aus denen der sulfantimonsauren Salze Antimonsulfid:

$$2\,(NH_4)_3SbS_3 + 6\,HCl = Sb_2S_3 + 3\,H_2S + 6\,NH_4Cl$$
$$2\,(NH_4)_3SbS_4 + 6\,HCl = Sb_2S_5 + 3\,H_2S + 6\,NH_4Cl.$$

Die Sulfide sind ferner löslich in Alkalilauge:

$$2\,Sb_2S_3 + 4\,KOH = 3\,KSbS_2 + KSbO_2 + 2\,H_2O$$

$$4\,Sb_2S_5 + 18\,KOH = 3\,KSbO_3 + 5\,K_3SbS_4 + 9\,H_2O.$$

4. Alkalihydroxyd fällt aus der salzsauren Lösung des Antimons weisses Antimonhydroxyd, löslich im Ueberschusse des Fällungsmittels als antimonigsaures Salz:

$$SbCl_3 + 3\,KOH = SbOOH + 3\,NaCl + H_2O$$

$$SbOOH + KOH = SbOOK + H_2O.$$

Neutralisirt man die Lösung und fügt dann zu dieser antimonigsaures Salz enthaltenden Flüssigkeit Silbernitrat, so entsteht schwarze Abscheidung von metallischem Silber (aus antimonsauren Salzlösungen fällt Silbernitrat gelbes, in Ammoniakflüssigkeit lösliches, antimonsaures Silber).

Ammoniak fällt ebenfalls weisses Hydroxyd; ein Ueberschuss des Fällungsmittels bewirkt indessen keine Lösung.

5. Die salzsaure Lösung des Antimons, mit viel Wasser vermischt, ergiebt Abscheidung von weissem Oxychlorid, dessen Zusammensetzung je nach den Fällungsbedingungen wechseln kann.

Weinsäure bewirkt Auflösung dieser Abscheidung.

Die Ermittelung der Quantität des Antimons erfolgt gewichtsanalytisch am praktischsten auf folgende Weise: Man fällt durch Schwefelwasserstoff aus der salzsauren, mit etwas Weinsäure versetzten Lösung, sammelt den Niederschlag auf bei 105° getrocknetem und erkaltet gewogenem Filter, wäscht mit schwefelwasserstoffhaltigem Wasser aus, trocknet bei 100° und wägt. Alsdann mischt man den auf dem Filter befindlichen Niederschlag sorgfältigst, wägt einen Theil desselben in ein ausgetrocknetes und gewogenes Porzellanschiffchen, schiebt dieses in ein entsprechend weites Glasrohr und erhitzt. Dabei wird Antimonsulfür schwarz und eventuell beigemischter Schwefel verflüchtet sich. Man lässt im Kohlensäurestrom erkalten, wägt zurück und berechnet auf die Gesammtmenge Niederschlag.

$$100\,Sb_2S_3 = 71{,}47\,Sb.$$

Die quantitative Bestimmung des Antimons auf elektrolytischem Wege stösst auf mancherlei Schwierigkeiten; genau lässt sich diese nur durch Fällung aus Natriummonosulfidlösung bewirken. Die Gegenwart von Polysulfiden hindert die Abscheidung vollständig; zur Entfernung dieser oxydirt man den überschüssigen Schwefel durch Wasserstoffsuperoxyd und löst den Rückstand in Schwefelnatrium (Classen). Auch die Gegenwart von Ammoniak in der Untersuchungsflüssigkeit ist zu verhindern. Die geeignetsten Stromverhältnisse sind: 1 bis 2 Amp., wobei bei einem Gehalte der Flüssigkeit von ca. 80 % einer kaltgesättigten Natriumsulfidlösung (spez. Gewicht ca. 1,14) die Elektrodenspannung von 1,5 bis 3 Volt schwanken kann.

Man arbeite mit mattirten Schalen.

Zinn.

Es kommen hier hauptsächlich folgende Reaktionserscheinungen in Betracht:

1. Zink scheidet aus Zinnsalzlösungen (Oxydul- wie Oxydverbindungen) metallisches Zinn als graues, in Salzsäure lösliches Pulver ab:

$$SnCl_2 + Zn = Sn + ZnCl_2.$$

2. Schwefelwasserstoff fällt aus:

Oxydulverbindungen: braunes Sulfür:

$$SnCl_2 + H_2S = SnS + 2\,HCl.$$

Oxydverbindungen: gelbes Sulfid:

$$SnCl_4 + 2\,H_2S = SnS_2 + 4\,HCl.$$

Beide Schwefelverbindungen sind unlöslich in Ammoniumcarbonat; desgleichen ist das Sulfür unlöslich in Einfach-Schwefelammonium oder Einfach-Schwefelalkalien, dagegen löslich in Mehrfach-Schwefelalkalien und Mehrfach-Schwefelammonium; das Sulfid löst sich sowohl in Einfach- wie in Mehrfach-Schwefelalkalien und Schwefelammonium: Es verbindet sich dabei Sulfosäure mit Sulfobase zu Sulfosalz:

$$SnS + (NH_4)_2S_2 = (NH_4)_2SnS_3$$

$$SnS_2 + (NH_4)_2S = (NH_4)_2SnS_3.$$

Aus diesen Lösungen fällt Salzsäure Sulfid:

$$(NH_4)_2SnS_3 + 2\,HCl = SnS_2 + H_2S + 2\,NH_4Cl.$$

3. Quecksilberoxydsalze bewirken bei

Oxydulverbindungen: Oxydation unter Bildung von Quecksilberoxydul, bezüglich metallischem Quecksilber:

$$SnCl_2 + 2\,HgCl_2 = SnCl_4 + Hg_2Cl_2$$

$$SnCl_2 + Hg_2Cl_2 = SnCl_4 + 2\,Hg.$$

Bei Oxydverbindungen tritt keine Veränderung ein.

Wendet man anstatt der Quecksilberoxydsalze ein wasserlösliches Oxydulsalz, z. B. Quecksilberoxydulnitrat an, so tritt mit Zinnchlorür Umsetzung nach folgenden Gleichungen ein:

$$SnCl_2 + Hg_2(NO_3)_2 = Sn(NO_3)_2 + Hg_2Cl_2$$
$$SnCl_2 + Hg_2Cl_2 = SnCl_4 + 2\,Hg.$$

4. Alkalihydroxyde, Ammoniak und Alkalicarbonate fällen aus:

Oxydulverbindungen: weisses Hydroxydul, unlöslich im Ueberschusse von Ammoniak, jedoch löslich in überschüssiger Alkalilauge zu Zinnoxydulalkali:

$$SnCl_2 + 2\,KOH = Sn(OH)_2 + 2\,KCl$$
$$Sn(OH)_2 + 2\,KOH = Sn(OK)_2 + 2\,H_2O.$$

Das Zinnoxydulalkali wird durch frisch gefälltes Wismuthhydroxyd zu metazinnsaurem Kalium oxydirt, wobei sich schwarzes Wismuthoxydul abscheidet:

$$Sn(OK)_2 + Bi_2O_3 = K_2SnO_3 + Bi_2O_2.$$

Oxydverbindungen: weisses Hydroxyd, löslich in überschüssigen Aetzalkalien, unlöslich in Ammoniak:

$$SnCl_4 + 4\,KOH = \underbrace{Sn(OH)_4}_{H_2SnO_3 + H_2O} + 4\,KCl$$
$$Sn(OH)_4 + 2\,KOH = K_2SnO_3 + 3H_2O.$$

5. Natriumsulfat, auch Ammoniumnitrat fällen aus Oxydverbindungen ebenfalls weisses Hydroxyd, bezüglich Metazinnsäure:

$$SnCl_4 + 4\,Na_2SO_4 + 4\,H_2O = Sn(OH)_4 + 4\,NaCl + 4\,NaHSO_4$$
$$SnCl_4 + 4\,NH_4NO_3 + 4\,H_2O = Sn(OH)_4 + 4\,NH_4Cl + 4\,HNO_3.$$

6. Goldchlorid giebt mit Zinnchlorür Abscheidung von fein vertheiltem purpurbraunem Gold (Cassius Goldpurpur); bei sehr grosser Verdünnung der Reagentien tritt nur Rothfärbung ein:

$$3\,SnCl_2 + 2\,AuCl_3 = 3\,SnCl_4 + 2\,Au.$$

Die Ermittelung der Quantität des Zinns erfolgt gewichtsanalytisch durch Wägen als Zinndioxyd SnO_2. Man fällt zunächst aus schwach saurer Lösung mittelst Schwefelwasserstoffs, lässt den Niederschlag absetzen, sammelt denselben dann auf dem Filter (sollte die Flüssigkeit nicht klar filtriren wollen, so setze man Kochsalzlösung hinzu), wäscht mit Wasser, dem eventuell Ammoniumacetat und etwas freie Essigsäure zugesetzt ist, aus und trocknet. Man versucht alsdann den trockenen Niederschlag vom Filter möglichst vollkommen abzunehmen und bringt ihn nun in einen ausgeglühten und nach dem Erkalten gewogenen Porzellantiegel, brennt das Filter sammt Resten des Niederschlages für sich am Platindraht ab, giebt die Asche zum Tiegelinhalt und röstet durch Erhitzen. Nach dem Erkalten befeuchtet man vorsichtig mit Salpetersäure (vom spez. Gew. 1,4), dampft auf dem Wasserbade ein und erhitzt den Rückstand zunächst gelinde bei bedecktem Tiegel, dann stärker bei Luftzutritt bis er keine schweflige Säure mehr abgiebt. Man lässt erkalten, giebt festes kohlensaures Ammonium hinzu, erhitzt nochmals, anfangs gelinde, dann stark und wiederholt dies bis Gewichtskonstanz eingetreten ist.

$$100\ SnO_2 = 78{,}38\ Sn.$$

Die quantitative Bestimmung des Zinns auf *elektrolytischem* Wege kann genau aus der Ammonsulfosalzlösung erfolgen (*Classen*); sie hat indessen gegenüber der gewichtsanalytischen Methode keinerlei Vortheile.

2. *Nach der Oxydation mit Salpeter isolirte Metallgifte*:

Zink, Chrom, Baryum, Strontium.

Zink.

Zum Nachweise eignen sich in der gerichtlich-chemischen Praxis hauptsächlich folgende Reaktionserscheinungen:

1. *Schwefelwasserstoff* fällt aus Lösungen, die freie Salzsäure oder Schwefelsäure enthalten, keine Zinkverbindung aus; aus neutral gehaltener Lösung scheidet sich ein Theil der vorhandenen Zinkverbindung als weisses Sulfid ab. Enthält die Lösung des Zinks hingegen freie Essigsäure oder freie Rhodanwasserstoffsäure (natürlich ohne gleichzeitige Gegenwart oben genannter Säuren), so wird alles Zink in Form des Sulfids abgeschieden:

$$(C_2H_3O_2)_2Zn + H_2S = ZnS + 2\ C_2H_4O_2$$
$$Zn(CNS)_2 + H_2S = ZnS + 2\ HCNS.$$

Die salzsaure oder schwefelsaure Lösung kann durch Zusatz von Natriumacetat oder Kaliumrhodanat in eine essigsaure bezgl. rhodanwasserstoffsaure übergeführt werden (Ersatz für Uebersättigung mit Ammoniak und danach mit Essigsäure, bezgl. Rhodanwasserstoffsäure).

2. Schwefelammonium und Schwefelalkalien bewirken ebenfalls Abscheidung von weissem Sulfid:

$$ZnSO_4 + (NH_4)_2S = ZnS + (NH_4)_2SO_4.$$

(Empfindlichkeit: 1 : 50000.)

3. Alkalihydroxyd, sowie Ammoniak scheiden weisses Hydroxyd ab, das im Ueberschusse des Fällungsmittels als Zinkat löslich ist und sich beim Kochen dieser Lösung wieder abscheidet:

$$ZnSO_4 + 2\ KOH = Zn(OH)_2 + K_2SO_4$$
$$Zn(OH)_2 + 2\ KOH = Zn(OK)_2 + 2\ H_2O.$$

(Empfindlichkeit: 1 : 6000.)

Leitet man in diese Lösung Schwefelwasserstoff, so scheidet sich Sulfid ab (aus Reaktion 2 folgend).

4. Alkalicarbonate fällen basisch kohlensaures Zink, das im Ueberschusse des Fällungsmittels unlöslich ist und dessen Zusammensetzung je nach den Fällungsbedingungen eine wechselnde sein kann.

(Empfindlichkeit: 1 : 8000.)

5. Ferrocyankalium ruft Fällung von ferrocyansaurem Zink hervor, unlöslich in Salzsäure, sowie in Ammoniak:

$$2\ ZnSO_4 + K_4FeCy_6 = Zn_2FeCy_6 + 2\ K_2SO_4.$$

(Empfindlichkeit: 1 : 1000000.)

6. Cyankalium fällt weisses Cyanür, löslich im Ueberschusse des Fällungsmittels als Kaliumzinkcyanid:

$$ZnSO_4 + 2\ KCy = ZnCy_2 + K_2SO_4$$
$$ZnCy_2 + 2\ KCy = ZnCy_2 . 2\ KCy.$$

Schwefelalkali fällt aus dieser Lösung weisses Sulfid:

$$ZnCy_2 . 2\ KCy + K_2S = ZnS + 4\ KCy.$$

Die Ermittelung der Quantität des Zinks geschieht: gewichtsanalytisch durch Abscheidung als Sulfid ZnS und Wägen in dieser Verbindung. Man fällt mittelst Schwefelwasserstoffs aus schwach essigsaurer oder aus ammoniakalischer Lösung (Zusatz von Ammoniumchlorid beschleunigt die Abscheidung des Sulfids). Der Niederschlag wird nach 24stündigem Absetzenlassen auf dem Filter gesammelt und mit Wasser, dem wenig Ammoniumchlorid und Schwefelammonium, später nur Schwefelammonium zugesetzt wurde, gewaschen. Dabei bedecke man die obere Trichteröffnung während des Filtrirens mittelst eines Uhrglases, um den Niederschlag vor Luftzutritt und dadurch erfolgender Oxydation möglichst zu schützen. Das alsdann bei 100° getrocknete Sulfid wird möglichst vollständig vom Filter abgenommen und in einen ausgeglühten und nach dem Erkalten gewogenen Rose'schen Tiegel gegeben, das Filter für sich verbrannt, die Asche zum Tiegelinhalt gebracht und nun reiner Schwefel hinzugemischt. Man erhitzt im Wasserstoffstrome wie unter Kupfer angegeben (Seite 190), lässt im Wasserstoffstrome erkalten und wägt.

$$100\ ZnS = 67{,}03\ Zn.$$

Auf elektrolytischem Wege kann die quantitative Bestimmung des Zinks glatt aus solchen Lösungen erfolgen, die wenig freie Säure enthalten, während neutrale Lösungen nur unvollständige und schwammige Abscheidung ergeben. Es haben sich Essigsäure, Weinsäure, sowie Oxalsäure recht gut bewährt. Auch die Lösung in Cyankalium, sowie diejenige als oxalsaures Zinkammonium oder Zinkkaliumdoppelsalz (Classen, Reinhardt, Ihle), liefert gute Resultate. Es empfiehlt sich Elektroden anzuwenden, die vorher mit Silber oder Kupfer überzogen sind, da das abgeschiedene Zink die Eigenschaft zeigt sich nach dem Trocknen von der Platinelektrode nur sehr schwierig entfernen zu lassen. Man elektrolysire bei 50—60°. Die letzten Reste des Zinks gelangen nur schwer und langsam zur Abscheidung; man muss deshalb gegen Ende der Elektrolyse mit Stromdichten von mindestens 1 Amp. arbeiten, während vorher solche von 0,5—1 Amp. genügten. Die Elektrodenspannung betrage 3,5—4,5 Volt. Das Ende der Reaktion wird mit Ferrocyankalium ermittelt; das Auswaschen des Metalls erfolgt dann bei Stromunterbrechung.

Chrom.

In dem Untersuchungsobjekte eventuell vorhandenes Chrom resultirt durch die Art der Isolirungsarbeit als chromsaures Salz (Seite 173). In dieser Lösung kann das Chrom sehr scharf charakterisirt werden durch folgende Reaktionserscheinungen:

1. Die gelbe Lösung des Chromates wird durch Säurezusatz in gelbrothgefärbtes Bichromat übergeführt, das seinerseits durch

Alkalihydroxydzusatz wieder in gelbes *Chromat* zurückverwandelt werden kann:

$$2\,K_2CrO_4 + H_2SO_4 = K_2Cr_2O_7 + K_2SO_4 + H_2O$$
$$K_2Cr_2O_7 + 2\,KOH = 2\,K_2CrO_4 + H_2O.$$

2. Die sehr verdünnte Lösung, mit verdünnter Schwefelsäure angesäuert und alsdann mit etwas *Wasserstoffsuperoxyd*lösung vermischt, lässt eine tiefblau gefärbte Verbindung (Ueberchromsäure?) entstehen, die sich beim Schütteln der Flüssigkeit mit Aether in diesem löst und deren Gegenwart dadurch sehr scharf beobachtet werden kann.

3. *Bleiacetat* fällt gelbes Bleichromat, das in Salzsäure und in Schwefelsäure unlöslich, jedoch in Alkalihydroxydlösungen unter Bildung von Alkalichromat und Alkaliplumbit löslich ist:

$$K_2CrO_4 + (C_2H_3O_2)_2Pb = PbCrO_4 + 2\,C_2H_3O_2K$$
$$K_2Cr_2O_7 + (C_2H_3O_2)_2Pb + H_2O = PbCrO_4 + H_2CrO_4 + 2\,C_2H_3O_2K$$
$$PbCrO_4 + 4\,KOH = K_2CrO_4 + Pb(OK)_2 + 2\,H_2O.$$

Aus dieser Lösung bewirkt Säurezusatz natürlich von neuem Abscheidung von Bleichromat.

4. *Silbernitrat* scheidet rothbraunes, in Ammoniak sowie in erwärmter Salpetersäure lösliches Silberchromat ab:

$$K_2CrO_4 + 2\,AgNO_3 = Ag_2CrO_4 + 2\,KNO_3.$$

5. *Chlorbaryum* fällt die Chromverbindung des Baryums, die in Essigsäure unlöslich, in Salpetersäure sowie in Salzsäure löslich ist; daher gelangt aus Bichromat nur die Hälfte der Chromsäure als Chromat zur Abscheidung:

$$K_2CrO_4 + BaCl_2 = BaCrO_4 + 2\,KCl$$
$$K_2Cr_2O_7 + BaCl_2 + H_2O = BaCrO_4 + H_2CrO_4 + 2\,KCl.$$

6. *Quecksilberoxydulnitrat* fällt ziegelrothes, in Salpetersäure lösliches Quecksilberoxydulchromat:

$$K_2CrO_4 + Hg_2(NO_3)_2 + Hg_2CrO_4 + 2\,KNO_3.$$

7. Die Destillation mit *konzentrirter Salzsäure* (oder Natriumchlorid und konzentrirter Schwefelsäure) lässt eine leicht flüchtige, dunkelrothe Flüssigkeit, das Chromoxychlorid (Chromylchlorid), entstehen:

$$K_2Cr_2O_7 + 6\,HCl = 2\,CrO_2Cl_2 + 2\,KCl + 3\,H_2O.$$

Leitet man das überdestillirende Chromoxychlorid in Wasser, so tritt sofort Zersetzung zu Chromsäure und Salzsäure ein:

$$CrO_2Cl_2 + 2\,H_2O = H_2CrO_4 + 2\,HCl.$$

8. Schwefelwasserstoff reduzirt die mit Salzsäure versetzte Lösung zu grau gefärbtem Chromoxydsalz; gleichzeitig findet Abscheidung von Schwefel statt:

$$2\,K_2CrO_4 + 3\,H_2S + 10\,HCl = 2\,CrCl_3 + 4\,KCl + 3\,S + 8\,H_2O$$
$$K_2Cr_2O_7 + 3\,H_2S + 8\,HCl = 2\,CrCl_3 + 2\,KCl + 3\,S + 7\,H_2O.$$

Aus der Lösung des Chromchlorids fällt Alkalihydroxyd, sowie Ammoniak (oder auch Schwefelammonium) graugrünes Chromhydroxyd ($Cr(OH)_3$), das im Ueberschusse von Alkalihydroxyd vollständig löslich, in solchem von Ammoniak nur spurenweise löslich ist und sich beim Erwärmen dieser Mischung vollständig abscheidet.

Es wirken gleichzeitig reduzirend:

9. Schweflige Säure nach der Gleichung:

$$K_2Cr_2O_7 + 4\,H_2SO_3 = Cr_2(SO_4)_3 + K_2SO_3 + 4\,H_2O \text{ oder:}$$
$$K_2Cr_2O_7 + 3\,H_2SO_3 + 2\,HCl = Cr_2(SO_4)_3 + 2\,KCl + 4\,H_2O.$$

10. Salzsäure beim Erwärmen, nach der Gleichung:

$$K_2Cr_2O_7 + 14\,HCl = 2\,CrCl_3 + 2\,KCl + 7\,H_2O + 6\,Cl.$$

11. Alkohol und verdünnte Salzsäure oder verdünnte Schwefelsäure beim Kochen:

$$K_2Cr_2O_7 + 3\,C_2H_5OH + 8\,HCl = 2\,CrCl_3 + 2\,KCl + 7\,H_2O + 3\,CH_3COH.$$

Endlich sei

12. an die in der gerichtlich-chemischen Praxis nicht selten zur Verwendung gelangende Ueberführung des Chromoxyds, bezüglich der Chromoxydsalze, durch Schmelzen mit Salpeter und Alkalicarbonat in Chromat erinnert, welche Reaktion speziell bei der Isolirungsarbeit (Seite 172 u. 173) in Betracht kommt:

$$Cr_2O_3 + 3\,KNO_3 + 2\,K_2CO_3 = 2\,K_2CrO_4 + 3\,KNO_3 + 3CO_2.$$

Die Ermittelung der Quantität des Chroms geschieht gewichtsanalytisch durch Wägen als Chromoxyd Cr_2O_3. Man fällt das Chrom als Hydroxyd aus Chromoxydsalzlösung bei gewöhnlicher Temperatur (nicht in der Wärme) durch Zusatz von Ammoniakflüssigkeit in geringem Ueberschusse.

Hat man chromsaures Salz, so führe man dieses durch Kochen der Lösung mit Salzsäure und Alkohol zunächst in Chromoxydsalz über; der Ueberschuss an Säure ist vor dem Ammoniakzusatz entweder durch Abdampfen der Lösung oder durch Neutralisiren mit kohlensaurem Alkali zu entfernen. Ein grösserer Ueberschuss an Ammoniak kann lösend auf das gefällte Hydroxyd wirken; in diesem Falle ist die Flüssigkeit mitsammt dem Niederschlage bis zur Verjagung des freien Ammoniaks zu erwärmen. Das abgeschiedene Chromhydroxyd wird auf kleinem Filter gesammelt, ausgewaschen, getrocknet und dann im Tiegel bis zur Gewichtskonstanz geglüht. Es resultirt auf diese Weise Chromoxyd.

$$100\ Cr_2O_3 = 68{,}62\ Cr.$$

Liegt die Lösung des chromsauren Salzes in reiner Form vor, so gelingt die Bestimmung mit grosser Leichtigkeit und absoluter Genauigkeit auch auf

maassanalytischem Wege durch Zusatz von Jodkalium (jodatfrei!) und Salzsäure oder Schwefelsäure, ersteres sowohl wie letztere je im Ueberschusse, und Titration des durch Wechselwirkung ausgeschiedenen Jodes mittelst Thiosulfats:

$$K_2Cr_2O_7 + 6\ KJ + 7\ H_2SO_4 = Cr_2(SO_4)_3 + 6\ J + 4\ K_2SO_4 + 7\ H_2O$$

$$2\ Na_2S_2O_3 + 2\ J = Na_2S_4O_6 + 2\ NaJ.$$

Als Indikator dient Stärkelösung. Man setzt Thiosulfatlösung hinzu bis die rothe Farbe des Jodes zu verschwinden beginnt, fügt einen bis mehrere Tropfen filtrirter Stärkelösung bei und titrirt bis zum Verschwinden der durch Jod im Kontakt mit jener bewirkten Blaufärbung. Es resultirt dann eine durch Chromoxydsalz grün gefärbte Flüssigkeit:

$$1\ ccm\ {}^1/_{10}N.\, Na_2S_2O_3 = 0{,}004916\ K_2Cr_2O_7 = 0{,}001739\ Cr.$$

Baryum.

Von den Reaktionserscheinungen des Baryums kommen an dieser Stelle hauptsächlich in Betracht:

1. Die Fällbarkeit als gelbes Chromat durch Alkalichromat und Alkalibichromat:

$$BaCl_2 + K_2CrO_4 = BaCrO_4 + 2\ KCl$$

$$BaCl_2 + K_2Cr_2O_7 + H_2O = BaCrO_4 + H_2CrO_4 + 2\ KCl.$$

Die abgeschiedene Verbindung ist in Essigsäure unlöslich, leicht löslich jedoch in Salzsäure und in Salpetersäure:

$$BaCrO_4 + 2\ HCl = BaCl_2 + H_2CrO_4.$$

2. Verdünnte Schwefelsäure, sowie lösliche Sulfate erzeugen Abscheidung von weissem Baryumsulfat:

$$BaCl_2 + H_2SO_4 = BaSO_4 + 2\,HCl$$
$$BaCl_2 + Na_2SO_4 = BaSO_4 + 2\,NaCl$$
$$BaCl_2 + CaSO_4 = BaSO_4 + CaCl_2.$$

Durch Schmelzen der Sulfate mit Natriumcarbonat kann Umsetzung bewirkt werden nach der Gleichung:

$$BaSO_4 + Na_2CO_3 = BaCO_3 + Na_2SO_4.$$

3. Alkalicarbonate, sowie Ammoniumcarbonat fällen weisses Baryumcarbonat:

$$BaCl_2 + K_2CO \quad = BaCO_3 + 2\,KCl.$$

4. Kieselfluorwasserstoffsäure fällt gallertartiges Kieselfluorbaryum.

$$BaCl_2 + H_2SiFl_6 = BaSiFl_6 + 2\,HCl.$$

Zusatz von Alkohol beschleunigt die Abscheidung.

5. Dinatriumphosphat fällt Monobaryumphosphat:

$$BaCl_2 + Na_2HPO_4 + BaHPO_4 + 2\,NaCl.$$

Gegenwart von Ammoniak lässt Baryumammoniumphosphat entstehen:

$$BaCl_2 + Na_2HPO_4 + NH_4OH = BaNH_4PO_4 + 2\,NaCl + H_2O.$$

Behandelt man das Monobaryumphosphat mit Säuren (Salzsäure), so tritt Bildung von saurem Phosphat ein; Zusatz von überschüssigem Ammoniak zu dieser Lösung führt alsdann Bildung von unlöslichem neutralem Phosphat herbei:

$$2\,BaHPO_4 + 2\,HCl = Ba\,(H_2PO_4)_2 + BaCl_2$$
$$3\,Ba\,(H_2PO_4)_2 + 3\,BaCl_2 + 12\,NH_4OH = 2\,Ba_3\,(PO_4)_2 + 2\,(NH_4)_3PO_4 + 6\,NH_4Cl + 12\,H_2O.$$

6. Die Baryumsalze färben die nicht leuchtende Flamme gelbgrün; das Spektrum der Baryumflamme zeigt mehrere grüne, eine orange und eine gelbe Linie, die an der Hand einer Spektraltafel zu beobachten sind.

Die Ermittelung der Quantität des Baryums geschieht gewichtsanalytisch durch Fällung als Sulfat $BaSO_4$ und Wägen dieser Verbindung. Man fällt in heisser, schwach salzsaurer Lösung durch heisse verdünnte Schwefelsäure, lässt den entstandenen Niederschlag absetzen, sammelt auf dem Filter, wäscht mit heissem

Wasser aus, trocknet, giebt den Niederschlag in einen ausgeglühten und nach dem Erkalten gewogenen Platintiegel, verbrennt das Filter, giebt dessen Asche zum Tiegelinhalt und erhitzt bis zum konstanten Gewicht.

$$100\ BaSO_4 = 58{,}8\ Ba.$$

Der spezielle Nachweis von Baryumverbindungen im Mehle, bezüglich die Isolirung der mineralischen Bestandtheile in demselben, kann qualitativ durch folgende praktische Manipulation erfolgen: Man schüttelt 2—4 g der Substanz in einem Cylinder mit 30—40 ccm Chloroform tüchtig durch, setzt dann 40—50 Tropfen Wasser hinzu und lässt das Ganze einige Zeit stehen. Eventuell vorhandene mineralische Bestandtheile fallen zu Boden (Hilger, Vereinbarungen betreffs Untersuchung von Nahrungs- und Genussmitteln, sowie Gebrauchsgegenständen. 1885. Seite 279.).

Strontium.

Die Trennung des Strontiums von eventuell gleichzeitig vorhandenem Baryum ist beim Isolirungsgange angegeben (Seite 174); die Einzelcharakteristik kann leicht und schnell durch folgende Reaktionserscheinungen geschehen:

1. Verdünnte Schwefelsäure, sowie lösliche Sulfate fällen in Wasser sehr schwer lösliches, und in saurem Wasser wenig lösliches Strontiumsulfat:

$$SrCl_2 + H_2SO_4 = SrSO_4 + 2\ HCl.$$

Calciumsulfat ist in Wasser etwas reichlicher löslich als Strontiumsulfat, mithin entsteht auch durch Calciumsulfatlösung Abscheidung von Strontiumsulfat:

$$SrCl_2 + CaSO_4 = SrSO_4 + CaCl_2.$$

2. Alkalicarbonate, sowie Ammoniumcarbonat ergeben Abscheidung von weissem Strontiumcarbonat:

$$SrCl_2 + Na_2CO_3 = SrCO_3 + 2\ NaCl.$$

3. Dinatriumphosphat reagirt analog wie bei Baryum (s. Reaktion Nr. 5 unter Baryum).

4. Alkalichromat scheidet gelbes Strontiumchromat ab:

$$SrCl_2 + K_2CrO_4 = SrCrO_4 + 2\ KCl,$$

welches in Säuren, auch in Essigsäure, löslich ist. Daher bewirken Bichromatlösungen keine Veränderung.

5. Kieselfluorwasserstoffsäure fällt nicht (Gegensatz zu Baryum).

6. Die Strontiumsalze färben die nichtleuchtende Flamme carminroth bis purpurroth; das Spektrum zeigt eine orange und eine blaue Linie, die an der Hand einer Spektraltafel zu beobachten sind.

7. Es sei daran erinnert, dass Strontiumnitrat in einem Gemisch gleicher Volumtheile Alkohol und Aether unlöslich (Unterschied von Calciumnitrat), und dass Strontiumchlorid in Alkohol löslich ist (Unterschied von Baryumchorid).

Die Ermittelung der Quantität des Strontiums geschieht gewichtsanalytisch durch Fällung als Sulfat $SrSO_4$ und Wägung dieser Verbindung. Man scheidet in schwach salzsaurer Lösung durch verdünnte Schwefelsäure ab, vermischt mit etwa dem gleichen Volumen Alkohol (in alkoholhaltigem Wasser ist Strontiumsulfat weniger löslich als in reinem Wasser), lässt 24 Stunden absetzen, sammelt den Niederschlag auf dem Filter, wäscht mit alkoholhaltigem Wasser aus und verfährt im Uebrigen wie unter Baryum angegeben:

$$100\, SrSO_4 = 47{,}68\, Sr.$$

B. Metallische Gifte, isolirt aus dem Rückstande, welcher bei der Oxydation auf nassem Wege resultirte.

Blei, Quecksilber, Baryum, Strontium, Silber.

Davon wurden:

Blei und Quecksilber auch unter 1a isolirt und sind daher dort bereits erörtert; Baryum und Strontium auch unter 2 isolirt und dort ebenfalls erörtert.

Es resultirt somit nur noch:

Silber.

An dieser Stelle seien folgende Reaktionserscheinungen hervorgehoben:

1. Alkalichromat fällt braunrothes Silberchromat:

$$2\,AgNO_3 + K_2CrO_4 = Ag_2CrO_4 + 2\,KNO_3.$$

(Empfindlichkeit: 1 : 10 000.)

2. Salzsäure, sowie lösliche Chloride scheiden weisses, im Lichte schnell sich bräunendes Chlorsilber ab:

$$AgNO_3 + HCl = AgCl + HNO_3.$$

(Empfindlichkeit: 1 : 24 000.)

Der Niederschlag ist in verdünnten Säuren unlöslich, jedoch löslich in Ammoniakflüssigkeit, in Cyankalium und in Thiosulfatlösung:

$$AgCl + KCN = AgCN + KCl \text{ und}$$
$$AgCN + KCN = AgCN\,.\,KCN.$$
$$2\,AgCl + Na_2S_2O_3 = Ag_2S_2O_3 + 2\,NaCl \text{ und}$$
$$Ag_2S_2O_3 + Na_2S_2O_3 = 2\,NaAgS_2O_3.$$

3. Jodwasserstoffsäure, sowie lösliche Jodide fällen in Ammoniak unlösliches Jodsilber:

$$AgNO_3 + KJ = AgJ + KNO_3.$$

(Empfindlichkeit: 1 : 4000.)

4. Schwefelwasserstoff, sowie Schwefelammonium fällen schwarzes, in kochender Salpetersäure lösliches Sulfid:

$$2\,AgNO_3 + H_2S = Ag_2S + 2\,HNO_3$$
$$2\,AgNO_3 + (NH_4)_2S = Ag_2S + 2\,NH_4NO_3$$
$$3\,Ag_2S + 8\,HNO_3 = 6\,AgNO_3 + 2\,NO + 4\,H_2O + 3\,S.$$

(Empfindlichkeit: 1 : 35 000.)

5. Alkalihydroxyd fällt braunes Silberoxyd:

$$2\,AgNO_3 + 2\,NaOH = Ag_2O + 2\,NaNO_3 + H_2O.$$

Ebenso fällt

6. Ammoniak: Silberoxyd, das jedoch im Ueberschusse dieses Fällungsmittels farblos löslich ist.

7. Alkalicarbonat scheidet hellgelbes Silbercarbonat aus:

$$2\,AgNO_3 + Na_2CO_3 = Ag_2CO_3 + 2\,NaNO_3.$$

8. Cyankalium fällt weisses Silbercyanid, löslich im Ueberschusse des Fällungsmittels unter Bildung eines Doppelsalzes:

$$AgNO_3 + KCN = AgCN + KNO_3$$
$$AgCN + KCN = AgCN\,.\,KCN.$$

Durch Säurezusatz tritt Zersetzung des Niederschlages ein; es wird Cyansilber abgeschieden und gleichzeitig entweicht Cyanwasserstoff:

$$AgCN\,.\,KCN + HCl = AgCN + HCN + KCl.$$

9. Kupfer, Zink, Magnesium, Cadmium, Eisen, Mangan und Blei scheiden das Silber aus seinen Salzlösungen metallisch ab.

Die Ermittelung der Quantität des Silbers geschieht gewichtsanalytisch durch Fällung als Chlorsilber AgCl und Wägen in dieser Verbindung. Man scheidet in salpetersaurer Lösung ab durch Zusatz von Salzsäure in geringem Ueberschusse. Zur Ueberführung des zunächst voluminös sich abscheidenden Niederschlages in eine kompaktere Form erhitzt man einige Zeit bis ca. 70^0, lässt dann im Dunkeln sich völlig absetzen, sammelt auf kleinem Filter, wäscht aus und trocknet. Nun wird das getrocknete Chlorsilber vom Filter möglichst vollständig losgelöst, in einen kleinen ausgeglühten und nach dem Erkalten gewogenen Porzellantiegel gebracht, das Filter für sich verbrannt und deren Asche zum Tiegelinhalte gegeben. Man befeuchtet alsdann mit 1—2 Tropfen Salpetersäure, hierauf mit 1—2 Tropfen Salzsäure und erwärmt auf dem Wasserbade, um den durch die Verbrennung des Filters etwa reduzirten Theil des Silbers in Nitrat und alsdann in Chlorsilber überzuführen. Nach Verdampfung der Flüssigkeit erhitzt man mit direkter Flamme, zunächst schwach, dann stärker bis zur leichten Schmelzung. Nach dem Erkalten erfolgt Wägung.

$$100\ AgCl = 75{,}28\ Ag.$$

Maassanalytisch lässt sich die Silbermenge durch Titration mittelst Rhodanammoniumlösung in salpetersaurer Flüssigkeit ermitteln. Man löst das als Carbonat oder Oxyd abgeschiedene Silber in verdünnter Salpetersäure, setzt Wasser hinzu und nimmt entweder die Gesammtmenge der Lösung oder einen aliquoten Theil der abgemessenen Flüssigkeit in Arbeit. Als Indikator dient eine kalt gesättigte Lösung von Eisenalaun in Wasser, von welcher der salpetersauren Silberlösung vor dem Rhodanammonzusatz ein bis mehrere Kubikcentimeter zugefügt werden. Durch Rhodanammoniumzusatz scheidet sich sulfocyansaures Silber ab; gleichzeitig bildet sich zunächst sulfocyansaures Eisen, das sich in der Flüssigkeit mit rother Farbe löst, aber auch sofort durch Silbernitrat umgesetzt wird, solange sich von diesem in Lösung befindet:

$$AgNO_3 + NH_4CNS = AgCNS + NH_4NO_3$$

$$\begin{cases} Fe_2(SO_4)_3 + 6\ NH_4CNS = 2\ Fe(CNS)_3 + 3\ (NH_4)_2SO_4. \\ Fe(CNS)_3 + 3\ AgNO_3 = Fe(NO_3)_3 + 3\ AgCNS. \end{cases}$$

Der Endpunkt der Titration kennzeichnet sich also durch Entstehen einer beständigen Rothfärbung der Flüssigkeit.

Die Methode verlangt Abwesenheit von salpetriger Säure (z. B. entstanden durch Auflösen von metallischem Silber in Salpetersäure); ist diese vorhanden, so muss sie vor dem Rhodanammoniumzusatz durch Erwärmen der zu titrirenden Flüssigkeit entfernt werden.

$$1\ \text{ccm}\ {}^1/_{10}\ \text{N}\,.\,NH_4CNS = 0{,}0108\ \text{Ag}.$$

Die quantitative Bestimmung des Silbers auf elektrolytischem Wege stösst auf vielerlei Schwierigkeiten. Sie kann genau nur unter Verwendung der Lösung in überschüssigem Cyankalium erfolgen (Luckow), doch dürfte der Bestimmung auf gewichtsanalytischem oder maassanalytischem Wege bis auf weiteres der Vorzug zu geben sein.

Es kommt nicht selten vor, dass die Gegenwart von Silber in Haaren, Geweben, Papier etc. dargethan werden soll. In solchen Fällen wird das Silber in Oxydform oder als reduzirtes Metall vorliegen. Man verfährt dann am besten wie folgt: Man äschert ein, behandelt die Asche mit Königswasser, dampft ab, zieht das entstandene Chlorsilber mit Ammoniakflüssigkeit aus, filtrirt und scheidet jenes im Filtrat durch Salpetersäurezusatz ab. Die Einzelcharakteristik ergiebt sich aus den oben erörterten Reaktionserscheinungen des Silbers.

Auch der Fall, dass Silberflecke speziell in Wäsche nachgewiesen werden sollen, ist nicht selten. Man kann alsdann mit gutem Erfolge direkt auf dem mit Silber fixirten Gewebe folgende Reaktionen anstellen:

1. Mit Salzsäure betupft, verschwindet der Fleck nicht.

2. Mit verdünnter wässeriger Chromsäurelösung (1 : 10, oder eine Lösung von einem Theil Kaliumbichromat in zehn Theilen Wassers, vermischt mit zwei Theilen Schwefelsäure) betupft, tritt allmählich Rothfärbung (Chromatbildung) ein; das nun gebildete Produkt ist in Ammoniakflüssigkeit löslich.

3. Behandlung mit Jodtinktur führt Oxydation und Bildung von Jodsilber herbei, das in konzentrirter Thiosulfatflüssigkeit löslich ist.

4. Längere Zeit andauernde Einwirkung von Cyankaliumlösung lässt weisses Cyansilber entstehen, das sich im Ueberschusse des Cyankaliums löst.

Nachweis der Säuren und der Alkalien.

Vergiftungen mit Säuren und solche mit ätzenden Alkalien kommen heutzutage nur selten mehr vor. Dennoch mögen einzelne Hinweise zur praktischen Erledigung der Fragestellung auf solche Gifte gegeben werden.

Die Zuführung derartiger Stoffe führt im menschlichen bezgl. thierischen Körper Reizerscheinungen und dadurch Veränderungen der Epidermis herbei, die zu identifiziren Sache des Arztes ist. Der Chemiker beachte, dass die dem Körper zugeführten, zum Leben nothwendigen Nahrungsmittel nicht selten Säuren oder Alkalien enthalten, eventuell auch Salze einschliessen, aus denen sich unter Einwirkung des Mageninhaltes durch Zersetzung freie Säure oder freies Alkali bilden kann. Es ist fernerhin darauf Rücksicht zu nehmen, dass bei der Leichenzersetzung zunächst ein Stadium der sauren Gährung eintritt, dem alsdann dasjenige der alkalischen Zersetzung folgt. Man wird daher nur nach der Quantität der vorgefundenen Säure, bezüglich derjenigen der Alkalien Schlüsse auf eventuelle Zuführung dieser Stoffe behufs Abtödtung des Lebens ziehen können.

Die Isolirung der Säuren

kann entweder durch direkte Extraktion oder durch Dialyse erfolgen. Die letztere Art der Arbeit ist in vielen Fällen die vortheilhaftere, weil man dadurch von vornherein reinere wässerige

Lösungen der Säuren erhält. Befürchtet man indessen eine Zersetzung der Säure durch den Kontakt mit der organischen Substanz, so wird die direkte Extraktion mit ca. 60 %igem Alkohol vorzuziehen sein, weil diese schneller durchführbar ist als die Isolirungsarbeit durch Dialyse. Sofern Leichentheile oder sonstige wasserhaltige Substanzen zur Untersuchung vorliegen, pflegt man die Extraktion mit absolutem Alkohol vorzunehmen, da durch den Wassergehalt des Untersuchungsmaterials bereits eine Verdünnung des Alkohols bewirkt wird.

Der weitere Untersuchungsgang richtet sich ganz nach der Art der eventuell vorhandenen Säure. Säuren, die in der Wärme flüchtig sind, wie z. B. Salzsäure, Salpetersäure, Essigsäure, Ameisensäure etc. werden durch eine Destillationsarbeit abgeschieden und dann klassifizirt; nicht flüchtige Säuren, wie Schwefelsäure, Oxalsäure, Pikrinsäure, Salicylsäure, bedürfen jeweilig des Einzelnachweises in der durch wässerigen Alkohol bewirkten Extraktionsflüssigkeit.

Von einem gewissen Standpunkte aus können alle Säuren als Gifte angesehen werden, es können aber in diesem Buche nur einzelne Säuren speziell berücksichtigt werden, während betreffs des grösseren Theiles der Säuren auf die Bücher allgemein-analytischen Inhaltes verwiesen sei, da die zum Nachweise der Säuren in der gerichtlich-chemischen Praxis gebräuchlichen Spezialreaktionen die gleichen sind wie die im allgemeinen Gange der Analyse üblichen.

Liegt kein dringender Verdacht vor auf die Anwesenheit einer speziellen Säure, so wird man den alkoholisch-wässerigen Auszug am besten in zwei Theile trennen, den einen zur Destillation behufs Auffindung flüchtiger Säuren und den anderen zum Einzelnachweise nicht flüchtiger Säuren verwenden.

Es sei dabei daran erinnert, dass freie Mineralsäure eine Methylviolettlösung verändert, indem bei Gegenwart von wenig Säure Bläuung eintritt, die bei Gegenwart beträchtlicher Mengen in grün umschlägt. Diese Reaktion kann hin und wieder zur orientirenden Vorprobe benutzt werden. Zur Beobachtung genügt der Zusatz einiger Tropfen Methylviolettlösung zu einem Theile der Flüssigkeit.

Zur Destillationsarbeit übersättigt man einen Theil der Extraktionsflüssigkeit mit Alkalihydroxydlösung, verdunstet den Alkohol im Wasserbade, verdünnt den wässerigen Rückstand mit Wasser und destillirt alsdann die Säure unter Zugabe von Schwefelsäure ab. Die Ausführung dieser Arbeit wird als bekannt vorausgesetzt, ebenfalls die Kenntniss der Reaktionserscheinungen, mit Hilfe deren man in den gewonnenen Destillationsprodukten die flüchtigen Säuren einzeln nachweist.

Nachweis einzelner durch die Destillation nicht zu isolirender Säuren.

Schwefelsäure H_2SO_4.

Einwirkung auf Zucker: Die alkoholisch-wässerige Lösung wird in der Porzellanschale im Wasserbade verdunstet und zum konzentrirten Rückstand — unter der Voraussetzung, dass aller Alkohol verdampft ist — ein Stückchen Zucker gegeben. Tritt bei weiterer Eindunstung Verkohlung des Zuckers ein, so ist die Gegenwart von Schwefelsäure als wahrscheinlich anzusehen.

Im Uebrigen sind die für diese Säure bekannten Reaktionserscheinungen massgebend. Sollten in der Extraktionsflüssigkeit organische, die quantitative Bestimmung der Schwefelsäure störende Bestandtheile vorhanden sein, so verdampft man unter Zusatz von Natriumcarbonat zur Trockne, vermischt den Rückstand im Porzellantiegel mit Salpeter, glüht erst gelinde, dann stärker bis zum Schmelzen, löst das alsdann bis zur Erkaltung bei Seite gestellte Produkt in Wasser, macht mit Salpetersäure schwach sauer und fällt heiss mit Chlorbaryumlösung.

Oxalsäure. $C_2O_4H_2$.

In gerichtlichen Fällen ist es wesentlich eine Trennung eventuell vorhandener freier Oxalsäure von der an Basen gebundenen Säure zu bewirken.

Die freie Oxalsäure lässt sich durch Extraktion des getrockneten Untersuchungsmaterials mittelst Alkohols isoliren. Bei der Eintrocknung des Untersuchungsobjektes beachte man, dass die Analyse auf eventuell vorhandene Giftstoffe flüchtiger Natur bereits erledigt sein muss.

Die Extraktion mittelst Alkohols geschieht in der Wärme des kochenden Wasserbades. Dabei wird gleichzeitig eventuell vorhandenes übersaures Kaliumoxalat in unlösliches saures Oxalat und in freie Oxalsäure zerlegt. Man trennt durch Filtration von den festen Partikeln, destillirt den Alkohol ab und nimmt den Rückstand mit Wasser auf.

In den meisten Fällen resultirt damit eine Lösung, in der eventuell vorhandene Oxalsäure ohne weiteres durch die für diese spezifischen Reaktionserscheinungen nachgewiesen werden kann; sollten sich jedoch Extraktivstoffe zugemischt haben, so muss eine Trennung von diesen, entweder durch eine abermalige Reinigung des Verdampfungsrückstandes mit kleineren, aber zur Lösung der Oxalsäure ausreichenden Mengen absoluten Alkohols vollzogen werden, oder es muss die vollständige Abscheidung der Oxalsäure in Form eines wasserunlöslichen Salzes (Calciumoxalat) bewirkt werden, das dann durch Umsetzung (Salzsäurebehandlung) wieder in Lösung übergeführt werden kann.

Die Charakterisirung der Oxalsäure ergiebt sich aus folgenden Reaktionserscheinungen:

1. Lösliche Calciumverbindungen, wie Chlorcalcium, Kalkwasser, Gypswasser, erzeugen einen weissen Niederschlag, bestehend aus Calciumoxalat, das in Wasser und in Ammoniakflüssigkeit, desgleichen in Essigsäure unlöslich, hingegen in Salzsäure löslich ist.

$$C_2O_4H_2 + Ca(OH)_2 = C_2O_4Ca + 2\,H_2O$$
$$C_2O_4Na_2 + CaCl_2 = C_2O_4Ca + 2\,NaCl$$
$$C_2O_4Ca + 2\,HCl = CaCl_2 + C_2O_4H_2.$$

Die Lösung in Salzsäure, mit Natriumacetat versetzt, lässt wiederum Calciumoxalat entstehen, hervorgerufen durch Umsetzung des Natriumacetates mit Salzsäure zu Natriumchlorid und freier Essigsäure.

Der Oxalatniederschlag, durch Filtration von der Flüssigkeit getrennt, und alsdann getrocknet, kann durch Glühen in Carbonat verwandelt werden.

2. Bleiacetatlösung fällt aus der wässerigen Lösung der Oxalsäure und seiner Salze weisses, in Essigsäure unlösliches Bleioxalat, das nach dem Auswaschen, in Wasser suspendirt, durch Schwefelwasserstoff zu Schwefelblei und freier Oxalsäure zersetzt werden kann.

3. Die mit Schwefelsäure versetzte wässerige Lösung der Oxalsäure oder eines oxalsauren Salzes wird durch Erhitzen mit Kaliumpermanganatlösung nach folgender Gleichung zersetzt:

$$5\,C_2O_4H_2 + 2\,KMnO_4 + 3\,H_2SO_4 = 2\,MnSO_4 + K_2SO_4 + 10\,CO_2 + 8\,H_2O.$$

Setzt man die Kaliumpermanganatlösung vorsichtig tropfenweise zu der mit Schwefelsäure erhitzten Flüssigkeit, so kann die Reaktion durch Entfärbung der Permanganatlösung beobachtet werden.

4. Silbernitrat ruft in der wässerigen Lösung der Oxalsäure und deren Salze einen weissen, aus oxalsaurem Silber bestehenden Niederschlag hervor, der in trockenem Zustande beim Erhitzen heftig explodirt und der in Salpetersäure löslich ist.

5. Goldchloridlösung wird durch Oxalsäure unter Abscheidung metallischen Goldes zersetzt.

Der durch alkoholische Extraktion von der freien Oxalsäure vollständig befreite Rückstand des Untersuchungsobjektes wird behufs Prüfung auf

neutrales oder saures oxalsaures Alkali (z. B. Kleesalz) mit siedendem Wasser behandelt, wodurch diese Salze in Lösung übergeführt werden. Die Reinigung der wässerigen Lösung erfolgt entweder wie oben durch Abscheidung einer unlöslichen Oxalatverbindung oder durch Reinigung des Verdunstungsrückstandes der wässerigen Lösung mittelst Alkohols, nach vorausgegangener Zersetzung durch Salzsäure zu freier Oxalsäure und Alkalichlorid.

Es kann nunmehr im Untersuchungsobjekte noch Oxalsäure als oxalsaures Calcium oder in Form anderer unlöslicher Oxalate vorhanden sein; diese werden durch Extraktion mittelst salzsäurehaltigen Wassers isolirt. Der Verdunstungsrückstand der alkoholischen Extraktionsflüssigkeit wird mit Wasser aufgenommen und die dadurch gewonnene Oxalsäurelösung, wenn nöthig, einer Reinigung unterzogen, der Art, wie sich diese aus den oben angegebenen Methoden ergiebt (Fällung als Oxalat oder Reinigung mittelst salzsäurehaltigen Alkohols).

Die quantitative Bestimmung der Oxalsäure geschieht am besten durch Fällung als Calciumoxalat und Ueberführung dieser Verbindung durch Erhitzen in das wägbare Carbonat oder besser noch durch Glühen in wägbares Calciumoxyd; sie kann aber auch maassanalytisch durch Permanganatlösung in schwefelsaurer Lösung erfolgen. Bei letzterer Methode beachte man indessen den Einfluss selbst kleiner Mengen von organischen Verunreinigungen, welche durch die Art der Extraktion in der wässerigen Oxalsäurelösung sehr leicht zugegen sein können.

Pikrinsäure. $C_6H_2(NO_2)_3 . OH$.

Trinitrophenol.

Die Isolirung erfolgt durch Extraktion des trockenen Untersuchungsobjektes mittelst absoluten Alkohols (in Anwendung gelangt etwa das 10fache Volumen), dem etwas Salzsäure zugesetzt ist. Liegen flüssige Untersuchungsmaterialien vor, so müssen diese durch Abdampfen — mit oder ohne Zusatz von Gyps etc. — zum mindesten in breiförmige Substanz übergeführt werden. Die alkoholische Extraktionsflüssigkeit wird filtrirt und durch Destillation vom Alkohol befreit. Der Rückstand, mit Wasser extrahirt, giebt beim Schütteln mit Aether an diesen die Prikrinsäure ab. Beim Verdunsten der ätherischen Lösung hinterbleibt die Pikrinsäure in Form gelblicher Blättchen, die in Wasser schwer, in Alkohol, Aether, Chloroform, Benzol, Petroläther leicht löslich sind.

Die Charakterisirung der Pikrinsäure erfolgt durch folgende Reaktionen:

1. Man stellt eine warm gesättigte wässerige Lösung der Pikrinsäure her und hängt in dieselbe je einen Faden weisser Wolle oder Seide und Baumwolle. Baumwolle nimmt als vegetabilische Faser keine Pikrinsäure auf, Wolle oder Seide hingegen wird stark gelb gefärbt. Die Beobachtung ist in zweifelhaften Fällen auf 24stündige Einwirkung der Pikrinsäure auszudehnen.

Absoluter Alkohol, Salzsäure, verdünnte Alkalihydroxydlösungen, sowie Ammoniakflüssigkeit entziehen den gefärbten Stoffen die Pikrinsäure ganz oder zum grössten Theile.

2. Cyankaliumlösung (1 + 2) erzeugt in der mit etwas Alkalihydroxyd versetzten Pikrinsäurelösung eine blutrothe Färbung, hervorgerufen durch Bildung von isopurpursaurem Alkali. Erwärmung beschleunigt das Eintreten der Raktion (Hlasiwetz):

$$C_6H_3N_3O_7 + 3\,KCN + 2\,H_2O = C_8H_4KN_5O_6 + K_2CO_3 + NH_3.$$

3. Die trockne Substanz mit 10⁰/₀iger Salzsäure versetzt und alsdann mit etwas Zink in Berührung gebracht, ergiebt nach einiger Zeit (innerhalb 1 bis 2 Stunden) eine schöne Blaufärbung (Fleck). Dinitrokresol erzeugt unter denselben Umständen eine blutrothe Flüssigkeit.

4. Kocht man Pikrinsäure mit Chlorkalklösung, so entweicht Chlorpikrin $CCl_3 . NO_2$, das sich durch einen eigenthümlichen,

stechenden Geruch zu erkennen giebt (Stenhouse, Gerhardt, Cahours).

5. Reduktionsmittel in alkalischer Flüssigkeit führen zur Bildung von Pikraminsäure (Dinitroamidophenol $C_6H_2.NH_2.(NO_2)_2OH$, deren Lösungen intensiv roth gefärbt sind.

Es können hierzu mit Vortheil benutzt werden:

Alkalische Zinnchlorürlösung; die Einwirkung geschehe in der Wärme; es entsteht Chlorwasserstoffpikraminzinnchlorür (Roussin, Beilstein);

Schwefelwasserstoff; man benutze die alkalische Lösung der Pikrinsäure;

Schwefelammonium; dieses reagirt mit der wässerigen Lösung in der Wärme noch besser als Schwefelwasserstoff (Girard);

Dextrose; man vermische mit etwas Natronlauge und erhitze bis auf circa 90^0 (Braun).

6. Methylenblau erzeugt in wässerigen Lösungen der Pikrinsäure einen violetten Niederschlag, der in Aether, Chloroform und in heissem Wasser mit blauer, bezüglich grüner Farbe löslich ist (Swoboda).

7. Es sei an die Fällbarkeit der meisten Alkaloide (z. B. Cinchonin) durch Pikrinsäure beim Vermischen ihrer wässerigen Lösung erinnert.

Die Ermittelung der Quantität der Pikrinsäure kann entweder maassanalytisch durch Titration mit $^1/_{10}$ N. Alkalihydroxydlösung unter Benutzung von Phenolphtaleïn als Indikator geschehen:

1 ccm $^1/_{10}$ N. Alkalihydroxyd = 0,022857 Pikrinsäure,

oder

gewichtsanalytisch erfolgen, indem man eine abgemessene Menge der alkoholischen oder wässerigen Pikrinsäurelösung in einer gewogenen Schale mit Ammoniakflüssigkeit bis zum Vorwalten des Ammoniaks vermischt, hierauf im Wasserbade zur Trockne eindampft, den Rückstand vorsichtig bis zur Gewichtskonstanz trocknet und nach dem Erkalten wägt:

100 Ammoniumpikrat = 93,07 Pikrinsäure.

Salicylsäure. $C_6H_4.OH.COOH$ (o. Oxybenzoësäure).

Die Isolirung erfolgt durch Ausschüttelung der wässerigen, sauren Lösung mittelst Aethers oder Chloroforms. Trockene Substanzen können direkt mit angesäuertem Aether extrahirt werden. Liegen breiförmige Substanzen zur Untersuchung vor, so extrahire man mittelst sauren Wassers, bringe das Filtrat unter Zusatz von Natriumcarbonat zur Trockne, füge nun Mineralsäure (Salzsäure oder Schwefelsäure) im Ueberschusse zu und extrahire mit Aether.

Es ist zu berücksichtigen, dass sich Salicylsäure mit heissen Wasserdämpfen in geringer Menge zu verflüchtigen vermag.

Die Salicylsäure hinterbleibt nach Verdunsten des ätherischen Lösungsmittels in Form farbloser Nadeln vom Schmelzpunkt 156°. Dieselben sind in kaltem Wasser schwer, leichter jedoch in heissem Wasser, sowie in Aether, Chloroform, Aceton, Schwefelkohlenstoff löslich. Die Salze der Salicylsäure sind zumeist in Wasser löslich und werden durch Mineralsäure unter Abscheidung der Salicylsäure zersetzt.

Die Charakterisirung vollzieht sich durch folgende Reaktionen:

1. Eisenoxydsalz, z. B. Eisenchlorid, giebt in der wässerigen Lösung Violettfärbung.

Ueberschuss an Salzsäure oder Eisenchlorid beeinträchtigt die Schärfe der Reaktion, Gegenwart von Ammoniak sowie die von freien Mineralsäuren oder Essigsäure verhindert das Eintreten der Reaktion völlig.

(Empfindlichkeit 1 : 500000.)

2. Beim Erwärmen mit Millon's Reagens (Zusammensetzung s. S. 34), tritt Rothfärbung der wässerigen Flüssigkeit ein.

3. Bromwasser erzeugt in der wässerigen Lösung der Salicylsäure einen hellgelben, aus kleinen Nadeln bestehenden, flockigen Niederschlag von Dibromsalicylsäure.

4. Eine mit Alkalihydroxyd alkalisch gemachte und erwärmte Lösung der Salicylsäure giebt auf Zusatz von überschüssiger Jodlösung einen violettgefärbten, pulverigen Niederschlag von Dijodsalicylsäurejodid:

$$C_6H_4OHCOONa + 3\,NaOH + 6\,J = C_6H_2J_2.OJ.COONa + 3\,NaJ + 3\,H_2O.$$

5. Beim Erhitzen der festen Substanz mit Aetzkalk, tritt

Zerfall ein und es entsteht hauptsächlich Phenol und Kohlendioxyd. Ersteres ist an dem Geruch erkennbar. Die Operation wird am besten in einem einerseits geschlossenen Glasröhrchen ausgeführt.

6. Bleiacetat erzeugt in der Lösung des salicylsauren Alkalis — nicht in der der freien Salicylsäure — einen weissen Niederschlag von salicylsaurem Blei, löslich in Essigsäure, sowie in einem Ueberschusse des Fällungsmittels, nicht aber in Ammoniakflüssigkeit.

Einige der Reaktionserscheinungen kommen aber in mehr oder minder starker Weise auch dem Phenol (Carbolsäure) zu (S. 33 u. f.). Bei gleichzeitiger Gegenwart dieser Substanz kann man eine Trennung der Salicylsäure durch Zusatz von überschüssigem Alkali zur wässerigen Lösung und Ausschüttelung dieser alkalischen Flüssigkeit mittelst Aethers oder Chloroforms bewirken. In alkalischem Zustande geht nur Phenol, nicht aber Salicylsäure in diese Ausschüttelungsflüssigkeiten über. Nach vollständiger Entfernung des ersteren erfolgt Isolirung der Salicylsäure durch Ansäuern mittelst Salzsäure oder Schwefelsäure und Ausschüttelung der nunmehr freien Salicylsäure durch Aether oder Chloroform.

Die Ermittelung der Quantität der Salicylsäure kann sehr leicht und sicher durch Titration erfolgen, und zwar entweder mittelst $^1/_{10}$ N. Alkalilauge unter Benutzung von Phenolphtaleïn als Indikator:

1 ccm $^1/_{10}$ N. Alkalilauge = 0,0138 Salicylsäure,

oder man titrirt mit wässeriger Jodjodkaliumlösung bei Anwesenheit von freiem Alkali. Dazu löse man 0,1—0,2 der Säure in einem 250 oder 500 ccm fassenden Messkolben in reiner Alkalihydroxdlösung auf, erwärme die alkalische Lösung auf 50—60^0 und setze $^1/_{10}$ N. Jodlösung hinzu bis diese im Ueberschusse vorhanden ist. Es darf auf Zusatz der Jodlösung nicht sofort ein Niederschlag entstehen; erst wenn die Flüssigkeit durch das überschüssige Jod sich gelb gefärbt und man wieder schwach erwärmt hat, entsteht ein lebhaft rothgefärbter Niederschlag, dessen Menge nach dem Ansäuern noch zunimmt. Entsteht wegen Mangels an Alkali, noch bevor Jod im Ueberschusse vorhanden ist, ein gelblich-weisser Niederschlag, so löst man diesen durch Zusatz von reiner Alkalihydroxydlösung auf und fährt mit dem Zusatze der Jodlösung fort. Es sollen auf ein Molekül Salicylsäure mindestens vier Moleküle Alkalihydroxyd vorhanden sein. Nach Zusatz der Jodlösung säuere man mit verdünnter Schwefelsäure an, kühle ab und verdünne bis zur Marke. Hierauf filtrire man durch ein trockenes Faltenfilter ab, bestimme in 100 ccm des Filtrates die überschüssig zugesetzte Jodmenge durch Thiosulfatlösung, und berechne auf das Gesammtvolumen der Flüssigkeit. Der Verbrauch an Jod ergiebt sich durch Differenzberechnung.

Es entsprechen 6 Atome Jod = 1 Molekül Salicylsäure; die Menge der vorhandenen Salicylsäure ergiebt sich daher durch Multiplikation der verbrauchten Jodmenge mit dem Faktor $\frac{137,67}{759,24} =$ 0,181 326 oder durch Multiplikation der verbrauchten Kubikcentimeter der $^{1}/_{10}$ N. Jodlösung mit der Zahl 0,0 022 944 (Vortmann).

Die Isolirung der ätzenden Alkalien

geschieht am besten durch direkte Extraktion des Untersuchungsmaterials mit Wasser. Die Arbeit ist möglichst schnell auszuführen, denn es ist dabei daran zu erinnern, dass durch die Einwirkung der Aetzalkalien auf die organische Substanz (Leichentheile) Veränderungen der Alkalien durch Eintritt in mehr oder weniger komplizirt zusammengesetzte Verbindungen entstehen können, wodurch die Isolirung sehr erschwert wird. Die Extraktion mit Wasser ist in der Kälte vorzunehmen, einestheils um die schon erwähnte zerstörende Einwirkung auf organische Substanz und die dadurch bedingte Veränderung der Alkalien nicht zu begünstigen, und andererseits um Verflüchtigung eventuell vorhandenen, zur Vergiftung benutzten Ammoniaks zu verhüten.

Die wässerige, filtrirte Extraktionsflüssigkeit wird in einem mit Kühler versehenen Destillationsapparate eingedunstet, wobei die zur Flüssigkeit kondensirten Dämpfe in einem mit Wasser beschickten, der Destillationsröhre vorgelegten Kölbchen aufgefangen werden, mit der Vorsicht, dass das Ende der Destillationsröhre in die Flüssigkeit taucht.

Im Untersuchungsobjekte eventuell vorhanden gewesenes Ammoniak befindet sich im Destillat, während der Rückstand aus fixen Alkalien besteht, die in einem Porzellan- oder Silbertiegel durch schwaches Glühen von voraussichtlich vorhandener organischer Substanz getrennt werden können.

Die weitere qualitative wie quantitative Untersuchung geschieht nach den bekannten Regeln der allgemeinen Analyse, wobei zu beachten ist, dass ein Theil der Aetzalkalien durch die während der Isolirung ausgeführten Operationen in Carbonat umgewandelt ist.

Zum Nachweise von freiem Ammoniak und von Ammoniaksalzen in Vergiftungsfällen ist neuerdings von Vitali folgendes Verfahren angegeben worden:

Die zu untersuchenden Eingeweide und Flüssigkeiten werden in eine mit Vorlage versehene Retorte gebracht und mit Wasser übergossen, worauf derartig eine Destillation erfolgt, dass die Temperatur ständig unter 100 ^{0} bleibt. Hierbei soll eine Dissociation der Ammoniaksalze vermieden werden und in das Destillat nur Ammoniumcarbonat, Ammoniumsulfid und freies Ammoniak übertreten. Man behandelt das Destillat zunächst mit Chlorcalciumlösung und alsdann mit reinem, frisch gefälltem Bleicarbonat, wodurch das Ammoniumcarbonat und das Ammoniumsulfid in Chlorammonium verwandelt wird. Man filtrirt vom Niederschlage ab und destillirt abermals unter 100 ^{0}, in derselben Weise wie oben angegeben. Das zweite Destillat enthält nun lediglich das etwa vorhanden gewesene Ammoniak.

Soll auf Ammoniumcarbonat und -sulfid untersucht werden, so fällt man einen Theil des ersten Destillates mit Chlorcalcium und filtrirt von dem entstandenen Niederschlage ab. Reagirt das Filtrat von diesem Niederschlage alkalisch, so zeigt dies die Anwesenheit von freiem Ammoniak an. Versetzt man einen zweiten Theil des Destillates mit Bleiacetat, so giebt sich Sulfid durch eine Schwärzung zu erkennen, und erhitzt man endlich einen dritten Theil mit Alkalihydroxydlösung, so muss sich bei Gegenwart von Ammoniak in irgend welcher Form freies Ammoniak entwickeln.

Soll endlich auf andere Ammoniumsalze untersucht werden, so destillirt man den Rückstand unter Zusatz von Magnesiumoxyd und Alkohol und weist im Destillate Ammoniak nach. Harnstoff wird von Magnesiumoxyd in Gegenwart von Alkohol nicht zersetzt. Man kann den Harnstoff aber auch vor der Destillation mit Magnesiumoxyd, durch salpetrige Säure zerstören.

Handelt es sich um die Untersuchung auf Ammoniumsalze, so ist zu beachten, dass kleine Mengen von diesen Salzen sich normaler Weise im Organismus vorfinden, und dass die Quantität dieser Salze sich bei einzelnen Krankheiten vergrössern kann. In Folge dessen darf nur bei Gegenwart relativ grosser Mengen von Ammoniaksalzen auf Vergiftung mit diesen geschlossen werden.

Da bei Leichenverwesung Ammoniak und dessen Salze entstehen, so haben solche Untersuchungen natürlich nur an frischen, völlig unzersetzten Leichentheilen Werth.

Nachweis von Kohlenoxydvergiftung.

Handelt es sich um Kohlenoxydvergiftung, so ist die Konstatirung dieses giftigen Gases im Blute des der Vergiftung mit tödtlichem Erfolge zum Opfer gefallenen Individuums in erster Linie zur Bedingung gemacht. Dieser Untersuchung anschliessend wird es in den meisten Fällen auch dringend nothwendig sein, die Luft in denjenigen Räumen zu untersuchen, in welchen sich das Individuum vor oder während der Intoxikation befand. Dass diese letztere Untersuchung in solchen Fällen, in denen es sich lediglich um eine nicht von tödtlichem Erfolge begleitete Vergiftungserscheinung mit Kohlenoxyd handelt, zumeist die einzig mögliche, bezgl. einzig angebrachte ist, versteht sich von selbst.

Untersuchung von Blut auf Kohlenoxydgehalt.

1. Die eleganteste Methode, Kohlenoxyd im Blute nachzuweisen, beruht auf dem Unterschiede des spektroskopischen Verhaltens dieses kohlenoxydhaltigen Blutes gegenüber demjenigen des normalen Blutes.

Die Farbe des gewöhnlichen frischen Blutes rührt theils von Hämoglobin, theils von einer molekularen Verbindung dieses Körpers mit Sauerstoff, dem leicht dissociirbaren Oxyhämoglobin her. Schüttelt man das Blut mit Sauerstoff oder sauerstoffhaltigen Gasen, wie z. B. Luft, so tritt theilweise oder vollständige Umwandlung von Hämoglobin in Oxyhämoglobin ein. Eine verdünnte Lösung dieses

Oxyhämoglobins

zeigt im Spektrum zwei Absorptionsstreifen zwischen den Fraunhofer'schen Linien D und E, von denen der linksliegende, dunkler erscheinende und auch schärfer hervortretende etwas schwächer ist als der rechtsliegende, weniger scharf begrenzte Streifen (Nr. 1 in Figur 7).

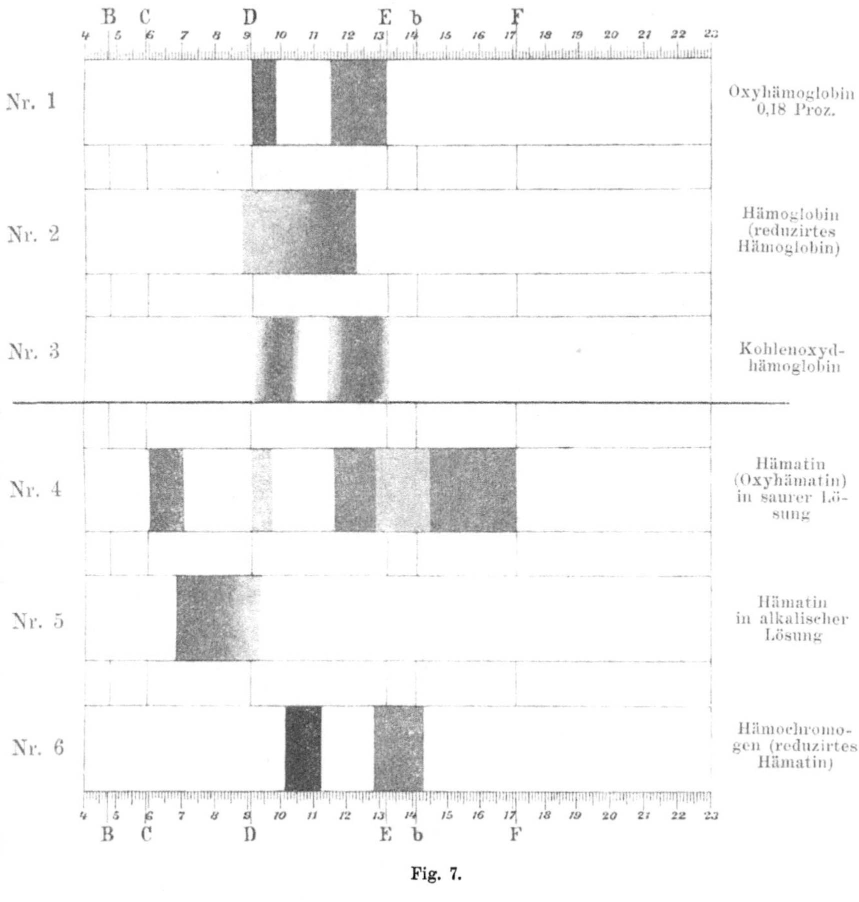

Fig. 7.

Bei sehr starker Verdünnung der Lösung verschwindet zunächst der rechtsliegende Streifen; bei **zunehmender Konzentration** werden beide Streifen breiter, der Zwischenraum zwischen ihnen wird kleiner und verschwindet schliesslich ganz.

Lässt man auf das Oxyhämoglobin-Blut reduzirende Agentien, wie Wasserstoff oder ammoniakalische, mit Weinsäure versetzte Eisenoxydulsalzlösung (Stooke'sche Reduktionsflüssigkeit), farbloses Schwefelammonium oder andere einwirken, so nimmt die ehedem hellroth erscheinende Blutlösung eine dunkelbläuliche Farbe an und es tritt Reduktion zu

Hämoglobin (auch „reduzirtes Hämoglobin“ genannt)

ein. Es verschwinden dabei die beiden Absorptionsstreifen des Spektrums und es lagert sich über der Fläche, die beide Absorptionsstreifen begrenzten, ein Schatten.

Bei passender Verdünnung zeigt die Lösung einen einzigen breiten, nicht scharf begrenzten Streifen zwischen D und E, welcher nicht mitten zwischen diesen gelegen, sondern mehr nach D zu verschoben ist (Nr. 2 in Fig. 7).

Zufuhr von Sauerstoff führt alsdann das Hämoglobin wieder in Oxyhämoglobin über und mit dem Grade der Oxydation kommt auch die Intensität des für dieses gekennzeichneten Spektrums wieder zum Vorschein.

Kommt nun Kohlenoxyd mit Blut in Berührung, so tritt einerseits Reduktion des Oxyhämoglobins zu Hämoglobin, aber auch gleichzeitig andererseits Anlagerung von einem Molekül Hämoglobin zu einem Molekül Kohlenoxyd und dadurch Bildung von

Kohlenoxydhämoglobin

ein.

Dieses Kohlenoxydhämoglobin zeigt zwei Streifen, welche denjenigen des Oxyhämoglobins sehr ähnlich, aber eine Idee mehr nach E zu verschoben sind (Nr. 3 in Fig. 7).

Der wichtige, für die Analyse brauchbare Unterschied des Kohlenoxydhämoglobins von dem Oxyhämoglobin ist aber der, dass ersteres im Gegensatze zu letzterem durch reduzirende Agentien keine Veränderung erleidet.

Hat man also das für Kohlenoxydhämoglobin charakteristische Spektrum erhalten und will man sich über die Identität desselben eine absolute Sicherheit verschaffen, so versuche man eine Reduktion mittelst farblosen Schwefelammoniums oder eines der anderen obengenannten Reagentien zu bewirken. Gelingt diese nicht, bleibt also das Spektrum unverändert, so ist der Unterschied des Spektrums von demjenigen des Oxyhämoglobins scharf gegeben.

Dabei ist indessen auch der Fall zu beachten, dass das Blut gleichzeitig Kohlenoxydhämoglobin und Oxyhämoglobin enthalten kann; alsdann wird man nach der Behandlung mit reduzirenden Substanzen ein von Hämoglobin und von Kohlenoxydhämoglobin herrührendes gemischtes Spektrum erhalten, das aber immerhin noch im Stande ist, sich von dem Hämoglobinspektrum scharf zu unterscheiden.

Kohlenoxydhämoglobinlösungen gehen an der Luft allmählich in Oxyhämoglobin- oder Methämoglobinlösungen über; vor Luft geschützt — z. B. in zugeschmolzenen Glasröhren aufbewahrt — tritt indessen lange Zeit — Jahre lang — keine Veränderung ein (Kobert). Diese letztere Beobachtung ist besonders deshalb von grossem Werthe, als sie den Weg angiebt, kohlenoxydhaltiges Blut als corpus delicti lange Zeit aufzubewahren.

Von anderen für den Nachweis des Kohlenoxydes im Blut bestimmten und je nach den obliegenden Verhältnissen mehr oder weniger anwendbaren Methoden seien die folgenden erwähnt:

	Kohlenoxydhaltiges Blut	Normales Blut
2. Die wässerige, neutrale Lösung wird zum Sieden erhitzt:	liefert eine ziegelrothe Masse, bestehend aus coagulirtem Eiweiss und Kohlenoxydhämochromogen. Diese Abscheidung färbt sich an der Luft allmählich dunkel unter Abspaltung von Kohlenoxyd und Bildung von Hämatin (Hoppe-Seyler).	wird braunschwarz.
3. Tröpfelt man die Blutlösung in verdünntes Schwefelwasserstoffwasser, so nimmt:	hellrothe Farbe an, falls viel Kohlenoxyd vorhanden ist (Salkowski), während	dunkelgrün gefärbt wird.

	Kohlenoxydhaltiges Blut	Normales Blut
4. Defibrinirtes Blut mit dem doppelten Volumen Natronlauge (1,3 sp. Gew.) vermischt, ergiebt	eine roth geronnene Masse, die auf einem Teller in dünnen Schichten ausgebreitet mennig- bis zinnoberroth gefärbt erscheint. Besonders gut tritt diese Erscheinung dann auf, wenn ausser der Natronlauge auch etwas Calciumchlorid in Wirkung tritt (Eulenburg).	wird schwärzlich; in dünnen Schichten ausgebreitet entsteht eine zumeist dunkelgrünbraun erscheinende Masse (Hoppe-Seyler).
5. Zusatz von reduzirenden Substanzen (s. oben unter 1)	lässt die intensiv rothe Färbung bestehen, während	schwärzlichen Farbenton annimmt.
6. Schüttelt man mit dem vier- bis fünffachen Volumen Bleiacetatlösung einige Minuten andauernd durch, so nimmt	eine schön rothe Farbe an,	hingegen wird bräunlich und ganz allmählich immer dunkler gefärbt (Rubner).
7. 10 ccm Blut mit 15 ccm einer 20%igen Ferrocyankaliumlösung und 2 ccm Essigsäure (1 Vol. Eisessig mit 2 Vol Wasser vermischt) durchschüttelt, lässt ein Coagulum entstehen, das gefärbt ist bei:	hellroth	schwarzbraun (Wetzel).
8. Verdünnt man das Blut mit dem vierfachen Volumen Wasser und schüttelt alsdann mit dem etwa dreifachen Volumen 1%iger Gerbsäurelösung, so entsteht bei	karmoisinrothe Die Intensität der Färbung nimmt innerhalb 24 Stunden beständig zu (Wetzel).	graue Färbung.
9. Man alkalisire mit etwas Alkalilauge und vermische alsdann mit etwas Pyrogallussäure, es wird	roth	braun.
10. 2 ccm Blut mit 2 ccm Wasser verdünnt und nun mit drei Tropfen einer gesättigten Kupfersulfatlösung vermischt, ergiebt bei	ziegelrothen Niederschlag.	missfarbig grünlichbraune Abscheidung (Zaleski).

Untersuchung von Luft auf Kohlenoxydgehalt.

1. Leitet man Kohlenoxydgas in eine neutrale Lösung von Palladiumchlorür[1]), so wird dieselbe schnell schwarz gefärbt und es scheidet sich metallisches Palladium aus:

$$PdCl_2 + CO + H_2O = CO_2 + 2\,HCl + Pd.$$

Kohlensäure verändert das Palladiumchlorür nicht, wohl aber wird es durch Aethylengas, Sumpfgas und andere Kohlenwasserstoffe, sowie auch durch reines Wasserstoffgas geschwärzt. Dass auch die Gegenwart von Schwefelwasserstoff, sowie diejenige von Ammoniak Störungen herbeiführt, ergiebt sich aus den Lehren der allgemeinen Analyse.

Will man mit Hilfe von Palladiumchlorür Kohlenoxyd in der Luft nachweisen, so kann man auf zweierlei Art verfahren, entweder

befeuchte man Filtrirpapierstreifen mit der Lösung des Palladiumchlorürs und bringe diese in die zu untersuchende Luft. Es lässt alsdann die Gegenwart von Kohlenoxyd intensive Schwarzfärbung der Filtrirpapierstreifen eintreten (Böttger). Die Gegenwart von 0,05 % Kohlenoxyd wirkt schon nach einigen Minuten, diejenige von 0,01 % nach etwa 2—4 Stunden und die von 0,005 % innerhalb 24 Stunden. Man beachte indessen, dass die zu untersuchende Luft auch frei sei von Schwefelwasserstoff, Ammoniak und Kohlenwasserstoffen. Oder

man leite die kohlenoxydhaltige Luft durch eine Palladiumchlorürlösung (1 : 500), dabei sich einer Flasche als Aspirator bedienend, welche am Halse sowohl, wie am Boden je eine Oeffnung besitzt. Diese Flasche wird zunächst mit Wasser beschickt und dann letzteres langsam austreten gelassen. Die Regelung kann durch einen Schraubenquetschhahn bewirkt werden. Hat man das Wasser der Flasche gemessen, so ergiebt sich gleichzeitig das Volumen der durch die Palladiumchlorürlösung getretenen Luft mit Abzug des Kohlenoxyds. Die quantitative Ansammlung des Kohlenoxyds kann

---

[1]) Zur Herstellung einer brauchbaren Lösung behandle man das käufliche Palladiumchlorür mit Salzsäure, dampfe die filtrirte Flüssigkeit ein, befeuchte den Rückstand mit Wasser, trockne bei gelinder Wärme nochmals und extrahire das so gewonnene Produkt mit Wasser.

unter Anwendung von Peligotröhren oder besser noch unter Benutzung der beim quantitativen Arsennachweis beschriebenen, mit Hohlkugeln erweiterten Peligotröhre (s. Seite 207) bewirkt werden.

Enthält die Luft gleichzeitig Schwefelwasserstoff oder Ammoniak, so ist eine Trennung von diesen Gasen vor dem Eintritt in die Palladiumchlorürlösung erforderlich. Dazu dienen kleine, einerseits mit verdünnter Schwefelsäure, andererseits mit Bleiacetatlösung beschickte Waschflaschen.

Diese Art der Reinigung der kohlenoxydhaltigen Luft kann auch bei der oben beschriebenen Einwirkung auf mit Palladiumchlorürlösung getränkte Filtrirpapierstreifen in Anwendung gezogen werden. Das von Schwefelwasserstoff und Ammoniak befreite Luftgemenge wird alsdann in die als Aspirator dienende Flasche eintreten gelassen und in diese mit der zu untersuchenden Luft gefüllte Flasche die Streifen, am Verschlussstopfen befestigt, eingehängt.

2. Kohlenoxyd wird von ammoniakalischer Kupferchlorürlösung verhältnissmässig schnell und leicht absorbirt. Zu dem Zwecke ist es jedoch nöthig, auch eine Trennung von den anderen in der Luft enthaltenden Gasen zu bewirken, was in der Weise geschieht, dass man die Luft längere Zeit und andauernd zunächst mit Alkalihydroxydlösung[1]) in Berührung bringt, wodurch die Kohlensäure absorbirt wird, dann mit alkalischer Pyrogallussäurelösung[2]) in Wirkung treten lässt, wodurch der Sauerstoff zurückgehalten wird, und dann erst in die ammoniakalische Kupferchlorürlösung[3]) leitet. Die Operation lässt sich sehr schön in gasanalytischen Apparaten ausführen, die nach Art des Orsat'schen Apparates mit den bei diesen in Anwendung befindlichen und sehr brauchbaren Absorptionsgefässen in Verbindung gesetzt werden können[4]). Auf diese Weise kann unter Messung des angewendeten Luftgemenges gleichzeitig die Quantität des in ihr enthaltenen Kohlenoxyds ermittelt werden.

---

[1]) Ein Theil Alkalihydroxyd in drei Theilen Wasser gelöst.

[2]) Hergestellt durch Lösen von 25 g Pyrogallussäure in Wasser unter Zusatz von 150 ccm konzentrirter Natronlauge (1 + 3).

[3]) Es werden 25 g Ammoniumchlorid in 750 ccm Wasser gelöst, 200 g Kupferchlorür zugefügt und kurz vor dem Gebrauch je drei Volume dieser Mischung mit einem Volumen Ammoniakflüssigkeit vom spez. Gewicht 0,905 vermischt. 1 ccm dieser Lösung vermag etwa 16 ccm Kohlenoxyd zu absorbiren.

[4]) Auch Hempel'sche Absorptionspipetten sind geeignet.

Tröpfelt man die Kohlenoxyd enthaltende ammoniakalische Kupferchlorürlösung in eine hellrothe Lösung von Palladiumchlorür, so findet die oben beschriebene Umsetzung zu sich ausscheidendem Palladium statt und zwar soll diese Wirkung eine noch intensivere sein, als wenn die kohlenoxydhaltige Luft direkt auf die Palladiumchlorürlösung einwirkt (Kobert).

3. Eine wässerige Lösung von Chlorgold wird durch Kohlenoxyd leicht zu metallischem Golde reduzirt.

Die Empfindlichkeit der Einwirkung ist indessen eine geringere als diejenige zwischen Kohlenoxyd und Palladiumchlorür.

4. Leitet man kohlenoxydhaltige Luft in Silbernitratlösung, die mit soviel Ammoniakflüssigkeit versetzt ist, dass das zunächst entstandene Silberoxyd wiederum gelöst wird, so tritt noch bei 0,1% Kohlenoxyd eine deutliche Braunfärbung ein (Berthelot, neuerdings auch von Habermann angegeben).

5. Man kann aber auch eine Uebertragung des Kohlenoxyds der Luft auf Blut bewirken und dasselbe alsdann in diesem nach einer der oben beschriebenen Methoden nachweisen, wobei hauptsächlich das spektroskopische Verhalten in Betracht zu ziehen ist. Es sind verschiedenartige Verfahren gebräuchlich, das Kohlenoxyd in die Blutlösung überzuführen, unter denen je nach den obwaltenden Verhältnissen der Quantität des Untersuchungsmaterials das eine oder das andere als das praktischere erscheinen kann.

a) Entweder sperre man kleine Thiere in die kohlenoxydhaltige Luft und untersuche deren Blut nach der durch das Kohlenoxyd erfolgten Abtödtung, oder

b) man schüttele das Luftgemenge kurze Zeit andauernd mit reinem, frischem, mit dem etwa zweifachen Volumen Wasser oder mit der gleichen Menge gesättigter Boraxlösung verdünntem Blut, oder endlich

c) man bediene sich des von Wolff beschriebenen Verfahrens, wozu der umstehend in Fig. 8 abgebildete Apparat nothwendig ist. Der genannte Autor beschreibt die Durchführung des Verfahrens wie folgt:

In dem eingezogenen Theil bei d wird von oben ein kleiner Bausch Glaswolle eingeführt, lose eingedrückt und alsdann der übrige Theil des Rohres bis f mit mässig feinem Glaspulver angefüllt. Dasselbe habe den Feinheitsgrad von mittelfeinem Schiesspulver, werde von allem feinerem Staube abgesiebt, mit Salzsäure digerirt, auf das sorgtältigste ausgewaschen und getrocknet. Das Glaspulver wird von oben mit Wasser befeuchtet, das überschüssige Wasser mittelst der Wasserluftpumpe bei e abgezogen und bei c entfernt. Darauf werden mittelst einer Pipette 2 ccm auf $^1/_{40}$ verdünntes Blut (hergestellt durch Vermischung defibrinirten Blutes mit dem gleichen Volumen kalt gesättigter Boraxlösung und Verdünnung von 1 ccm dieser Mischung mit 19 ccm Wasser) von oben auf das feuchte Glaspulver getröpfelt. Eine gleichmässige Durchdringung der feuchten Glaspulverschicht wird durch leichtes Blasen mit dem Munde bei h, nach Verschluss von a, bewirkt.

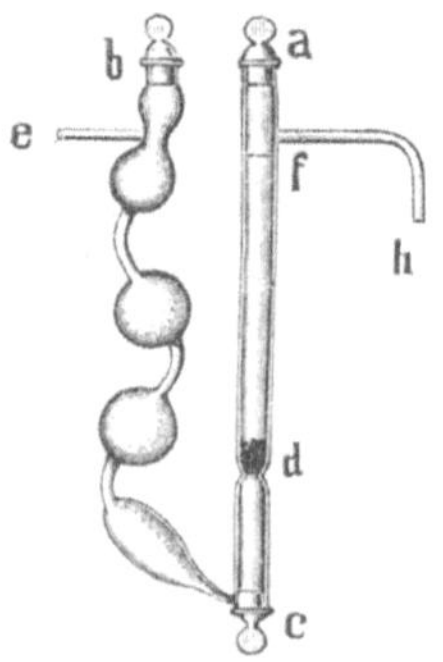

Fig. 8.

Man giebt nun durch b nach c zu 2—3 ccm Wasser in den Apparat. Diese dienen zur Beobachtung des Luftdurchganges durch denselben und können nach Beendigung des Versuches bei c wieder abgelassen werden.

Man kann die kohlenoxydhaltige Luft entweder durch den Apparat hindurchströmen lassen oder man lässt ein bestimmtes, in einer Flasche abgesperrtes Volumen der zu prüfenden Luft (etwa 10 Liter) durch den Apparat hindurchtreiben.

In ersterem Falle wird das Röhrende e mit dem Aspirator in Verbindung gesetzt, in letzterem Falle wird die das Kohlenoxyd in Verdünnung mit Luft enthaltende Flasche dem Apparate bei h angefügt.

Zur Füllung bedient man sich einer doppelt tubulirten Flasche, durch deren Tuben rechtwinkelig gebogene Röhren gehen, von welchen die eine bis auf den Boden reicht. Beide sind mit durch Schraubenklemmen verschliessbaren Gummischläuchen versehen. Die Füllung mit der kohlenoxydhaltigen Luft geschieht durch Abziehen des in der Flasche enthaltenden Wassers, die Ueberschickung des Gases in den Apparat durch Zufliessenlassen von Wasser. Der Luftstrom ist mit Hilfe der Schraubenquetschhähne so zu regeln, dass durchschnittlich 1 Liter Luft binnen 20 bis 25 Minuten den Apparat passirt.

Nach Beendigung der Operation wird zunächst der Stöpsel c geöffnet, um das Sperrwasser abzulassen, darauf unter c ein kleines Reagensglas gestellt, welches für den Raum von 3 ccm eine Marke trägt und alsdann, nach Entfernung des Stöpsels, bei a mittelst einer Pipette langsam reines Wasser eingetröpfelt. Dasselbe verdrängt die Blutlösung allmählich aus der Glaspulverschicht. Die Deplacirung wird fortgesetzt, bis durch die abfliessende Flüssigkeit die am Reagenscylinder befindliche Marke erreicht ist.

Nach Entfernung des Reagenscylinders wäscht man das Glaspulver vollständig aus und saugt die letzten Reste von Wasser ab.

Bei ursprünglicher Beschickung des Apparates mit 2 ccm auf $^1/_{40}$ verdünntem Blut haben die in dem Reagensglase enthaltenden 3 ccm jetzt die Verdünnung auf $^1/_{60}$.

Es folgt alsdann der spektroskopische Nachweis wie oben angegeben.

Die Ermittelung der Quantität des Kohlenoxyds geschieht durch Einwirkenlassen des Kohlenoxyds auf Palladiumchlorürlösung unter Beobachtung der Abwesenheit von Schwefelwasserstoff, Ammoniak und Kohlenwasserstoffen und der Bestimmung des als Metall abgeschiedenen Palladiums.

Bei der Untersuchung von Luft gestaltet sich die Durchführung der Operation einfach und kann dazu der beim qualitativen Nachweise (s. Reaktion Nr. 1 S. 245) beschriebene Apparat benutzt werden. Hat man aber die Quantität des Kohlenoxyds im Blute zu bestimmen, so verfährt man am besten nach dem von Fodor gegebenen und von Gruber sowie von Gaglio ergänzten Verfahren:

Man erhitzt das Blut in kleinen Kolben, durch deren Verschlussstopfen zwei je im rechten Winkel gebogene Glasröhren münden. Die eine der Röhren ragt bis fast auf den Boden der Flasche und dient zur Durchleitung von Luft, die andere reicht nur bis unterhalb des Stopfens und bewirkt die Ableitung des Kohlenoxyds; sie ist mit den die Palladiumchlorürlösung enthaltenden Peligotröhren in Verbindung gebracht. Man erhitzt das in dem Glaskolben enthaltene kohlenoxydhaltige Blut auf 90—95 ^{0} und leitet durch dasselbe einen langsamen Luftstrom, der zunächst durch verdünnte Schwefelsäure, alsdann durch Bleiacetatlösung und endlich durch eine Palladiumchlorürlösung gereinigt worden ist. Nur stundenlange Erhitzung führt zur quantitativen Entfernung des Kohlenoxyds.

Die durch Kohlenoxyd bewirkte Abscheidung von Palladiummetall wird gesammelt, mit Wasser gewaschen, und deren Menge alsdann entweder gewichtsanalytisch oder titrimetrisch ermittelt. Wählt man die erstere Methode, so trockne man den Niederschlag, erwärme und glühe ihn im Tiegel und wäge:

100 Pd entsprechen 26,34 CO.

Will man hingegen die durch Kohlenoxyd abgeschiedene Palladiummenge auf titrimetrischem Wege bestimmen, so löse man den ausgewaschenen Niederschlag noch feucht in Königswasser, verdünne mit Wasser und füge nach und nach soviel einer wässerigen Jodkaliumlösung genau bekannter Konzentration hinzu, bis eine abfiltrirte Probe mit einem Tropfen der Titerflüssigkeit vermischt, keine Trübung mehr ergiebt.

Tritt eine Jodkaliumlösung in Wirkung, welche pro Liter Flüssigkeit: 1,486 Jodkalium gelöst enthält, so entspricht

1 ccm dieser KJ-Lösung = 0,1 ccm CO.

Anhang.

Einiges über die Erkennung von Blutflecken.

Es tritt an den Gerichtschemiker in der Praxis nicht selten die Fragestellung der Identität von Blutflecken heran. Wenn nun auch eine solche Arbeit, streng genommen, nicht in ein Buch gehört, das sich die Ermittelung von „Giftstoffen“ zum Titel gewählt hat, so mögen doch einige Hinweise auf die Art und Weise der Durchführung derartiger Arbeiten auch an dieser Stelle gegeben werden.

Zur Untersuchung werden zumeist nur Spuren von Blut oder blutähnlichem Material übergeben, die sich vertheilt auf Gebrauchsgegenständen befinden. In solchen Fällen ist die Methodik des Nachweises fast ausschliesslich auf die mikrochemischen resp. mechanisch-mikroskopischen Reaktionen beschränkt. Solche bestehen:

a) in der Herstellung der Häminkrystalle (Teichmann'sche Krystalle),

b) in dem Versuche der Isolirung von Blutkörperchen, eventuell auch anderen Formelementen der Zelle.

Die Herstellung der Teichmann'schen Häminkrystalle.

Wenn man zu einer Blutlösung etwas Natriumchlorid setzt, dann Eisessig hinzufügt und nahezu zum Kochen erhitzt, so entstehen beim Erkalten ganz charakteristische Krystalle. Dieselben bestehen aus chlorwasserstoffsaurem Hämatin, werden aber gewöhnlich Häminkrystalle genannt. Die Bildung derselben geht bei grossem Ueberschusse von Eisessig auch bei gewöhnlicher Temperatur von statten, schneller jedoch beim Erwärmen auf 60—70 ^{0}. Die Krystalle erscheinen in rhomboidalen, oft kreuz- und rosettenförmig übereinander gelagerten Massen von schwarzrother Farbe mit dunkelblaugrauem metallischem Schimmer. Je nach Art der Präparation und je nach der Menge des vorhandenen Blutes sind die Krystalle mehr oder weniger deutlich ausgebildet. Nebenstehende Figur 9 zeigt die Form derartiger Krystalle bei etwa 300facher Vergrösserung.

Fig. 9.

Die Krystalle lösen sich leicht in säure- oder ammoniakhaltigem Alkohol, aber nicht in Salzsäure. (Teichmann, Hoppe-Seyler.)

Da im Blute stets etwas Natiumchlorid enthalten ist, so bilden sich die Krystalle auch dann, wenn man Eisessig und Blut allein anwendet, aber nicht, wenn reines Hämatin und Eisessig allein in Wirkung treten.

Aus zersetztem Blute lassen sich nicht immer Häminkrystalle darstellen.

Beim mikroskopischen Nachweise des Blutes in blutverdächtigen Flecken arbeitet man am besten in folgender Weise:

Zunächst muss der Blutfleck auf mechanische Weise von dem Gegenstand, auf welchem er sich befindet, entfernt werden. Dies geschieht entweder durch Abschaben und Vertheilung des so isolirten Produktes in einigen Tropfen Wassers, oder durch direkte Einlegung des Gegenstandes in wenig Wasser. Dass man in letzterem Falle nicht den gesammten Gegenstand, auf welchem sich der Blutfleck befindet, in Wasser legt, sondern nur den mit dem Fleck ausgeschnittenen Theil desselben, versteht sich wohl von selbst. Die auf die erste oder letztere Art erhaltene, in wenigen Tropfen Wassers vertheilte, für Blut gehaltene Masse wird — theilweise oder ganz, je nach vorliegenden Mengenverhältnissen — auf einem Objektglas unter Zusatz einer Spur Natriumchlorid (eines Tropfens einer 0,75%igen wässerigen Natriumchloridlösung) auf dem Wasserbade eingedampft, und der trockne Rückstand alsdann mit Eisessig befeuchtet, worauf das Deckgläschen aufgelegt wird. Mit einem Glasstab setzt man nun vom Rande des Deckgläschens aus noch soviel Eisessig zu, bis der Zwischenraum zwischen Deckgläschen und Objektglas vollständig ausgefüllt ist. Nun erwärmt man über einer kleinen Flamme, jedoch mit der Vorsicht, dass der Eisessig nicht ins Sieden geräth und beobachtet von Zeit zu Zeit unter dem Mikroskope bei 250 bis 300facher Vergrösserung, ob in dem erkalteten Präparate die charakteristichen Häminkrystalle sichtbar sind. Sollten nach dem ersten Erwärmen noch keine Krystalle sichtbar sein, so erwärme man von neuem, wenn nöthig nach erneutem Zusatz von Eisessig.

Es ist aber unter allen Umständen nöthig, sich zu vergewissern, dass die fraglichen Substanzen nicht schon vor dem Behandeln mit fremden Körpern krystallinische Bestandtheile oder faseriges Gewebe enthalten, welche etwa eine Verwechslung mit den Häminkrystallen herbeiführen könnten.

Befinden sich die Flecke auf rostigem Eisen, so lauge man mit einer schwachen Alkalihydroxydlösung aus (0,5 %). War Blut zugegen, so ergiebt diese Lösung nach der Neutralisation mit Salzsäure beim Eintrocknen einen Rückstand, der mit Eisessig die Häminkrystalle liefert.

Neuerdings hat Strzyzowsky den Vorschlag gemacht, an Stelle des Natriumchlorids das Brom- oder das Jodsalz zu verwenden. Die Häminkrystalle, alsdann aus bromwasserstoffsaurem, bezüglich jodwasserstoffsaurem Hämatin bestehend, erscheinen durch die dunkle Farbe bedeutend deutlicher als die analoge chlorwasserstoffsaure Verbindung.

Ich kann diese Modifikation in der Herstellung der Häminkrystalle behufs Charakterisirung derselben mittelst des Mikroskopes auf Grund zahlreicher Versuche und der Anwendung der Methode in Fällen der Praxis sehr empfehlen.

Man arbeitet genau wie oben angegeben mit dem alleinigen Unterschiede, dass man die Kochsalzlösung durch eine Bromnatrium- oder besser noch durch eine frisch bereitete jodatfreie Jodnatriumlösung substituirt. Strzyzowski empfiehlt eine wässerige Lösung von Jodnatrium im Verhältnisse 1:500; ich selbst bediene mich mit Vorliebe einer solchen, welche 1 % Jodalkali enthält.

Der Versuch der **Isolirung und Charakteristik** von **Blutkörperchen** und anderen Formelementen des Blutes führt nicht immer zu einem befriedigenden Resultate, auch dann nicht, wenn der fragliche Fleck thatsächlich aus Blut bestand.

Zu der für die mikroskopische Beobachtung der Blutkörperchen nöthigen Präparirung des Blutes sind verschiedenartige Angaben gemacht worden, die aber im Einzelnen in diesem Buche nicht aufgezählt werden sollen. Es wird vielmehr nur eine einzige Art der Arbeit angeführt werden, so wie sich diese bei zahlreichen Versuchen des Verfassers bewährt hat. Im Uebrigen sei auf die für den Anfänger und Ungeübten bei derartigen Arbeiten nicht zu entbehrende Litteratur über Physiologie, Pathologie, bezüglich physiologische Chemie, hingewiesen.

Einige der verdächtigen Flecke werden mit wenigen Tropfen Wassers, dem ein Tropfen einer Lösung von 0,5 Quecksilberchlorid und 2,0 Natriumchlorid in 100 ccm Wasser zugefügt ist, aufgeweicht. Am praktischsten bedient man sich dabei kleiner, mehr hoher als breiter Krystallisirschälchen. Man untersucht nun von Zeit zu Zeit einen Tropfen dieser wässerigen und eventuell Blut enthaltenden Flüssigkeit unter dem Mikroskope bei ca. 250 bis 350 facher Vergrösserung.

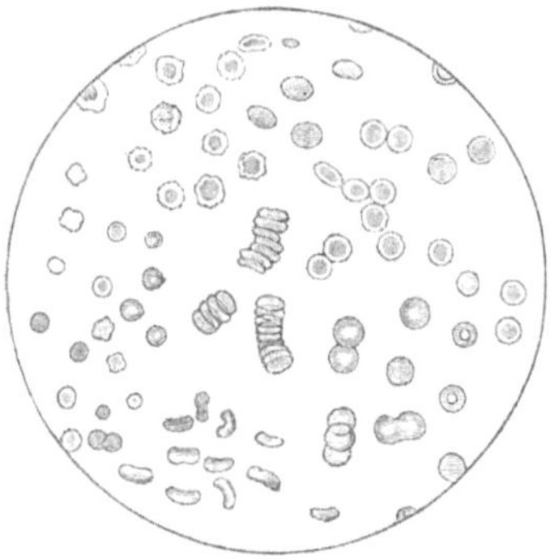

Fig. 10.

Das Blut quillt in der wässerigen Flüssigkeit erst ganz allmählich auf und deshalb gelangen die Blutkörperchen mehr oder weniger schnell zum deutlichen Vorschein. Manchmal sind dieselben erst nach 24stündiger Behandlung der Blutflecken mit der Flüssigkeit zu beobachten; manchmal werden dieselben aber auch schon nach ganz kurzer Zeit sichtbar, um dann nach mehrstündigem Kontakt mit der wässerigen Flüssigkeit wieder zu verschwinden, weil nach dem Aufquellen auch bereits der durch die Hydrolyse bedingte Zerfall der Blutkörperchen beginnt.

Obige Figur 10 giebt ein mikroskopisches Bild der Blutkörperchen wieder; nicht selten sind dieselben — je nach dem Grade des Zerfalles — auch von einem netzartigen Zellgewebe umgeben.

Wie schon angedeutet, ist jedoch die Isolirung der Blutkörperchen nicht immer möglich; auch spielt gerade hierbei die Geschicklichkeit des Arbeitenden eine wichtige Rolle.

Man pflegt den Durchmesser der Blutkörperchen zu messen, da die menschlichen Blutkörperchen im Allgemeinen kleiner sind als diejenigen der meisten Thiere. Indessen hüte man sich vor Trugschlüssen in der Beurtheilung der Unterscheidung von menschlichem und thierischem Blut, da es wohl doch zur Unmöglichkeit gerechnet werden darf, auf Grund der nur wenig variirenden Gestalt der Blutkörperchen ein sicheres Urtheil dahingehend abzugeben, ob diese dem menschlichen oder dem thierischen Organismus entstammen.

Hat man eine genügende Menge Untersuchungsmaterial zur Verfügung, so kann der **Blutnachweis** auch **spektroskopisch** geführt werden [1]).

Eine exakte spektroskopische Untersuchung verlangt indessen die Benutzung von nicht zu altem Blute. Eingetrocknete Blutflecken werden mit Wasser, dem sehr wenig Ammoniakflüssigkeit zugesetzt wurde, aufgeweicht oder es werden dieselben mittelst Jodkaliumlösung (1 : 4) ausgezogen.

Eine wässerige Lösung des Blutes (am besten eignet sich eine solche von einem Theil Blut in 40 Theilen Wasser) giebt das auf Seite 241 beschriebene und dort durch Figur 7 erläuterte Spektrum des

Oxyhämoglobins,

das je nach Konzentration, wie auch dort angegeben, etwas variiren kann.

Bei altem Blute und namentlich bei solchem, welches durch Ammoniak oder Jodkalium enthaltendes Wasser extrahirt wurde, ist eine Veränderung des Oxyhämoglobins derart eingetreten, dass sich

Methämoglobin

gebildet hat. Das Spektrum dieses Methämoglobins besitzt nur einen breiten Absorptionsstreifen zwischen C und D, nahe an D. Durch Zusatz von Alkali und einer Spur reduzirender Substanz

---

1) Die Erklärung des Spektralapparates und der Art seiner Anwendung möge aus chemischen bezügl. physikalischen Speziallehrbüchern ersehen werden.

— Schwefelammonium — geht sowohl dieses Spektrum, wie dasjenige des Oxyhämoglobins in das Spektrum des

reduzirten Hämoglobins

über, das ebenfalls früher (Seite 242) beschrieben worden ist und aus welchem, wie dort angegeben, durch Zusatz von oxydirenden Agentien wiederum das Spektrums des Oxyhämoglobins zu erhalten ist.

Oxydirende Substanzen führen das Oxyhämoglobin, bezgl. Hämoglobin des frischen Blutes in

Hämatin, auch Oxyhämatin genannt,

über. Eine derartige Umwandlung kann z. B. durch Zusatz von Eisessig zur Blutlösung bewirkt werden. Das Spektrum einer solchen sauren Lösung zeigt alsdann zwischen D und C einen scharfen Streifen, dessen Lage indessen je nach Art der sauren Flüssigkeit etwas wechseln kann. Zwischen D und F findet sich ein zweiter, viel breiter, aber weniger scharf begrenzter Streifen, der bei passender Verdünnung in zwei Streifen sich auflöst. Der eine, zwischen b und F, neben F gelegene, ist dunkel und breit, der andere, zwischen D und E nahe an E gelegene, ist heller und weniger breit. Endlich beobachtet man bei passender Verdünnung einen vierten, sehr schwachen, zwischen D und E neben D gelegenen Streifen. Das Hämatin kann also in saurer Lösung vier Absorptionsstreifen zeigen; meist sind aber nur die Streifen zwischen C und D und zwischen D und F deutlich sichtbar. (Nr. 4 in Fig. 7.)

Die alkalische Lösung des Hämatins, erhalten durch Uebersättigen der sauren Lösung mit Ammoniakflüssigkeit, zeigt einen breiten Absorptionsstreifen, der zum weitaus grösseren Theile zwischen C und D gelegen ist, sich aber ein wenig über D nach rechts in den Raum zwischen D und E hinein erstreckt. (Nr. 5 in Fig. 7.)

Setzt man zur alkalischen bezgl. ammoniakalischen Lösung Schwefelammonium oder andere reduzirende Agentien, so erscheint das Spektrum des

Hämochromogen,

auch reduzirtes Hämatin genannt,

in Form zweier breiter Bänder zwischen D und b, eines — das dunklere — in der Mitte, das andere dicht an E, wie es Nr. 6 in Fig. 7 erkennen lässt.

Sauerstoffzufuhr führt das Hämochromogen leicht wieder in Hämatin über.

Altes Blut, das sich unter Absperrung von Sauerstoff zersetzt hat, enthält zumeist reichliche Mengen Hämochromogens.

(Mulder, Scherer, Gonderer, Persoz, Hoppe-Seyler, Nawrocki, Pflüger, Hammarsten, Jäderholm, Stokes, Araki, Dittrich, Hüfner, Otto.)

Ueber den Einfluss des Kohlenoxyds auf das Spektrum des Hämoglobins bezgl. Oxyhämoglobins vergleiche Seite 241 u. f.

Die in vielen Lehrbüchern angegebenen, vielleicht auch in einzelnen Laboratorien hin und wieder in Anwendung gezogenen Reaktionen des Blutes mittelst Salpetersäure, Chlorwasser, essigsaurer Ferrocyankaliumlösung etc. mögen an dieser Stelle deshalb nicht erörtert werden, weil die Ausführung derartiger Versuche für die Gegenwart von Blut durchaus nichts Beweisendes in sich hat. Ein bei derartigen Versuchen erzielter positiver Erfolg führt sich auf die Gegenwart von Proteïnstoffen zurück, welche einen Bestandtheil des Blutes ausmachen, deren Gegenwart aber auch mannigfache andere Ursachen haben kann. Andererseits kann in solchen Versuchen bei Erzielung eines negativen Erfolges die Abwesenheit von Blut ebensowenig bestimmt behauptet werden, wie durch das Eintreten der Reaktion der Gegenwart von Blut das Wort geredet werden könnte.

Erst wenn die Erzielung der Häminkrystalle, vielleicht auch das spektroskopische Verhalten des Blutes, die Gegenwart von Blut bestimmt ergeben hat, können solche Reaktionen ergänzend zur Identifizirung des Blutes ausgeführt werden, dann aber sind dieselben eigentlich auch überflüssig geworden.

Doch möge noch einer Reaktion Erwähnung geschehen, welche hin und wieder als Vorprobe oder als Ergänzungsreaktion nicht werthlos ist. Schönbein hat nämlich gezeigt, dass das Hämoglobin einer Blutlösung beim Schütteln mit ozonisirtem Terpentinöl und Guajaktinktur als Sauerstoffträger wirkt — Oxyhämoglobinbildung, dann wiederum Reduktion zu Hämoglobin — und dadurch eine Bläuung des gelösten Guajakharzantheiles bewirkt.

Die Methode wird am sichersten entweder nach den Angaben Schaer's oder denen Doebner's ausgeführt:

Nach Schaer schüttelt man die zu untersuchende Flüssigkeit mit etwas Guajakharzlösung (1 g Harz mit 100 ccm absoluten

Alkohols digerirt) und filtrirt alsdann. Das Filter hält Blut, sowie einen Theil des Guajakharzes zurück; behandelt man dasselbe alsdann mit einer Mischung von 100 Thl. Terpentinöl mit 100 Thl. Alkohol, 100 Thl. Chloroform, 2 Thl. Wasser und 2 Thl. Eisessig, so tritt, falls Blut zugegen, entweder sofort oder nach einiger Zeit Blaufärbung ein.

Doebner lässt an Stelle des Guajakharzes direkt den bei der Reaktion wirksamen Bestandtheil desselben, die Guajakonsäure in Anwendung ziehen. Die vor dem Gebrauche frisch bereitete Guajakonsäurelösung (1 Thl. Guajakonsäure, 200 Thl. Alkohol und 200 Thl. Wasser) wird entweder mit insolirtem — der Sonne ausgesetztem — Terpentinöl oder mit einer sehr verdünnten Wasserstoffsuperoxydlösung vermischt und der auf Blut zu prüfenden Flüssigkeit zugesetzt; Gegenwart von Blutfarbstoff ruft Bläuung hervor.

Man beachte indessen, dass unter geeigneten Verhältnissen auch die Salze der stickstoffhaltigen Säuren, sowie einzelne Porteïnstoffe und endlich einige andere leicht oxydationsfähige Körper, wie Eisensalze, im Stande sein können die gleiche Reaktion herbeizuführen.

Autorenregister.

Sachregister.

A.

B.

C.

(Siehe auch unter K.)

GPSR Compliance

The European Union's (EU) General Product Safety Regulation (GPSR) is a set of rules that requires consumer products to be safe and our obligations to ensure this.

If you have any concerns about our products, you can contact us on ProductSafety@springernature.com

In case Publisher is established outside the EU, the EU authorized representative is:

Springer Nature Customer Service Center GmbH
Europaplatz 3
69115 Heidelberg, Germany

Batch number: 10682427

Printed by Printforce, the Netherlands